普通高等教育"十三五"规划教材　　　　　李书刚　　刘雁鸣◎编

U0162942

# 概率论与 数理统计

Probability Theory and
Mathematical Statistics

长江出版传媒
湖北科学技术出版社

**图书在版编目（CIP）数据**

概率论与数理统计 / 李书刚，刘雁鸣编 . —武汉：湖北
科学技术出版社，2024.1

ISBN 978-7-5706-3050-9

Ⅰ.①概…　Ⅱ.①李…　②刘…　Ⅲ.①概率论
②数理统计　Ⅳ.① O21

中国国家版本馆 CIP 数据核字（2024）第 011661 号

责任编辑：刘　亮

责任校对：陈横宇　　　　　　　　　　　　封面设计：张子容

出版发行：湖北科学技术出版社

地　　址：武汉市雄楚大街 268 号（湖北出版文化城 B 座 13—14 层）

电　　话：027-87679468　　　　　　　　邮　　编：430070

印　　刷：武汉雅美高印刷有限公司　　　　邮　　编：430024

710×1000　　　1/16　　　　　13.25 印张　　　256 千字

2024 年 1 月第 1 版　　　　　　　2024 年 1 月第 1 次印刷

定　价：36.00 元

# 内 容 简 介

本书是根据作者多年来讲授概率论与数理统计课程的讲义整理编写而成的.全书共分七章：第一至四章介绍了概率论的基础知识,第五、第六章介绍了数理统计的基础知识,第七章是数学实验.每章末附有一定量的习题,并选编了多年来数学(一)考研试题.

本书可作为高等院校教材,也可供考研复习使用.

# 前　言

客观世界中发生的现象不外乎两种：一种是确定性现象，一种是随机现象. 例如，在 1 标准大气压下水在 100℃时必然沸腾，在 0℃时必然结冰，就是确定现象；掷一枚硬币可能出现正面也可能出现反面，同一个人用同样的方法投掷同一颗骰子，出现的点数不尽相同，在一次投掷之前无法预测确切点数等就是随机现象. 随机现象是指在一定条件下，具有多种可能结果，但事先又不能确定究竟出现哪一种结果的现象. 经典的数学理论如微积分学、微分方程等都是用来研究确定性现象的，对随机现象无能为力. 随着社会生产和科学的发展，人们对随机现象越来越重视，从而使研究随机现象的概率统计获得了迅速的发展，形成了数学的一个重要分支，它广泛地应用于工业、农业、军事和科学技术中，并且还不断地向其他学科渗透，其势头至今不减.

本书主要讲概率论和数理统计的基础知识，内容包括随机事件及其概率、随机变量及其分布、随机变量的数字特征、大数定律与中心极限定理、统计量及其分布、参数估计和假设检验. 另外专门介绍了应用 SPSS 软件来做数学实验. 全部讲授需 50 学时左右. 习题安排了基础题（A 类）和提高题（B 类），其中提高题摘自多年来数学（一）考研试题，学有余力的同学做一做这类题目对提高自己的解题能力大有好处.

本教材的编写与出版得到了华中师范大学数学与统计学学院和武汉工程大学数理学院领导的亲切指导与大力支持. 具体执笔的是李书刚（负责第 1～4 章）、刘雁鸣（负责第 5～7 章），全书由李书刚统稿.

由于编者水平有限，书中难免有缺点和错误，欢迎广大师生批评指正.

编　者

2023 年 9 月

# 目　　录

# 第一章　随机事件及其概率

## 第一节　随机事件及其运算

　　概率论是研究随机现象数量规律的一门数学学科. 对随机现象进行研究,就要进行观察、试验. 为了叙述方便,我们把对自然现象或社会现象进行的观察或实验,都称为**试验**. 如果一个试验在相同条件下重复进行,而每次试验的可能结果不止一个,但在进行一次试验之前却不能断言它出现哪个结果,则称这种试验为**随机试验**. 以下所说的试验都是指随机试验.

　　在试验中,可能发生也可能不发生的事情,称为**随机事件**,简称**事件**.

　　**例 1**　掷一枚硬币,出现正面及出现反面都是随机事件.

　　**例 2**　掷一颗骰子,出现"1"点,"3"点,"5"点都是随机事件.

　　**例 3**　电话接线员在上午 8 时到 9 时接到的电话呼叫次数,如出现 0 次,1 次……及出现次数在 20 到 50 之间都是随机事件.

　　**例 4**　对某一目标发射一发子弹,弹着点与目标中心的距离为 0.1 米,0.5 米及 0.2 米到 0.3 米之间都是随机事件.

　　从上面的例子可以看出,在一个试验中,所出现的事件是很多的. 例 1 的事件有两个,例 2 的事件有很多个,但却是有限的. 例 3 和例 4 的事件却有无穷多个.

　　在一个试验下,不管事件有多少个,总可以从其中找出这样一组事件,它具有如下性质:

　　(1) 每进行一次试验,必然发生且只能发生这一组中的一个事件;

　　(2) 任何事件,都是由这一组中的部分事件组成的.

　　这样一组事件中的每一个事件称为**基本事件**,用 $\omega$ 来表示. 基本事件的全体,称为试验的**样本空间**,用 $\Omega$ 表示.

　　在例 1 中,我们取

$$\Omega = \{(\text{出现正面}),(\text{出现反面})\}.$$

　　在例 2 中,我们取

$$\Omega = \{(\text{出现 1 点}),(\text{出现 2 点}),\cdots,(\text{出现 6 点})\}.$$

在例 3 中,我们取

$$\Omega = \{(\text{出现 } 0 \text{ 次}), (\text{出现 } 1 \text{ 次}), \cdots\}.$$

在例 4 中,我们取

$$\Omega = \{(\text{弹着点与目标中心的距离 } \omega) \mid 0 \leqslant \omega < +\infty\}.$$

通常,$\Omega$ 中的基本事件就是试验中所有可能直接出现的结果. 根据这一点,我们可以对试验找出所有的基本事件.

如果我们把一个基本事件视为一个抽象的"点",那么样本空间就是由这些抽象的"点"组成的空间. 根据性质(2),一个事件就是由 $\Omega$ 中的部分点(基本事件)组成的集合. 通常用大写字母 $A$, $B$, $C$, $\cdots$ 表示事件,它们是 $\Omega$ 的子集.

如果某个 $\omega$ 是事件 $A$ 的组成部分,即这个 $\omega$ 在事件 $A$ 中出现,记为 $\omega \in A$,读作 $\omega$ 属于 $A$. 如果在一次试验中所出现的 $\omega$ 有 $\omega \in A$,则称在这次试验中事件 $A$ 发生.

如果 $\omega$ 不是事件 $A$ 的组成部分,就记为 $\omega \notin A$,读作 $\omega$ 不属于 $A$. 在一次试验中,所出现的 $\omega$ 有 $\omega \notin A$,则称此试验 $A$ 没有发生.

很显然,总有 $\omega \in \Omega$,将 $\Omega$ 作为事件,则在试验中事件 $\Omega$ 总是发生的,故称 $\Omega$ 为**必然事件**. 它不是随机事件,把它作为事件主要是为了讨论问题的方便. 另一个不是随机事件而视为事件的就是不包含任何基本事件的事件,记为 $\varnothing$. 由于对一切的 $\omega$ 有 $\omega \notin \varnothing$,故在试验中,$\varnothing$ 总是不发生的,所以称 $\varnothing$ 为**不可能事件**.

如果我们有了一些事件,则可以从这些事件得出其他事件来,这就是**事件的运算**. 下面先介绍事件的包含与等价关系,再讨论事件的运算.

如果事件 $A$ 的组成部分也是事件 $B$ 的组成部分,则称事件 $A$ **包含于**事件 $B$,或称事件 $B$ 包含事件 $A$,记为 $A \subset B$ 或 $B \supset A$. $A \subset B$ 的直观意义就是如果事件 $A$ 发生必有事件 $B$ 发生.

如果同时有 $A \subset B$,$B \subset A$,则称事件 $A$ 与事件 $B$ **等价**,或称 $A$ **等于** $B$,记为 $A = B$. 其直观意义是组成 $A$、$B$ 的基本事件完全相同,因此可以看做是一样的.

将事件 $A$ 与 $B$ 的组成部分合并($A$、$B$ 所共同的基本事件只取一次)而组成的事件称为事件 $A$ 与事件 $B$ 的**并事件**(或和事件),记为 $A \cup B$. 由于 $A \cup B$ 发生是指属于 $A \cup B$ 的某个基本事件 $\omega$ 发生,所以 $\omega$ 不属于 $A$ 就属于 $B$,即表示不是 $A$ 发生就是 $B$ 发生,因而 $A \cup B$ 的直观意义就是 $A$,$B$ 中至少有一个发生的事件. 类似地,我们可以规定可列个事件 $A_1$,$A_2$,$\cdots$,$A_i$,$\cdots$ 的并,记为

$$A_1 \cup A_2 \cup \cdots \cup A_i \cup \cdots, \quad \text{或} \bigcup_{i=1}^{\infty} A_i,$$

它表示 $A_1$,$A_2$,$\cdots$,$A_i$,$\cdots$ 中至少有一个发生的事件.

事件 $A$, $B$ 的共同组成部分所构成的事件,称为事件 $A$ 与 $B$ 的**交**事件(或**积**事件),记为 $A \cap B$. 有时也可省去"$\cap$"而简写为 $AB$. 若属于 $A \cap B$ 的某个 $\omega$ 发生,那就是 $A$ 与 $B$ 同时发生,所以 $A \cap B$ 的直观意义是 $A$, $B$ 同时发生的事件. 类似地,可以规定可列个事件 $A_1$, $A_2$, $\cdots$, $A_i$, $\cdots$的交,记为

$$A_1 \cap A_2 \cap \cdots \cap A_i \cap \cdots \quad \text{或} \quad \bigcap_{i=1}^{\infty} A_i,$$

它表示 $A_1$, $A_2$, $\cdots$, $A_i$, $\cdots$同时发生的事件.

属于 $A$ 而不属于 $B$ 的部分所构成的事件,称为 $A$ 与 $B$ 的**差**事件,记为 $A-B$,它表示 $A$ 发生而 $B$ 不发生的事件.

$A \cap B = \varnothing$,则表示 $A$ 与 $B$ 不可能同时发生,称事件 $A$ 与事件 $B$ **互不相容**.基本事件是互不相容的.

$\Omega - A$ 称为事件 $A$ 的**逆**事件,或称为 $A$ 的**对立**事件,记为 $\overline{A}$. 它表示 $A$ 不发生的事件. 这样可得

$$A \cup \overline{A} = \Omega, \quad A \cap \overline{A} = \varnothing.$$

前一式表示 $A$ 与 $\overline{A}$ 至少有一个发生,后一式表示 $A$ 与 $\overline{A}$ 不能同时发生.

必须指出,直观意义能帮助我们理解事件间的关系,但不能代替严格的数学证明. 下面我们来证明

$$\overline{\bigcap_{i=1}^{\infty} A_i} = \bigcup_{i=1}^{\infty} \overline{A_i}.$$

我们首先证明

$$\overline{\bigcap_{i=1}^{\infty} A_i} \subset \bigcup_{i=1}^{\infty} \overline{A_i}. \tag{1.1}$$

设 $\omega \in \overline{\bigcap_{i=1}^{\infty} A_i}$,则有

$$\omega \notin \bigcap_{i=1}^{\infty} A_i,$$

从而可知,至少存在 $i_0$,使得 $\omega \notin A_{i_0}$,即 $\omega \in \overline{A_{i_0}}$. 于是可知

$$\omega \in \bigcup_{i=1}^{\infty} \overline{A_i}.$$

这样就证明了式(1.1).

其次,我们来证明

$$\bigcup_{i=1}^{\infty} \overline{A_i} \subset \overline{\bigcap_{i=1}^{\infty} A_i}. \tag{1.2}$$

设 $\omega \in \bigcup_{i=1}^{\infty} \overline{A_i}$,则至少存在 $i_0$,使得 $\omega \in \overline{A_{i_0}}$,即 $\omega \notin A_{i_0}$. 于是可知

$$\omega \notin \bigcap_{i=1}^{\infty} A_i,$$

即 $\omega \in \overline{\bigcap_{i=1}^{\infty} A_i}$. 这样就证明了式(1.2).

由式(1.1)、(1.2)同时成立,可知

$$\overline{\bigcap_{i=1}^{\infty} A_i} = \bigcup_{i=1}^{\infty} \overline{A_i}. \qquad \square$$

以上是证明等价关系的一般方法. 对于一些比较明显的等价关系,可以由直观意义获得,也可以借助几何直观获得. 下面介绍**维恩**(John Venn,1834—1923)**图**.

用平面上的一个矩形表示样本空间 $\Omega$,矩形内的点表示基本事件 $\omega$,则事件间关系及运算就可用平面上的几何图形表示,如图 1.1 所示,事件 $A$,$B$ 分别用两个小圆表示,阴影部分表示 $A$ 与 $B$ 的各种关系及运算.

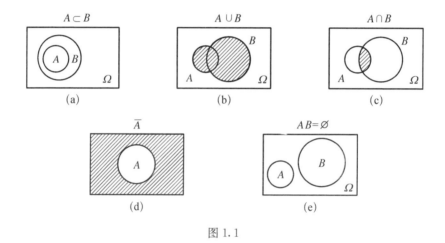

图 1.1

由图 1.1(c),可得

$$A - B = A - AB,$$

$$(A - B) \bigcup (B - A) = (A \bigcup B) - AB.$$

**例5** 一口袋中装有五只同样大小的球,其中三只是白色的,两只是黑色的. 现从袋中取球两次,每次取一只,并且取出后不放回袋中. 写出该试验的样本空间 $\Omega$. 若 $A$ 表示取到的两只球是白色的事件,$B$ 表示取到的两只球是黑色的事件,试用 $A$,$B$ 表示下列事件:

(1) 两只球是颜色相同的事件 $C$;

(2) 两只球是颜色不同的事件 $D$;

(3) 两只球中至少有一只白球的事件 $E$.

**解** 假设每个球是可以区别的,则可以给每个球编上号:白$_1$,白$_2$,白$_3$,黑$_4$,黑$_5$. 于是有

$$\Omega = \{(白_1,白_2),(白_1,白_3),(白_1,黑_4),(白_1,黑_5),(白_2,白_1),$$
$$(白_2,白_3),(白_2,黑_4),(白_2,黑_5),(白_3,白_1),(白_3,白_2),$$
$$(白_3,黑_4),(白_3,黑_5),(黑_4,白_1),(黑_4,白_2),(黑_4,白_3),$$
$$(黑_4,黑_5),(黑_5,白_1),(黑_5,白_2),(黑_5,白_3),(黑_5,黑_4)\}.$$

从而,$C = A \bigcup B, D = \overline{C} = \overline{A \bigcup B}, E = D \bigcup A = \overline{A \bigcup B} \bigcup A = \overline{B}.$

若我们认为白球间是无区别的,黑球也是无区别的,则有

$$\Omega = \{(白,白),(白,黑),(黑,白),(黑,黑)\}.$$

这样 $C, D, E$ 所表示的事件就更加简单了.

由这个例子可以看出,同一试验可以设计不同的样本空间,而设计的好坏取决于能否使讨论的问题得到简捷的解决.

# 第二节 概率的定义及其计算

## 一、频率

随机事件在一次试验中是否发生,事先无法确定,但在大量重复试验中,人们发现它具有一定的统计规律性,这表明它发生的可能性的大小还是可以度量的. 一般说来,一个事件 $A$ 发生的可能性大小,可用在 $n$ 次重复试验下事件 $A$ 发生的次数 $n_A$ 与 $n$ 的比值来反映. 我们将

$$F_n(A) = \frac{n_A}{n}$$

称为事件 $A$ 在 $n$ 次试验中出现的**频率**.

频率具有如下性质:

(1) 对任一事件 $A$,有 $0 \leqslant F_n(A) \leqslant 1$;

(2) 对必然事件 $\Omega$,有 $F_n(\Omega) = 1$;

(3) 若事件 $A$、$B$ 互不相容,则

$$F_n(A \bigcup B) = F_n(A) + F_n(B).$$

**证** 因为 $0 \leqslant n_A \leqslant n$,所以有 $0 \leqslant \frac{n_A}{n} \leqslant 1$,由 $F_n(A)$ 的定义就得性质(1).

由 $n_\Omega = n$，即可得性质(2).

由于 $A \cup B$ 事件的发生就是 $A$，$B$ 两事件中至少一个发生，又知 $A$，$B$ 互不相容，故有

$$n_{A \cup B} = n_A + n_B.$$

两端除以 $n$，就得性质(3).　　　　　　　　　　　　　　　　　　　□

性质(3)还可以推广，若事件 $A_1$，$A_2$，$\cdots$，$A_m$ 两两互不相容，则

$$F_n\left(\bigcup_{i=1}^m A_i\right) = \sum_{i=1}^m F_n(A_i).$$

频率虽然在一定程度上反映了事件发生的可能性大小，但它却依赖于人的认识，即会因人而异.因为即使同样做了 $n$ 次试验，$n_A$ 却会不一样，这种差异我们常说成是频率具有随机波动性.但若加深认识(这里就是增加试验次数 $n$)，那么随机波动性将会减小.即随着 $n$ 逐渐增大，$F_n(A)$ 也就逐渐稳定于某个常数 $P(A)$.这个常数 $P(A)$ 客观上反映事件 $A$ 发生的可能性的大小.

历史上著名的统计学家布丰(Georges Louis Leclerc de Buffon，1707—1788)和皮尔逊(Karl Pearson，1857—1936)曾进行过大量掷硬币的试验，所得结果如下：

| 试 验 者 | 掷硬币次数 | 出现正面的次数 | 出现正面的频率 |
|---|---|---|---|
| 布　丰 | 4 040 | 2 048 | 0.506 9 |
| 皮尔逊 | 12 000 | 6 019 | 0.501 6 |
| 皮尔逊 | 24 000 | 12 012 | 0.500 5 |

可见出现正面的频率总在 0.5 附近波动.随着试验次数的增加，它逐渐稳定于 0.5.这个 0.5 就能反映正面出现的可能性大小.

每个事件都有这样一个常数与之对应.这就是说频率具有稳定性.因而可将事件 $A$ 的频率 $F_n(A)$，在 $n$ 无限增大时所逐渐稳定的那个常数 $P(A)$ 定义为事件 $A$ 发生的概率.这就是概率的统计定义.然而这个定义本身存在着很大缺点，即这里的"逐渐稳定"含义不清，要对"逐渐稳定"的含义作出具体说明就总会或多或少地带有人为的主观性.是否能去除这个含混不清的"逐渐稳定"，而将客观上表征该事件发生可能性大小的一个数，及它所固有的性质来作为概率的定义呢？我们自然马上会意识到这个数应该具有频率所具有的几个性质.这个工作由数学家柯尔莫哥洛夫(Andrei Nikolayevich Kolmogorov，1903—1987)于 1933 年完成.他给出了概率的公理化定义，从而使概率论迅速发展成为一个严谨的数学分支.

## 二、概率定义

设 $\Omega$ 为样本空间,对每一个事件 $A$ 都有一个实数 $P(A)$,若满足下列三个条件:

(1) $0 \leqslant P(A) \leqslant 1$;

(2) $P(\Omega) = 1$;

(3) 对于两两互不相容的事件 $A_1$, $A_2$, ⋯有

$$P\left(\bigcup_{i=1}^{\infty} A_i\right) = \sum_{i=1}^{\infty} P(A_i),$$

则称 $P(A)$ 为**事件 $A$ 的概率**.

条件(3)常称为可列(完全)可加性,也称为加法定理.

由概率的定义可以得到概率的如下性质.

**性质 1** 不可能事件的概率为零,即 $P(\varnothing) = 0$.

**证** 因为

$$\Omega = \Omega \cup \varnothing \cup \cdots,$$

所以

$$P(\Omega) = P(\Omega) + P(\varnothing) + \cdots,$$

故

$$P(\varnothing) = 0. \qquad \square$$

**性质 2** 概率具有有限可加性,即若事件 $A_1$, $A_2$, ⋯, $A_n$ 两两互不相容,则

$$P(A_1 \cup A_2 \cup \cdots \cup A_n) = P(A_1) + P(A_2) + \cdots + P(A_n).$$

**证** 因为

$$A_1 \cup A_2 \cup \cdots \cup A_n = A_1 \cup A_2 \cup \cdots \cup A_n \cup \varnothing \cup \varnothing \cup \cdots,$$

由可列可加性及性质 1 有

$$P(A_1 \cup A_2 \cup \cdots \cup A_n) = P(A_1) + P(A_2) + \cdots + P(A_n). \qquad \square$$

**性质 3** 对任何事件 $A$ 有

$$P(A) = 1 - P(\overline{A}).$$

**证** 由 $A \cup \overline{A} = \Omega$, $A \cap \overline{A} = \varnothing$,故得

$$1 = P(A \cup \overline{A}) = P(A) + P(\overline{A}).$$

将 $P(\overline{A})$ 移至等号左端即得

$$P(A) = 1 - P(\overline{A}).$$

**性质 4** 对事件 $A$, $B$, 若有 $A \subset B$, 则有

$$P(B-A) = P(B) - P(A)$$

及

$$P(A) \leqslant P(B).$$

**证** 由图 1.2 可知

$$B = A \bigcup (B-A)$$

及

$$A \bigcap (B-A) = \varnothing,$$

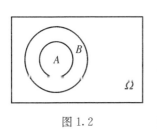

图 1.2

故有

$$P(B) = P(A) + P(B-A),$$

即

$$P(B-A) = P(B) - P(A).$$

由 $P(B-A) \geqslant 0$, 可得

$$P(A) \leqslant P(B).$$

**性质 5** 对任意两事件 $A$, $B$ 有

$$P(A \bigcup B) = P(A) + P(B) - P(AB).$$

**证** 由图 1.3 可知

$$A \bigcup B = A \bigcup (B-A)$$

及

$$B = AB \bigcup (B-A),$$

而且

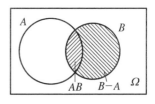

图 1.3

$$A \bigcap (B-A) = \varnothing,$$
$$AB \bigcap (B-A) = \varnothing,$$

故得

$$P(A \bigcup B) = P(A) + P(B-A)$$

及

$$P(B) = P(AB) + P(B - A).$$

将上面两式相减,并将 $P(B)$ 移到等号右边,即得

$$P(A \bigcup B) = P(A) + P(B) - P(AB). \qquad \square$$

性质 5 可推广到任意 $n$ 个事件上去. 例如当 $n = 3$ 时,有

$$P(A_1 \bigcup A_2 \bigcup A_3)$$
$$= P(A_1) + P(A_2) + P(A_3) - P(A_1 A_2) - P(A_1 A_3) - P(A_2 A_3) + P(A_1 A_2 A_3).$$

**例 1**　某人到武汉出差两天,据天气预报,第一天下雨的概率为 0.6,第二天下雨的概率为 0.3,两天都下雨的概率为 0.1.求:

(1) 第一天下雨而第二天不下雨的概率;

(2) 第一天不下雨而第二天下雨的概率;

(3) 至少有一天下雨的概率;

(4) 两天都不下雨的概率.

**解**　设 $A_i$ 为第 $i$ 天下雨的事件,$i = 1, 2$. 由题意可知,$P(A_1) = 0.6$,$P(A_2) = 0.3$,$P(A_1 A_2) = 0.1$.

(1) 设 $B$ 为第一天下雨而第二天不下雨的事件,则有

$$B = A_1 - A_2 = A_1 - A_1 A_2,$$

且 $A_1 A_2 \subset A_1$,故得

$$P(B) = P(A_1 - A_1 A_2) = P(A_1) - P(A_1 A_2)$$
$$= 0.6 - 0.1 = 0.5.$$

(2) 设 $C$ 为第一天不下雨而第二天下雨的事件,用类似于(1)的解法有

$$P(C) = P(A_2 - A_1 A_2) = P(A_2) - P(A_1 A_2) = 0.3 - 0.1 = 0.2.$$

(3) 设 $D$ 为至少有一天下雨的事件,则有 $D = A_1 \bigcup A_2$,故得

$$P(D) = P(A_1 \bigcup A_2) = P(A_1) + P(A_2) - P(A_1 A_2)$$
$$= 0.6 + 0.3 - 0.1 = 0.8.$$

(4) 设 $E$ 为两天都不下雨的事件,则有

$$E = \overline{A_1}\, \overline{A_2} = \overline{A_1 \bigcup A_2}.$$

故得

$$P(E) = P(\overline{A_1 \bigcup A_2}) = 1 - P(A_1 \bigcup A_2) = 1 - 0.8 = 0.2.$$

## 三、概率的计算

前面我们从某些事件的概率出发,利用概率的性质计算出了一些事件的概率.但对于等可能概型(又称**古典概型**),我们却可以直接计算任意事件的概率.所谓**等可能概型**是指在这种试验中,样本空间仅包含有限个基本事件,并且每个基本事件的发生是**等可能的**,即这种试验应满足:

(1) $\Omega = \{\omega_1, \omega_2, \cdots, \omega_n\}$;

(2) $P(\omega_1) = P(\omega_2) = \cdots = P(\omega_n)$.

由于基本事件是互不相容的,从而有

$$1 = P(\Omega) = P(\{\omega_1\} \bigcup \{\omega_2\} \bigcup \cdots \bigcup \{\omega_n\})$$
$$= P(\omega_1) + P(\omega_2) + \cdots + P(\omega_n).$$

由(2)可得

$$P(\omega_i) = \frac{1}{n}, \quad i = 1, 2, \cdots, n.$$

设任一事件 $A$,它是由 $\omega_{i_1}, \omega_{i_2}, \cdots, \omega_{i_k}$ 组成的,则有

$$P(A) = P(\{\omega_{i_1}\} \bigcup \{\omega_{i_2}\} \bigcup \cdots \bigcup \{\omega_{i_k}\})$$
$$= P(\omega_{i_1}) + P(\omega_{i_2}) + \cdots + P(\omega_{i_k})$$
$$= \frac{k}{n} = \frac{A \text{所包含的基本事件的总数}}{\text{基本事件的总数}}.$$

以上是事件 $A$ 的概率计算公式,即概率的**古典定义**.它告诉我们对于等可能概型,计算事件概率关键在于计算基本事件总数和该事件所包含的基本事件数.可是由于样本空间的设计有各种不同的方法,这就使得等可能概型的计算变得花样繁多,难易程度也就大不相同了.

一般我们把从有限个元素中随机抽取的问题当作是等可能的,今后不再加以说明.

**例 2** 一只袋中装有五只大小相同的球,其中三只白色,两只黑色. 现从袋中取球两次,每次一只,取出后不再放回袋中. 试求:

(1) 两只球都是白色的概率;

(2) 两只球颜色不同的概率;

(3) 至少有一只白球的概率.

**解** 设 $A$ 为两只球都是白色的事件,$B$ 为两只球颜色不同的事件,$C$ 为至少有

一只白球的事件. 根据第一节例 5, 样本空间 $\Omega$ 所含基本事件总数 $n = 20$, 事件 $A$ 所含基本事件数 $k_A = 6$, 事件 $B$ 所含基本事件数 $k_B = 12$, 事件 $C$ 所含基本事件数 $k_C = 18$, 则事件 $A, B, C$ 的概率分别为

$$P(A) = \frac{k_A}{n} = \frac{6}{20} = \frac{3}{10},$$

$$P(B) = \frac{k_B}{n} = \frac{12}{20} = \frac{3}{5},$$

$$P(C) = \frac{k_C}{n} = \frac{18}{20} = \frac{9}{10}.$$

为了计算有关事件的概率, 首先我们应设计样本空间, 然后将基本事件总数计算出来. 一般来说, 我们无需将样本空间中的基本事件一一列出来, 而是利用排列、组合及加法定理、乘法定理等知识把基本事件总数、所求事件所包含的基本事件数直接计算出来, 进而求出所求事件的概率.

在例 2 中, 可直接得到 $n = A_5^2 = 5 \times 4 = 20$, $A$ 所包含的基本事件数 $k_A = A_3^2 = 3 \times 2 = 6$, $B$ 所包含的基本事件数 $k_B = A_3^1 A_2^1 + A_2^1 A_3^1 = 3 \times 2 + 2 \times 3 = 12$, $C$ 所包含的基本事件数可以用 $\overline{C}$ 所包含的基本事件数来帮助计算.

事实上, $\overline{C}$ 是表示两只球均为黑色的事件, 故有 $k_{\overline{C}} = A_2^2 = 2 \times 1 = 2$. 于是 $k_C = n - k_{\overline{C}} = 18$. 当然, 也可以由

$$C = \{(第一只白球, 第二只黑球)\} \bigcup \{(第一只黑球,$$
$$第二只白球)\} \bigcup \{(两只都是白球)\},$$

得

$$k_C = A_3^1 A_2^1 + A_2^1 A_3^1 + A_3^2 = 3 \times 2 + 2 \times 3 + 3 \times 2 = 18.$$

应特别注意的是, 为了解决问题方便, 样本空间可以作不同设计, 但必须保持等可能性的要求, 否则就不能利用等可能概型来求概率. 如在例 2 中若视白色球间是无区别的, 黑色球间也是无区别的 (见第一节例 5), 可得

$$\Omega = \{(白, 白), (白, 黑), (黑, 白), (黑, 黑)\},$$

这就破坏了等可能性.

**例 3** 袋中有 $a$ 只白球, $b$ 只黑球, 依次将球一只只摸出, 不放回, 求第 $k$ 次摸出白球的概率 $(1 \leqslant k \leqslant a + b)$.

**解** 设想将球编号, 一只只摸出直至第 $k$ 个球取出为止, 则基本事件总数就是从 $a + b$ 个编号的球中选出 $k$ 个球进行排列的排列个数, 即 $n = A_{a+b}^k$.

又设 $A$ 为第 $k$ 次摸出白球的事件. 要使 $A$ 发生只需从 $a$ 只白球中选出一只放

在第 $k$ 个位置上作为第 $k$ 次摸出的球,而前面 $k-1$ 个位置可以任意放余下各球,由乘法原理得

$$k_A = \mathrm{A}_a^1 \mathrm{A}_{a+b-1}^{k-1}.$$

故有

$$
\begin{aligned}
P(A) &= \frac{\mathrm{A}_a^1 \mathrm{A}_{a+b-1}^{k-1}}{\mathrm{A}_{a+b}^k} \\
&= \frac{a(a+b-1)(a+b-2)\cdots(a+b-k+1)}{(a+b)(a+b-1)(a+b-2)\cdots(a+b-k+1)} \\
&= \frac{a}{a+b}.
\end{aligned}
$$

本题也可给出另一解法.设想将 $a+b$ 只球进行编号,每次试验将摸出的球顺次排列在 $a+b$ 个位置上,基本事件总数为 $n=(a+b)!$,$k_A=(a+b-1)!a$,故有

$$P(A) = \frac{k_A}{n} = \frac{(a+b-1)!a}{(a+b)!} = \frac{a}{a+b}.$$

本题虽然是求第 $k$ 次摸到白球的概率,然而结果却与 $k$ 无关,即与摸球的次序无关,摸到白球的概率总是 $\frac{a}{a+b}$.对于在体育比赛或其他活动中进行的抽签,以上结果表明与抽签先后无关,机会是均等的.这当然与我们日常生活的经验是一致的.

如果将本问题改动一下,即每次取出一球记录下颜色后,又将其放回袋中.如此继续摸取,求第 $k$ 次摸出白色球的概率.这种抽取方法称为**放回抽样**(前面的抽取方法称为**不放回抽样**).这时抽取 $k$ 只球的结果作为一个基本事件,则基本事件总数为 $(a+b)^k$.这是由于第一次抽取一只球有 $(a+b)$ 种可能,第二次抽取一只球仍有 $(a+b)$ 种可能……所以基本事件总数为 $(a+b)^k$.对于第 $k$ 次摸出白球的事件 $A$ 所包含的基本事件数,类似可得为 $(a+b)^{k-1}a$.故有

$$P(A) = \frac{(a+b)^{k-1}a}{(a+b)^k} = \frac{a}{a+b}.$$

**例 4** 某批产品有 $a$ 件合格品,$b$ 件次品.从中用有放回和不放回两种抽样方式抽取 $n$ 件产品,求恰有 $k$ 件次品的概率.

**解** (1) 放回抽样:

从 $(a+b)$ 件产品中,有放回地抽取 $n$ 件产品,所有可能的取法有 $(a+b)^n$ 种.再来计算取出的 $n$ 件产品中恰有 $k$ 件次品的取法总数.对取出的 $n$ 件产品,其中有 $k$ 件次品,而 $k$ 件次品可以出现在不同位置,所有可能的取法有 $\mathrm{C}_n^k$ 种.对于取定的

一种位置,这时由于取正品有 $a$ 种可能,取次品有 $b$ 种可能,故有 $a^{n-k}b^k$ 种可能,所以取出的 $n$ 件产品中恰有 $k$ 件次品的取法有 $C_n^k a^{n-k}b^k$ 种. 所求概率

$$P_1 = \frac{C_n^k a^{n-k}b^k}{(a+b)^n} = C_n^k \left(\frac{a}{a+b}\right)^{n-k}\left(\frac{b}{a+b}\right)^k.$$

(2) 不放回抽样:

从 $(a+b)$ 件产品中取出 $n$ 件产品(不计次序),所有可能取法有 $C_{a+b}^n$ 种. 取出的 $n$ 件产品中恰有 $k$ 件次品的取法有 $C_a^{n-k} \cdot C_b^k$ 种,这是因为 $k$ 件次品可由 $b$ 件次品中取出,有 $C_b^k$ 种取法,$(n-k)$ 件正品可由 $a$ 件正品中取出,有 $C_a^{n-k}$ 种取法. 故所求概率为

$$P_2 = \frac{C_a^{n-k} \cdot C_b^k}{C_{a+b}^n}.$$

并且 $P_1 \neq P_2$.

**例5** 设有 $n$ 个颜色互不相同的球,每只球都以等可能落入 $N(n \leqslant N)$ 只盒子中的任意一只盒子里. 并假设每只盒子能容纳的球数是没有限制的. 试求下列事件的概率:

$$A = \{某指定的一只盒子中没有球\},$$
$$B = \{某指定的 n 只盒子中各有一只球\},$$
$$C = \{恰有 n 只盒子中各有一只球\},$$
$$D = \{某指定的一只盒子中恰有 m 只球\}(m \leqslant n).$$

**解** 由于每只球落于 $N$ 只盒子中均有 $N$ 种可能,故基本事件总数为 $N^n$. 也相当于从 $N$ 个元素中选取 $n$ 个的重复排列数. 下面再分别求出每个事件所包含的基本事件数.

对事件 $A$,可设想将指定的一只盒子去掉,可得 $k_A = (N-1)^n$. 故有

$$P(A) = \frac{(N-1)^n}{N^n} = \left(1 - \frac{1}{N}\right)^n.$$

对事件 $B$,$n$ 只球落于指定的 $n$ 只盒子里,每只盒子只有一只球,可得 $k_B = n!$. 故有

$$P(B) = \frac{n!}{N^n}.$$

对于事件 $C$,$n$ 只球落于指定的 $n$ 只盒子里,每只盒子里只有一只球有 $n!$ 种可能. 现 $n$ 只盒子未指定,可从 $N$ 只盒子中任取 $n$ 只盒子,有 $C_N^n$ 种可能,可得 $k_C = n!C_N^n$. 故有

$$P(C) = \frac{n! C_N^n}{N^n}.$$

对事件 $D$，从 $n$ 只球中任选 $m$ 只球落于指定的一只盒子里有 $C_n^m$ 种可能，再将余下的 $(n-m)$ 只球任意落于 $(N-1)$ 只盒子里有 $(N-1)^{n-m}$ 种可能，可得 $k_D = C_n^m (N-1)^{n-m}$. 故有

$$P(D) = \frac{C_n^m (N-1)^{n-m}}{N^n}.$$

上面的问题也称为球在盒中的分布问题. 事实上，有好些问题可以归结为球在盒中的分布问题. 只不过在处理具体问题时，应分清问题中什么是"球"，什么是"盒"，不可颠倒.

例如，有 $n$ 个人 $(n \leqslant 365)$，设每人的生日在一年 365 天中任一天的可能性是相等的. 试求下列事件的概率：

$$A = \{n \text{ 个人的生日均不相同}\},$$
$$B = \{\text{至少有一人的生日是元旦}\}.$$

对以上问题即可视人为"球"，365 天可视为 365 只"盒子". 这样就可归结为球在盒中的分布问题了. 故得

$$P(A) = \frac{A_{365}^n}{(365)^n},$$
$$P(B) = 1 - P(\overline{B}) = 1 - \frac{(364)^n}{(365)^n}.$$

**例 6** 从 $1 \sim 2000$ 中任意取一整数，求取到的整数能被 6 或 8 整除的概率.

**解** 设 $A$ 为取到的数能被 6 整除的事件，$B$ 为取到的数能被 8 整除的事件，则取出的数能被 6 或 8 整除的事件为 $A \bigcup B$，所求概率为

$$P(A \bigcup B) = P(A) + P(B) - P(AB).$$

现基本事件总数为 2000. 由

$$333 < \frac{2000}{6} < 334, \quad \frac{2000}{8} = 250,$$

得 $k_A = 333, k_B = 250$，所以

$$P(A) = \frac{333}{2000}, \quad P(B) = \frac{250}{2000}.$$

同时能被 6 和 8 整除的数，也就是能被 24 整除的数，由

$$83 < \frac{2000}{24} < 84,$$

得 $k_{AB} = 83$，所以

$$P(AB) = \frac{83}{2000}.$$

所求概率为

$$P(A \bigcup B) = P(A) + P(B) - P(AB)$$
$$= \frac{333}{2000} + \frac{250}{2000} - \frac{83}{2000}$$
$$= \frac{1}{4}.$$

# 第三节　条件概率

## 一、条件概率　乘法定理

在实际问题中，除了要考虑事件 $A$ 发生的概率外，有时还需要考虑在事件 $B$ 已发生的条件下，事件 $A$ 发生的概率. 一般说来，后者与前者未必相同. 为区别起见，称后者为**条件概率**，记作 $P(A|B)$，读成在事件 $B$ 发生的条件下事件 $A$ 发生的概率.

例如，甲、乙两车间各生产 500 只零件，分别含有次品 15 只和 25 只. 今在这 1000 只零件中任取一件，以 $A$ 表示抽到次品，$B$ 表示抽到甲车间生产的零件，那么

$$P(A) = \frac{15 + 25}{1000} = 0.04,$$
$$P(A \mid B) = \frac{15}{500} = 0.03.$$

显然，$P(A) \neq P(A \mid B)$.

设想把上述 1000 只零件编上不同的号码，考虑的随机试验 $E$ 是从这 1000 只零件中任取一只，观察其号码，则其所有可能结果有 1000 个，即 $E$ 的样本空间 $\Omega$ 中有 1000 个基本事件. 在事件 $B$ 已经发生的条件下，即在已经知道抽到的零件是甲车间生产的前提下，$E$ 的所有可能结果减少到 500 个，此时我们说 $E$ 的样本空间由于事件 $B$ 的发生而缩减了. 如果把缩减后的样本空间记为 $\Omega_B$，那么上面的 $P(A|B)$ 就是在这个缩减样本空间 $\Omega_B$ 上计算的.

一般地,条件概率应如何定义呢?

对于古典概型的条件概率,可以证明,当 $P(B) > 0$ 时,

$$P(A \mid B) = \frac{P(AB)}{P(B)}.$$

事实上,设在某一个试验的所有 $n$ 个基本事件中,使 $B$ 发生的有 $k_B$ 个,使 $AB$ 发生的有 $k_{AB}$ 个,于是

$$P(A \mid B) = \frac{k_{AB}}{k_B} = \frac{\dfrac{k_{AB}}{n}}{\dfrac{k_B}{n}} = \frac{P(AB)}{P(B)}.$$

由此,在一般情况下,我们也用这一结果定义条件概率.

**定义 1** 设 $A$、$B$ 是两个事件,且 $P(B) > 0$,则称

$$P(A \mid B) = \frac{P(AB)}{P(B)}$$

为已知事件 $B$ 发生的条件下,事件 $A$ 发生的**条件概率**.

类似地,若 $P(A) > 0$,则称

$$P(B \mid A) = \frac{P(AB)}{P(A)}$$

为已知事件 $A$ 发生的条件下,事件 $B$ 发生的**条件概率**.

根据条件概率定义,很容易验证它符合概率定义中的三个条件,即

(1) $0 \leqslant P(A \mid B) \leqslant 1$;

(2) $P(\Omega \mid B) = 1$;

(3) 若事件 $A_1$, $A_2$, $\cdots$, $A_n$, $\cdots$ 是两两互不相容的,则

$$P\left(\bigcup_{i=1}^{\infty} A_i \mid B\right) = \sum_{i=1}^{\infty} P(A_i \mid B).$$

条件概率 $P(A|B)$ 既然是一个概率,也就满足概率的一般性质. 条件概率是概率论中一个很重要、很基本的概念,必须很好地理解和掌握它.

条件概率 $P(A|B)$ 的计算,通常是用条件概率的定义来计算的,另一种方法是由事件 $B$ 发生作为出发点,建立所谓"缩减样本空间 $\Omega_B$"($\Omega_B = B$),再在 $\Omega_B$ 中去计算事件 $A$ 发生的概率.

**例 1** 某家庭有三个孩子,按年龄由高到低依次记为 $a, b, c$,已知老大 $a$ 是男孩,求这三个孩子的性别恰为两男一女的概率.

**解** 设 $A$ 表示事件"$a, b, c$ 的性别恰为两男一女",$B$ 表示事件"老大 $a$ 是男

孩",则要求的概率就是 $P(A \mid B)$. 我们用两种办法计算.

(1) 考虑随机试验 $E$: 观察三个孩子的性别,则 $E$ 的样本空间及缩减样本空间分别为

$$\Omega = \{\text{男男男,男男女,男女男,男女女,女男男,女男女,女女男,女女女}\},$$

$$\Omega_B = \{\text{男男男,男男女,男女男,男女女}\}.$$

在 $\Omega_B$ 中,事件 $A$ 中包含两个基本事件,而 $\Omega_B$ 中含有 4 个基本事件,故

$$P(A \mid B) = \frac{2}{4} = \frac{1}{2}.$$

(2) 在 $\Omega$ 中看,事件 $B$ 包含 4 个基本事件,事件 $AB$ 包含 2 个基本事件,而 $\Omega$ 中含有 8 个基本事件,所以

$$P(B) = \frac{4}{8}, \quad P(AB) = \frac{2}{8}.$$

由条件概率定义得

$$P(A \mid B) = \frac{P(AB)}{P(B)} = \frac{\dfrac{2}{8}}{\dfrac{4}{8}} = \frac{1}{2}.$$

由条件概率定义即得下边的定理.

**定理 1**  设 $A$, $B$ 为两事件,若 $P(A) > 0$, $P(B) > 0$,则有

$$P(AB) = P(A)P(B \mid A) = P(B)P(A \mid B).$$

这个公式称为**乘法公式**.

更一般地,对事件 $A_1$, $A_2$, $\cdots$, $A_n$,若 $P(A_1 A_2 \cdots A_{n-1}) > 0$,则有

$$P(A_1 A_2 \cdots A_n) = P(A_1)P(A_2 \mid A_1)P(A_3 \mid A_1 A_2) \cdots P(A_n \mid A_1 A_2 \cdots A_{n-1}).$$

**证**  由 $A_1 \supset A_1 A_2 \supset A_1 A_2 A_3 \supset \cdots \supset A_1 A_2 \cdots A_{n-1}$,得

$$P(A_1) \geqslant P(A_1 A_2) \geqslant P(A_1 A_2 A_3) \geqslant \cdots \geqslant P(A_1 A_2 \cdots A_{n-1}) > 0,$$

故公式右边的每个条件概率都是有意义的. 再由条件概率定义可得

$$P(A_1)P(A_2 \mid A_1)P(A_3 \mid A_1 A_2) \cdots P(A_n \mid A_1 A_2 \cdots A_{n-1})$$

$$= P(A_1) \frac{P(A_1 A_2)}{P(A_1)} \cdot \frac{P(A_1 A_2 A_3)}{P(A_1 A_2)} \cdots \frac{P(A_1 A_2 \cdots A_n)}{P(A_1 A_2 \cdots A_{n-1})}$$

$$= P(A_1 A_2 \cdots A_n). \qquad \square$$

**例 2** 设袋中有 4 只白球和 2 只黑球,从中任意地连取两次,每次取一球,取后不放回,求取出的两球都是白球的概率.

**解** 设 $A$, $B$ 分别表示第一次、第二次取得白球,则 $P(AB)$ 即为所求的概率.由于 $P(A) = \dfrac{4}{6}$, $P(B \mid A) = \dfrac{3}{5}$, 所以

$$P(AB) = P(A)P(B \mid A) = \frac{4}{6} \times \frac{3}{5} = \frac{2}{5}.$$

本题除利用乘法公式计算外,也可以用等可能概型来计算,视抽取两次为一基本事件,则所求概率

$$P(AB) = \frac{A_4^2}{A_6^2} = \frac{4 \times 3}{6 \times 5} = \frac{2}{5}.$$

**例 3** 5 个人进行抽签,其中 4 张是空的,一张为电影票,求每个人抽到电影票的概率.

**解** 设 $A_i (i = 1, 2, 3, 4, 5)$ 为第 $i$ 个人抽到电影票的事件,$B_i (i = 1, 2, 3, 4, 5)$ 为第 $i$ 次抽到电影票的事件,则

$$P(A_1) = P(B_1) = \frac{1}{5},$$

$$P(A_2) = P(\overline{B}_1 B_2) = P(\overline{B}_1) P(B_2 \mid \overline{B}_1) = \frac{4}{5} \times \frac{1}{4} = \frac{1}{5},$$

……

$$P(A_5) = P(\overline{B}_1 \, \overline{B}_2 \, \overline{B}_3 \, \overline{B}_4 B_5)$$

$$= P(\overline{B}_1) P(\overline{B}_2 \mid \overline{B}_1) P(\overline{B}_3 \mid \overline{B}_1 \overline{B}_2) P(\overline{B}_4 \mid \overline{B}_1 \overline{B}_2 \overline{B}_3) P(B_5 \mid \overline{B}_1 \overline{B}_2 \overline{B}_3 \overline{B}_4)$$

$$= \frac{4}{5} \times \frac{3}{4} \times \frac{2}{3} \times \frac{1}{2} \times 1 = \frac{1}{5}.$$

可见每人抽到电影票的概率是一样的,这与我们在第二节例 3 中得到的抽签与先后次序无关,机会是均等的,从而不必争先恐后的结论是一致的,只不过这里利用了乘法定理加以说明罢了.

**例 4** [波利亚(Pólya)摸球模型] 袋中有 $a$ 只白球、$b$ 只黑球,任意取出一球,把原球放回,并加入与取出的球同色的球 $c$ 只,再取出第二次,如此继续取下去,共取了 $n$ 次.问前 $n_1$ 次出现黑球,后 $n_2 = n - n_1$ 次出现白球的概率是多少?

**解** 设 $A_i (i = 1, 2, \cdots, n_1)$ 为第 $i$ 次取到黑球,$A_{n_1+j} (j = 1, 2, \cdots, n_2)$ 为第 $n_1 + j$ 次取到白球,则

$$P(A_1) = \frac{b}{b+a},$$

$$P(A_2 \mid A_1) = \frac{b+c}{b+a+c},$$

$$P(A_3 \mid A_1 A_2) = \frac{b+2c}{b+a+2c},$$

$$\cdots\cdots$$

$$P(A_{n_1} \mid A_1 A_2 \cdots A_{n_1-1}) = \frac{b+(n_1-1)c}{b+a+(n_1-1)c},$$

$$P(A_{n_1+1} \mid A_1 A_2 \cdots A_{n_1}) = \frac{a}{b+a+n_1 c},$$

$$P(A_{n_1+2} \mid A_1 A_2 \cdots A_{n_1+1}) = \frac{a+c}{b+a+(n_1+1)c},$$

$$\cdots\cdots$$

$$P(A_n \mid A_1 A_2 \cdots A_{n-1}) = \frac{a+(n_2-1)c}{b+a+(n-1)c}.$$

由乘法公式得所求概率为

$$P(A_1 A_2 \cdots A_n) = \frac{b}{b+a} \cdot \frac{b+c}{b+a+c} \cdot \frac{b+2c}{b+a+2c} \cdot \cdots \cdot$$

$$\frac{b+(n_1-1)c}{b+a+(n_1-1)c} \cdot \frac{a}{b+a+n_1 c} \cdot$$

$$\frac{a+c}{b+a+(n_1+1)c} \cdot \cdots \cdot \frac{a+(n_2-1)c}{b+a+(n-1)c}.$$

　　值得指出的是这个概率只与黑球和白球出现的次数有关,而与它们出现的先后次序无关,也就是说当黑球白球以其他方式出现时也有相同的结果. 这个模型曾被波利亚用来作为描述传染病的数学模型. 如果取 $c=0$,这就是有放回的摸球模型;取 $c=-1$,这就是不放回的摸球模型,所以它是一个很一般的摸球模型.

## 二、事件的相互独立性

　　我们已经知道,条件概率 $P(A|B)$ 和概率 $P(A)$ 一般情况下是不等的,这说明事件 $B$ 的发生对事件 $A$ 发生的概率是有影响的. 但在某些情况下,如袋中有 $a$ 只白球,$b$ 只黑球,在有放回摸球的试验中,设 $B$ 表示第一次摸得白球的事件,$A$ 为第二次摸得白球的事件,则有 $P(A \mid B) = P(A)$,即 $B$ 发生与否对 $A$ 的发生没有影响. 这种现象在概率论里称为**独立性**,概率论中相当一部分内容都是围绕它讨论

的,为此,我们给出

**定义 2** 设事件 $A$, $B$ 满足

$$P(AB) = P(A)P(B),$$

则称事件 $A$, $B$ 是**相互独立的**.

由定义 2,我们可知必然事件 $\Omega$ 和不可能事件 $\varnothing$ 与任何事件都相互独立.

若事件 $A$, $B$ 相互独立,且 $P(B) > 0$,则有

$$P(A \mid B) = \frac{P(AB)}{P(B)} = \frac{P(A)P(B)}{P(B)} = P(A),$$

所以这与我们前面所理解的独立性是一致的.

若事件 $A$, $B$ 相互独立,则可得到 $\overline{A}$ 与 $B$、$A$ 与 $\overline{B}$、$\overline{A}$ 与 $\overline{B}$ 也都相互独立.

事实上,由 $\overline{A}B = B - A = B - AB$,有

$$P(\overline{A}B) = P(B - AB) = P(B) - P(AB) = P(B) - P(A)P(B)$$
$$= P(B)[1 - P(A)] = P(\overline{A})P(B),$$

故得 $\overline{A}$ 与 $B$ 相互独立,至于 $A$ 与 $\overline{B}$、$\overline{A}$ 与 $\overline{B}$ 的独立性,可类似推得.

在实际问题中,常常不是根据定义来判断事件的独立性,而是由独立性的实际含义,即一个事件发生并不影响另一个事件发生的概率来判断两事件的相互独立性.

**例 5** 甲、乙两射手独立地射击同一目标,他们击中目标的概率分别为 0.9 与 0.8.求在一次射击中(每人各射一次)目标被击中的概率.

**解** 设 $C$ 为目标被击中,$A$ 为甲射中目标,$B$ 为乙射中目标.由 $\overline{C} = \overline{A}\,\overline{B}$,且根据独立性有

$$P(\overline{C}) = P(\overline{A}\,\overline{B}) = P(\overline{A})P(\overline{B})$$
$$= (1 - 0.9) \times (1 - 0.8) = 0.1 \times 0.2 = 0.02,$$

故所求概率为

$$P(C) = 1 - P(\overline{C}) = 1 - 0.02 = 0.98.$$

在概率论的实际应用中,只有两个事件的独立性是不够的,还必须用到多个事件的独立性.下面先讲三个事件的独立性,然后再讲一般的情形.

**定义 3** 对于三个事件 $A$, $B$, $C$,若

$$\left.\begin{array}{l} P(AB) = P(A)P(B), \\ P(AC) = P(A)P(C), \\ P(BC) = P(B)P(C), \end{array}\right\} \tag{1.3}$$

$$P(ABC) = P(A)P(B)P(C) \tag{1.4}$$

4 个等式同时成立,则称 $A,B,C$ 是**相互独立的**.

应该指出的是,由式(1.3)不能推得式(1.4),反之由式(1.4)也不能推得式(1.3),必须同时满足才称 $A$, $B$, $C$ 相互独立.

式(1.3)成立只表明 $A$, $B$, $C$ 中任意两个事件均独立,故又称两两独立. 由定义知,若 $A$, $B$, $C$ 相互独立,则必两两独立.

**定义 4** 对 $n$ 个事件 $A_1$, $A_2$, $\cdots$, $A_n$,如果对于任意 $k$ 个自然数 $i_1$, $i_2$, $\cdots$, $i_k$, $1 \leqslant i_1 < i_2 < \cdots < i_k \leqslant n, 2 \leqslant k \leqslant n$ 都有

$$P(A_{i_1} A_{i_2} \cdots A_{i_k}) = P(A_{i_1})P(A_{i_2})\cdots P(A_{i_k}),$$

则称事件 $A_1$, $A_2$, $\cdots$, $A_n$ **相互独立**.

若 $A_1$, $A_2$, $\cdots$, $A_n$ 相互独立,则将 $A_1$, $A_2$, $\cdots$, $A_n$ 中的任意多个事件换成它们的逆事件,所得的 $n$ 个事件仍然相互独立.

要根据定义来判断多个事件是否独立,是相当麻烦的. 因此,对于实际问题不是根据定义,而是根据经验进行直观的判断,如许多门大炮各自互不影响地向目标射击一次,则各炮射中目标就可认为是相互独立的. 在计算若干事件同时发生的概率时,若这些事件是相互独立的,则概率计算可大大简化.

相互独立事件至少发生一个的概率计算公式:

设 $A_1$, $A_2$, $\cdots$, $A_n$ 相互独立,则

$$P(A_1 \cup A_2 \cup \cdots \cup A_n) = 1 - P(\overline{A_1})P(\overline{A_2})\cdots P(\overline{A_n}), \tag{1.5}$$

因为

$$P(A_1 \cup A_2 \cup \cdots \cup A_n) = 1 - P(\overline{A_1 \cup A_2 \cup \cdots \cup A_n})$$
$$= 1 - P(\overline{A_1}\,\overline{A_2}\cdots\overline{A_n})$$
$$= 1 - P(\overline{A_1})P(\overline{A_2})\cdots P(\overline{A_n}).$$

**例 6** 设某类型的高炮每次击中飞机的概率为 0.2,问至少需要多少门这样的高炮同时独立发射(每门射一次)才能使击中飞机的概率达到 95% 以上.

**解** 设 $n$ 为所需的高炮门数,$A$ 为击中飞机的事件,$A_i$ 为第 $i$ 门炮击中飞机的事件,$i = 1, 2, \cdots, n$. 现求 $n$ 使得

$$P(A) = P(A_1 \cup A_2 \cup \cdots \cup A_n) \geqslant 0.95.$$

由式(1.5)得

$$P(A) = 1 - P(\overline{A_1})P(\overline{A_2})\cdots P(\overline{A_n}) = 1 - (1 - 0.2)^n,$$

解不等式

$$1-(1-0.2)^n \geqslant 0.95,$$

即

$$0.8^n \leqslant 0.05, \quad n\lg 0.8 < \lg 0.05,$$

得

$$n \geqslant 14.$$

故至少要 14 门高炮才能有 95% 以上的把握击中飞机.

**例 7** 称一只元件能正常工作的概率 $P$ 为这只元件的可靠性;称由元件组成的系统能正常工作的概率为这个系统的可靠性.求图 1.4,1.5 所示两个系统的可靠性,假设其中每只元件的可靠性均为 $r$ ($0<r<1$),且各元件能否正常工作是相互独立的.

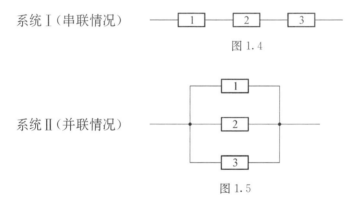

系统 I (串联情况)

图 1.4

系统 II (并联情况)

图 1.5

**解** 设 $A_i$ 表示"第 $i$ 只元件能正常工作",$i=1, 2, 3$,则 $A_1 A_2 A_3$ 表示"系统 I 能正常工作",$A_1 \bigcup A_2 \bigcup A_3$ 表示"系统 II 能正常工作".

系统 I 的可靠性为

$$P(A_1 A_2 A_3) = P(A_1)P(A_2)P(A_3) = r^3.$$

系统 II 的可靠性为

$$\begin{aligned}
P(A_1 \bigcup A_2 \bigcup A_3) &= 1 - P(\overline{A_1 \bigcup A_2 \bigcup A_3}) \\
&= 1 - P(\overline{A}_1 \, \overline{A}_2 \, \overline{A}_3) \\
&= 1 - P(\overline{A}_1)P(\overline{A}_2)P(\overline{A}_3) \\
&= 1 - (1-r)^3.
\end{aligned}$$

由于

$$P(A_1 \bigcup A_2 \bigcup A_3) - P(A_1 A_2 A_3) = (1 - (1-r)^3) - r^3$$
$$= 3r - 3r^2 = 3r(1-r) \geqslant 0,$$

故虽然系统 Ⅰ、系统 Ⅱ 同样由三只元件组成,但系统 Ⅱ 的构成方式的可靠度比系统 Ⅰ 的构成方式的可靠度来得大.

## 三、全概率公式

设事件 $B_1$, $B_2$, $\cdots$, $B_n$ 满足

(1) $B_1$, $B_2$, $\cdots$, $B_n$ 两两互不相容, $P(B_i) > 0$, $i = 1, 2, \cdots, n$;

(2) $A \subset \bigcup\limits_{i=1}^{n} B_i$,

则有

$$P(A) = P(B_1)P(A \mid B_1) + P(B_2)P(A \mid B_2) + \cdots + P(B_n)P(A \mid B_n).$$

此公式称为**全概率公式**.

**证** 由(2)得

$$A = \Big( \bigcup_{i=1}^{n} B_i \Big) A = \bigcup_{i=1}^{n} B_i A.$$

由(1)知 $B_i A$ 与 $B_j A$, $i \neq j$ 是互不相容的,由概率的有限可加性可得

$$P(A) = P\Big( \bigcup_{i=1}^{n} B_i A \Big) = \sum_{i=1}^{n} P(B_i A),$$

再利用乘法公式,有

$$P(A) = \sum_{i=1}^{n} P(B_i)P(A \mid B_i)$$
$$= P(B_1)P(A \mid B_1) + P(B_2)P(A \mid B_2) + \cdots + P(B_n)P(A \mid B_n). \quad \square$$

全概率公式表明,若直接计算事件 $A$ 发生的概率比较困难,则不妨分析一下 $A$ 在哪些情况(事件)下可能发生,引起事件 $A$ 发生的情况(事件)就是 $B_1$, $B_2$, $\cdots$, $B_n$,若 $P(B_i)$, $P(A \mid B_i)$ 又能够求得,则 $P(A)$ 就可利用全概率公式计算.

**例 8** 设甲袋中有 $a$ 只白球、$b$ 只黑球,乙袋中有 $c$ 只白球、$d$ 只黑球,现从甲袋中任取一球放入乙袋中,再从乙袋中任取一球,求取出的球为白球的概率.

**解** 取出的球为白球不外乎由两种情况造成:从甲袋中取出白球放入乙袋或是从甲袋中取出黑球放入乙袋. 因此设 $A$ 表示从乙袋中取出白球,$B_1$ 表示从甲袋中取出白球放入乙袋,$B_2$ 表示从甲袋中取出黑球放入乙袋,由题意可知

$$P(B_1) = \frac{a}{a+b}, \quad P(A \mid B_1) = \frac{c+1}{c+d+1},$$

$$P(B_2) = \frac{b}{a+b}, \quad P(A \mid B_2) = \frac{c}{c+d+1}.$$

由全概率公式得

$$P(A) = P(B_1)P(A \mid B_1) + P(B_2)P(A \mid B_2)$$

$$= \frac{a}{a+b} \cdot \frac{c+1}{c+d+1} + \frac{b}{a+b} \cdot \frac{c}{c+d+1}$$

$$= \frac{ac+bc+a}{(a+b)(c+d+1)}.$$

**例9** 某工厂生产的产品以 100 件为一批，假定每一批产品中的次品最多不超过 4 件，并具有如下的概率：

| 一批产品中的次品数 | 0 | 1 | 2 | 3 | 4 |
|---|---|---|---|---|---|
| 概　率 | 0.1 | 0.2 | 0.4 | 0.2 | 0.1 |

现进行抽样检验，从每批中抽取 10 件来检验，如果发现其中有次品，则认为该批产品是不合格的，求一批产品通过检验的概率.

**解** 设 $A$ 表示一批产品通过检验；$B_i$ 表示一批产品中含有 $i$ 件次品，$i = 0$, 1, 2, 3, 4. 又已知 $P(B_0) = 0.1$，$P(B_1) = 0.2$，$P(B_2) = 0.4$，$P(B_3) = 0.2$，$P(B_4) = 0.1$. 再算出

$$P(A \mid B_0) = 1,$$

$$P(A \mid B_1) = \frac{C_{99}^{10}}{C_{100}^{10}} = 0.900,$$

$$P(A \mid B_2) = \frac{C_{98}^{10}}{C_{100}^{10}} = 0.809,$$

$$P(A \mid B_3) = \frac{C_{97}^{10}}{C_{100}^{10}} = 0.727,$$

$$P(A \mid B_4) = \frac{C_{96}^{10}}{C_{100}^{10}} = 0.652,$$

由全概率公式得

$$P(A) = \sum_{i=0}^{4} P(B_i) P(A \mid B_i)$$

$$= 0.1 \times 1 + 0.2 \times 0.900 + 0.4 \times 0.809$$

$$+ 0.2 \times 0.727 + 0.1 \times 0.652$$

$$= 0.8142.$$

以上结果,给工厂提供了这样的信息,即若工厂生产了 1000 批产品,则通过检验,以合格品出厂约有 814 批.产品一经出厂($A$ 发生了),就作为合格品出售,但这时每批里仍可能含有 $i$ 件次品,$i=0$,1,2,3,4.因此,对顾客来讲最关心的是概率 $P(B_i | A)$,$i=0$,1,2,3,4,希望此概率最大的一个所对应的 $i$ 越小越好,即希望买到的产品中所含次品少的概率大.然而要计算 $P(B_i|A)$,可利用下面这个在实际应用中占有特殊地位的公式.

## 四、贝叶斯公式

设事件 $B_1$,$B_2$,$\cdots$,$B_n$ 及 $A$ 满足

(1) $B_1$,$B_2$,$\cdots$,$B_n$ 两两互不相容,$P(B_i) > 0$,$i = 1$,2,$\cdots$,$n$;

(2) $A \subset \bigcup_{i=1}^{n} B_i$,$P(A) > 0$,

则

$$P(B_i \mid A) = \frac{P(B_i) P(A \mid B_i)}{\sum_{j=1}^{n} P(B_j) P(A \mid B_j)}, \quad i = 1, 2, \cdots, n$$

即为**贝叶斯**(Thomas Bayes,1702—1761)**公式**.

**证** 由条件概率定义及全概率公式,有

$$P(B_i \mid A) = \frac{P(B_iA)}{P(A)} = \frac{P(B_i) P(A \mid B_i)}{\sum_{j=1}^{n} P(B_j) P(A \mid B_j)}, \quad i = 1, 2, \cdots, n. \qquad \square$$

现通过一个具体问题,来说明这个公式的实际意义.若有一病人高烧到 40℃,医生要确定他患何种疾病,首先要考虑病人可能发生的疾病 $B_1$,$B_2$,$\cdots$,$B_n$.这里假定一个病人不会同时得几种疾病,即事件 $B_1$,$B_2$,$\cdots$,$B_n$ 互不相容,医生可凭以往的经验估计出发病率 $P(B_i)$,$i = 1$,2,$\cdots$,$n$,这通常叫先验概率.进一步要考虑的是一个人得 $B_i$ 这种病时高烧到 40℃的可能性 $P(A | B_i)$,$i = 1$,2,$\cdots$,$n$,这可以根据医学知识来确定.这样,就可根据贝叶斯公式算得 $P(B_i \mid A)$,$i = 1$,2,$\cdots$,$n$.这个概率表示在已获得新的信息(即知此病人高烧 40℃)后,病人得 $B_1$,

$B_2$, ···, $B_n$ 这些疾病的可能性的大小,这通常称为后验概率.对应于较大 $P(B_i|A)$ 的 $B_i$,为医生的诊断提供了重要依据.如果我们把 $A$ 当作观察的"结果",而 $B_1$, $B_2$, ···, $B_n$ 理解为"原因",则贝叶斯公式反映了"因果"的概率规律,并作出了"由果溯因"的推断.

**例 10** 设甲袋中有 $a$ 只白球、$b$ 只黑球,乙袋中有 $c$ 只白球、$d$ 只黑球,现从甲袋中任取一球放入乙袋中,再从乙袋中任取一球,若已知从乙袋中取出的为一白球,求从甲袋中取出黑球放入乙袋的概率.

**解** 设 $A$ 表示从乙袋中取出白球,$B_1$ 表示从甲袋中取出白球放入乙袋,$B_2$ 表示从甲袋中取出黑球放入乙袋.利用例 8 的计算结果,由贝叶斯公式有

$$P(B_2 \mid A) = \frac{P(B_2)P(A \mid B_2)}{P(A)}$$

$$= \frac{b}{a+b} \cdot \frac{c}{c+d+1} \Big/ \frac{ac+bc+a}{(a+b)(c+d+1)}$$

$$= \frac{bc}{ac+bc+a}.$$

**例 11** 条件同例 9,求通过检验的一批产品中,恰有 $i$ 件次品的概率,$i=0,1,2,3,4$.

**解** 欲求

$$P(B_i \mid A) = \frac{P(AB_i)}{P(A)} = \frac{P(B_i)P(A \mid B_i)}{P(A)},$$

将例 9 的结果代入上式,有

$$P(B_0 \mid A) = \frac{0.1 \times 1}{0.8142} = 0.123,$$

$$P(B_1 \mid A) = \frac{0.2 \times 0.9}{0.8142} = 0.221,$$

$$P(B_2 \mid A) = \frac{0.4 \times 0.809}{0.8142} = 0.397,$$

$$P(B_3 \mid A) = \frac{0.2 \times 0.727}{0.8142} = 0.179,$$

$$P(B_4 \mid A) = \frac{0.1 \times 0.652}{0.8142} = 0.080.$$

这样就得到了通过检验的一批产品中所含次品件数的概率:

| 一批产品中的次品数 | 0 | 1 | 2 | 3 | 4 |
|---|---|---|---|---|---|
| 概　率 | 0.123 | 0.221 | 0.397 | 0.179 | 0.080 |

将此结果与检验前一批产品中所含次品数的概率比较,有

$$P(B_0 \mid A) > P(B_0),$$

$$P(B_1 \mid A) > P(B_1),$$

而

$$P(B_2 \mid A) < P(B_2),$$

$$P(B_3 \mid A) < P(B_3),$$

$$P(B_4 \mid A) < P(B_4).$$

这个结果,从直观上看是很容易理解的,因为没有次品的各批产品必然通过检验,次品较少的各批产品比较容易通过检验,而次品较多的各批产品较难通过检验,所以通过检验后的各批产品次品数的概率与检验前有所不同了.

## 五、伯努利概型　二项概率公式

随机现象的规律性只有在相同条件下进行大量重复试验或观察才能表现出来.将一个试验重复独立地进行 $n$ 次,这是最基本最重要的一种具有独立性试验的模型,下面给出一般的定义.

**定义 5**　我们作了 $n$ 次试验,且满足

(1) 每次试验只有两种可能结果,$A$ 发生或不发生;

(2) $n$ 次试验是重复进行的,即 $A$ 发生的概率每次均一样;

(3) 每次试验是独立的,即每次试验 $A$ 发生与否与其他次试验 $A$ 发生与否是互不影响的.

这种试验称为**伯努利**(Jakob Bernoulli, 1654—1705)**概型**,或称为 **$n$ 重伯努利试验**.

在 $n$ 重伯努利试验中,我们特别感兴趣的是事件 $A$ 发生的次数,用 $p$ 表示每次试验 $A$ 发生的概率,则 $\overline{A}$ 发生的概率为 $1-p=q$,用 $P_n(k)$ 表示 $n$ 重伯努利试验中 $A$ 出现 $k(0 \leqslant k \leqslant n)$ 次的概率,下面就来推出计算 $P_n(k)$ 的公式.

由于事件 $A$ 在指定的某 $k$ 次试验中发生,而在其余 $(n-k)$ 次试验中不发生的概率为 $p^k(1-p)^{n-k}$. 在 $n$ 次试验中,由于事件 $A$ 发生 $k$ 次可以有各种排列顺序,由排列组合知识可知它共有 $C_n^k$ 种,而这 $C_n^k$ 种排列所对应的 $C_n^k$ 个事件显然是互不相容的,故由加法定理可得

$$P_n(k) = C_n^k p^k (1-p)^{n-k} = C_n^k p^k q^{n-k}, \quad k = 0, 1, 2, \cdots, n,$$

这就是 $n$ 重伯努利试验中 $A$ 出现 $k$ 次的概率计算公式. 由于 $C_n^k p^k q^{n-k}$, $k=0, 1,$

2，$\cdots$，$n$ 正好是 $(p+q)^n$ 按二项式公式展开时的各项，所以上述公式称为**二项概率公式**.

**例 12** 为了摧毁某个目标，只要命中两次就够了. 已知每次射击的命中率为 0.8，问独立地连续射击 5 次摧毁目标的可能性有多大？

**解** 设 $A$ 表示射击 5 次至少命中 2 次的事件，$A_i$ 表示射击 5 次恰好命中 $i$ 次的事件，$i=0$，1，2，3，4，5，则

$$\overline{A} = A_0 \bigcup A_1.$$

由加法定理有

$$P(\overline{A}) = P(A_0) + P(A_1).$$

由二项概率公式有

$$P(A_0) = P_5(0) = (0.2)^5 = 0.00032,$$

$$P(A_1) = P_5(1) = C_5^1 \times 0.8 \times (0.2)^4 = 0.0064.$$

故所求概率为

$$P(A) = 1 - P(\overline{A}) = 1 - (0.00032 + 0.0064) = 0.99.$$

**例 13** 设某工厂生产的产品出现次品的概率为 0.005，现从中任取 1000 件产品，问其中有次品的概率是多少？

**解** 可视为 $n=1000$，$p=0.005$，$q=0.995$ 的伯努利试验，利用逆事件得所求事件的概率为

$$P = 1 - P_{1000}(0) = 1 - (0.995)^{1000} = 0.9933.$$

在本题中，我们假定产品中的次品数是已知的，然后根据它来计算种种概率. 而在实际问题中，情况恰恰相反，次品数是未知的，并且正是我们希望通过抽样检验来确定的. 一般认为，抽出来的样本的质量情况在某种程度上反映了整批产品的质量情况. 例如，如果整批产品中次品很多，则抽查的样本中含有次品的可能性就相当大；反之，若产品中次品极少，则从中抽查一、两只样本而得到次品的可能性就很小，因而样本中所含次品数的多少就为我们估计整批产品中的次品数提供了某种根据. 例如了确定某批产品的次品率，通常采用的方法是从这批产品中抽若干个产品作为样本来检验，并用样本的次品率来估计整批产品的次品率，关于这个课题的研究，构成了数理统计的重要内容.

由于抽样带有随机性，因而不同的抽样可能得到不同的结果，所以我们有必要对各种结果出现的可能性大小进行讨论，这为我们根据样本情况推断整批产品情况提供了理论依据，这种研究是概率论的任务. 从这里也看出，概率论与数理统计有着很密切的联系.

# 习　题　一

## （A 类）

1. 写出下列随机试验的样本空间：
   (1) 同时掷两颗骰子,记录两颗骰子的点数之和；
   (2) 在单位圆内任意取一点,记录它的坐标；
   (3) 10 件产品中有三件是次品,每次从其中取一件,取后不放回,直到三件次品都取出为止,记录抽取的次数；
   (4) 测量一汽车通过给定点的速度.

2. 设 $A$，$B$，$C$ 为三个事件,用 $A$，$B$，$C$ 的运算关系表示下列事件：
   (1) $A$ 发生,$B$ 和 $C$ 不发生；
   (2) $A$ 与 $B$ 都发生,而 $C$ 不发生；
   (3) $A$，$B$，$C$ 都发生；
   (4) $A$，$B$，$C$ 都不发生；
   (5) $A$，$B$，$C$ 不都发生；
   (6) $A$，$B$，$C$ 中至少有一个发生；
   (7) $A$，$B$，$C$ 中不多于一个发生；
   (8) $A$，$B$，$C$ 中至少有两个发生.

3. 在某小学的学生中任选一名,若事件 $A$ 表示被选学生是男生,事件 $B$ 表示该生是三年级学生,事件 $C$ 表示该学生是运动员,则
   (1) 事件 $AB\overline{C}$ 表示什么？
   (2) 在什么条件下 $ABC = C$ 成立？
   (3) 在什么条件下关系式 $C \subset B$ 是正确的？
   (4) 在什么条件下 $\overline{A} = B$ 成立？

4. 设 $P(A) = 0.7$，$P(A - B) = 0.3$,试求 $P(\overline{AB})$.

5. 对事件 $A$，$B$ 和 $C$,已知 $P(A) = P(B) = P(C) = \dfrac{1}{4}$，$P(AB) = P(CB) = 0$，$P(AC) = \dfrac{1}{8}$,求 $A$，$B$，$C$ 中至少有一个发生的概率.

6. 设盒中有 $a$ 只红球和 $b$ 只白球,现从中随机地取出两只球,试求下列事件的概率：
   $$A = \{两球颜色相同\},$$
   $$B = \{两球颜色不同\}.$$

7. 若 10 件产品中有 7 件正品,3 件次品,
   (1) 不放回地每次从中任取一件,共取三次,求取到三件次品的概率；
   (2) 每次从中任取一件,有放回地取三次,求取到三件次品的概率.

8. 某旅行社 100 名导游中有 43 人会讲英语,35 人会讲日语,32 人会讲日语和英语,9 人会讲法

语、英语和日语,且每人至少会讲英、日、法三种语言中的一种,求:

(1) 此人会讲英语和日语,但不会讲法语的概率;

(2) 此人只会讲法语的概率.

9. 罐中有 12 颗围棋子,其中 8 颗白子 4 颗黑子,若从中任取 3 颗,求:

(1) 取到的都是白子的概率;

(2) 取到 2 颗白子,一颗黑子的概率;

(3) 取到 3 颗棋子中至少有一颗黑子的概率;

(4) 取到 3 颗棋子颜色相同的概率.

10. (1) 500 人中,至少有一个人的生日是 7 月 1 日的概率是多少(1 年按 365 日计算)?

(2) 6 个人中,恰好有 4 个人的生日在同一个月的概率是多少?

11. 将 C,C,E,E,I,N,S 7 个字母随意排成一行,试求恰好排成 SCIENCE 的概率.

12. 从 5 副不同的手套中任取 4 只,求这 4 只都不配对的概率.

13. 一实习生用一台机器接连独立地制造三只同种零件,第 $i$ 只零件是不合格的概率为 $p_i = \dfrac{1}{1+i}$, $i = 1, 2, 3$,若以 $x$ 表示零件中合格品的个数,则 $P(x = 2)$ 为多少?

14. 假设目标出现在射程之内的概率为 0.7,这时射击命中目标的概率为 0.6,试求两次独立射击至少有一次命中目标的概率.

15. 设某种产品 50 件为一批,如果每批产品中没有次品的概率为 0.35,有 1,2,3,4 件次品的概率分别为 0.25,0.2,0.18,0.02,今从某批产品中抽取 10 件,检查出一件次品,求该批产品中次品不超过两件的概率.

16. 由以往记录的数据分析,某船只运输某种物品损坏 2%,10% 和 90% 的概率分别为 0.8,0.15 和 0.05,现在从中随机地取三件,发现三件全是好的,试分析这批物品的损坏率是多少(这里设物品件数很多,取出一件后不影响下一件的概率).

17. 验收成箱包装的玻璃器皿,每箱 24 只装,统计资料表明,每箱最多有两只残次品,且含 0,1 和 2 件残次品的箱各占 80%,15% 和 5%,现在随机抽取一箱,随意检验其中 4 只;若未发现残次品,则通过验收,否则要逐一检验并更换残次品,试求:

(1) 一次通过验收的概率 $\alpha$;

(2) 通过验收的箱中确定无残次品的概率 $\beta$.

18. 一建筑物内装有 5 台同类型的空调设备,调查表明,在任一时刻,每台设备被使用的概率为 0.1,问在同一时刻

(1) 恰有两台设备被使用的概率是多少?

(2) 至少有三台设备被使用的概率是多少?

19. 甲、乙两个乒乓球运动员进行乒乓球单打比赛,如果每一局甲胜的概率为 0.6,乙胜的概率为 0.4,比赛时可以采用三局二胜制或五局三胜制,问在哪一种比赛制度下甲获胜的可能性较大?

20. 在 4 次重复独立试验中事件 $A$ 至少出现一次的概率为 $\dfrac{65}{81}$,求在一次试验中 $A$ 出现的概率.

# (B 类)

21. (1987,2 分)* 　三个箱子,第一个箱子中有 4 只黑球、1 只白球,第二个箱子中有 3 只黑球、3 只白球,第三个箱子中有 3 只黑球、5 只白球.现随机地取一个箱子,再从这个箱子中取出一个球,这个球为白球的概率等于_____.已知取出的球是白球,此球属于第二个箱子的概率为_____.

22. (1989,2 分) 已知随机事件 $A$ 的概率 $P(A)=0.5$,随机事件 $B$ 的概率 $P(B)=0.6$ 及条件概率 $P(B|A)=0.8$,则和事件 $A \cup B$ 的概率 $P(A \cup B)=$_____.

23. (1990,2 分) 设随机事件 $A$,$B$ 及其和事件 $A \cup B$ 的概率分别是 0.4,0.3 和 0.6.若 $\overline{B}$ 表示 $B$ 的对立事件,那么积事件 $A\overline{B}$ 的概率 $P(A\overline{B})=$_____.

24. (1992,3 分) 已知 $P(A)=P(B)=P(C)=\dfrac{1}{4}$,$P(AB)=0$,$P(AC)=P(BC)=\dfrac{1}{16}$,则事件 $A$,$B$,$C$ 全不发生的概率为_____.

25. (1993,3 分) 一批产品共有 10 件正品和两件次品,任意抽取两次,每次抽一件,抽出后不再放回,则第二次抽出的是次品的概率为_____.

26. (1994,3 分) 已知 $A$,$B$ 两个事件满足条件 $P(AB)=P(\overline{A}\,\overline{B})$,且 $P(A)=p$,则 $P(B)=$_____.

27. (2006,4 分) 设 $A$,$B$ 为随机事件,且 $P(B)>0$,$P(A \mid B)=1$,则必有(　　).

    A. $P(A \cup B)>P(A)$　　　　　　　　B. $P(A \cup B)>P(B)$

    C. $P(A \cup B)=P(A)$　　　　　　　　D. $P(A \cup B)=P(B)$

28. (2005,4 分) 从数 1,2,3,4 中任取一个数,记为 $X$,再从 1,2,$\cdots$,$X$ 中任取一个数,记为 $Y$,则 $P(Y=2)=$_____.

29. (1996,3 分) 设工厂 $A$ 和工厂 $B$ 的产品的次品率分别为 1% 和 2%,现从由 $A$ 和 $B$ 的产品分别占 60% 和 40% 的一批产品中随机抽取一件,发现是次品,则该次品属 $A$ 生产的概率是_____.

30. (1997,3 分) 袋中有 50 只乒乓球,其中 20 只是黄球,30 只是白球,今有两人依次随机地从袋中各取一球,取后不放回,则第二个人取得黄球的概率是_____.

31. (1987,2 分) 设在一次试验中,事件 $A$ 发生的概率为 $p$.现进行 $n$ 次独立试验,则 $A$ 至少发生一次的概率为_____;而事件 $A$ 至多发生一次的概率为_____.

32. (1988,2 分) 设三次独立试验中,事件 $A$ 出现的概率相等.若已知 $A$ 至少出现一次的概率等于 $\dfrac{19}{27}$,则事件 $A$ 在一次试验中出现的概率为_____.

33. (1989,2 分) 甲、乙两人独立地对同一目标射击一次,其命中率分别为 0.6 和 0.5.现已知目标被命中,则它是甲射中的概率为_____.

34. (1998,3 分) 设 $A$,$B$ 是两个随机事件,且 $0<P(A)<1$,$P(B)>0$,$P(B \mid A)=P(B \mid \overline{A})$,则必有(　　).

---

A. $P(A \mid B) = P(\overline{A} \mid B)$          B. $P(A \mid B) \neq P(\overline{A} \mid B)$

C. $P(AB) = P(A)P(B)$          D. $P(AB) \neq P(A)P(B)$

35. (1999,3 分)　设两两相互独立的三事件 $A$, $B$ 和 $C$ 满足条件：$ABC = \varnothing$, $P(A) = P(B) = P(C) < \dfrac{1}{2}$, 且已知 $P(A \bigcup B \bigcup C) = \dfrac{9}{16}$, 则 $P(A) = \underline{\hspace{2cm}}$.

36. (2000,3 分)　设两个相互独立的事件 $A$ 和 $B$ 都不发生的概率为 $\dfrac{1}{9}$, $A$ 发生 $B$ 不发生的概率与 $B$ 发生 $A$ 不发生的概率相等, 则 $P(A) = \underline{\hspace{2cm}}$.

37. (2007,4 分)　某人向同一目标独立重复射击, 每次射击命中目标的概率为 $p$, $0 < p < 1$, 则此人第 4 次射击恰好第 2 次命中目标的概率为(　　).

A. $3p(1-p)^2$          B. $6p(1-p)^2$

C. $3p^2(1-p)^2$          D. $6p^2(1-p)^2$

38. (1988,2 分)　在区间 $(0,1)$ 中随机地取两个数, 则事件"两数之和小于 $\dfrac{6}{5}$"的概率为 $\underline{\hspace{2cm}}$.

39. (1991,3 分)　随机地向半圆 $0 < y < \sqrt{2ax - x^2}$ ($a$ 为正常数)内掷一点, 点落在半圆内任何区域的概率与区域的面积成正比, 则原点与该点的连线与 $x$ 轴的夹角小于 $\dfrac{\pi}{4}$ 的概率为 $\underline{\hspace{2cm}}$.

40. (2008,4 分)　在区间 $(0,1)$ 中随机地取两个数, 则这两个数之差的绝对值小于 $\dfrac{1}{2}$ 的概率为 $\underline{\hspace{2cm}}$.

41. (2012,4 分)　设 $A$, $B$, $C$ 是随机事件, $A$, $C$ 互不相容, $P(AB) = \dfrac{1}{2}$, $P(C) = \dfrac{1}{3}$, 则 $P(AB \mid \overline{C}) = \underline{\hspace{2cm}}$.

42. (2014,4 分)　设随机事件 $A$ 与 $B$ 相互独立, 且 $P(B) = 0.5$, $P(A-B) = 0.3$, 则 $P(B-A) = $(　　).

A. 0.1      B. 0.2      C. 0.3      D. 0.4

43. (2015,4 分)　若 $A$, $B$ 为任意两个随机事件, 则(　　).

A. $P(AB) \leqslant P(A)P(B)$          B. $P(AB) \geqslant P(A)P(B)$

C. $P(AB) \leqslant \dfrac{P(A)P(B)}{2}$          D. $P(AB) \geqslant \dfrac{P(A)P(B)}{2}$

44. (2017,4 分)　设 $A$, $B$ 为随机事件, 若 $0 < P(A) < 1$, $0 < P(B) < 1$, 则 $P(A \mid B) > P(A \mid \overline{B})$ 的充要条件是(　　).

A. $P(B \mid A) > P(B \mid \overline{A})$          B. $P(B \mid A) < P(B \mid \overline{A})$

C. $P(\overline{B} \mid A) > P(B \mid \overline{A})$          D. $P(\overline{B} \mid A) < P(B \mid \overline{A})$

45. (2018,4 分)　设随机事件 $A$ 与 $B$ 相互独立, $A$ 与 $C$ 相互独立, $BC = \varnothing$, 若 $P(A) + P(B) = \dfrac{1}{2}$, $P(AC \mid AB \bigcup C) = \dfrac{1}{4}$, 则 $P(C) = \underline{\hspace{2cm}}$.

46. (2019,4 分)　设 $A$, $B$ 为随机事件, 则 $P(A) = P(B)$ 的充分必要条件为(　　).

A. $P(A \bigcup B) = P(A) + P(B)$          B. $P(AB) = P(A)P(B)$

C. $P(A\overline{B}) = P(B\overline{A})$        D. $P(AB) = P(\overline{A}\,\overline{B})$

47.（2020,4 分） 设 $A,B,C$ 为三个随机事件,且 $P(A)=P(B)=P(C)=\dfrac{1}{4}$, $P(AB)=0$,

$P(AC)=P(BC)=\dfrac{1}{12}$, 则 $A,B,C$ 中恰有一个事件发生的概率为（   ）.

A. $\dfrac{3}{4}$       B. $\dfrac{2}{3}$       C. $\dfrac{1}{2}$       D. $\dfrac{5}{12}$

48.（2021,5 分） 设 $A,B$ 为随机事件,且 $0<P(B)<1$,下列命题中为假命题的是（   ）.

A. 若 $P(A\mid B)=P(A)$,则 $P(A\mid \overline{B})=P(A)$

B. 若 $P(A\mid B)>P(A)$,则 $P(\overline{A}\mid \overline{B})>P(\overline{A})$

C. 若 $P(A\mid B)>P(A\mid \overline{B})$,则 $P(A\mid B)>P(A)$

D. 若 $P(A\mid A\bigcup B)>P(\overline{A}\mid A\bigcup B)$,则 $P(A)>P(B)$

49.（2022,5 分） 设 $A,B,C$ 为随机事件,且 $A$ 与 $B$ 互不相容,$A$ 与 $C$ 互不相容,$B$ 与 $C$ 相互独立,

$P(A)=P(B)=P(C)=\dfrac{1}{3}$,则 $P(B\bigcup C\mid A\bigcup B\bigcup C)=$ _____.

# 第二章 随机变量及其分布

## 第一节 随 机 变 量

上一章我们研究了随机事件及其概率,本章将在此基础上进一步研究随机变量及其分布.

回顾上章所举的随机试验,我们发现在许多试验中,观察的对象常常是一个随机取值的量.例如,观察掷一颗骰子出现的点数,这个量的可能取值为 1,2,3,4,5,6.电话接线员在上午 8 时到 9 时接到的电话呼叫次数,这个量的可能取值为 0,1,2,…. 在第一章第一节例 4 中观察弹着点与目标中心的距离,这个量可能在 $[0, +\infty)$ 中取值.虽然有些随机试验的结果,例如掷硬币观察出现正面还是反面,与数值无关,但我们可以通过下面的方法使它与数值联系起来. 即,当出现正面时,我们规定其对应数为"1";而出现反面时,我们规定其对应数为"0". 这样,当试验结果不是数值时,也可将其数量化,仍可用数量来描述.

若将试验中所观察的对象用 $X$ 表示,它将随着试验的重复,可以取不同的值. 但在每次试验中究竟取什么值事先无法断言,是带有随机性的. 因此,很自然地称 $X$ 为随机变量. 又由于 $X$ 是随着试验结果(基本事件 $\omega$)不同而变化的,所以 $X$ 实际上是基本事件 $\omega$ 的函数,即 $X = X(\omega)$. 如掷硬币试验中,样本空间 $\Omega = \{$(出现正面),(出现反面)$\}$. 用 $X$ 表示试验结果,按上述方法数量化,则 $X$ 就是基本事件的函数:

$$X = X(\omega) = \begin{cases} 1, & \text{当正面出现}, \\ 0, & \text{当反面出现}. \end{cases}$$

由上所述,下面给出随机变量的定义:

**定义 1** 设试验的样本空间为 $\Omega$,如果对 $\Omega$ 中每个基本事件 $\omega$ 都有唯一的实数值 $X(\omega)$ 与之对应,则称 $X(\omega)$ 为**随机变量**,简记为 $X$.

有了随机变量,随机事件就可以通过随机变量的关系式表示出来. 如设 $X$ 表示一段时间内电话交换台接到的呼唤次数,则事件{呼唤次数不超过 5 次}、{呼唤次数不少于 2 次}、{没有接到呼唤},就可分别表示为:$\{0 \leqslant X \leqslant 5\}$、$\{X \geqslant 2\}$、

$\{X=0\}$. 在掷硬币的试验中,$\{X=1\}$ 就表示$\{$出现正面$\}$,$\{X=0\}$ 就表示$\{$出现反面$\}$.

对任何事件 $A$,可以用随机变量

$$\chi_A(\omega) = \begin{cases} 1, & 当 \omega \in A, \\ 0, & 当 \omega \notin A \end{cases}$$

表示,这时 $\{\chi_A(\omega)=1\}$ 就表示事件 $A$. $\chi_A(\omega)$ 又称为 $A$ 的示性函数. 由此可见,对事件的研究可以转变为对随机变量的研究.

有了随机变量,就可以通过它来描述随机试验中的各种事件,能够全面反映试验的情况. 这就使得我们对随机现象的研究,从第一章对事件与事件的概率的研究,扩大到随机变量的研究,这样数学分析的方法也可用来研究随机现象了.

一个随机变量所可能取到的值只有有限个(如掷骰子出现的点数)或可列无限多个(如电话交换台接到的呼唤次数),则称这样的随机变量为**离散型随机变量**. 而像弹着点到目标的距离这样的随机变量,它的取值连续地充满了一个区间,这称为**连续型随机变量**,它是非离散型随机变量中最重要的类型. 下面先来研究离散型随机变量.

# 第二节　离散型随机变量及其分布

对一个离散型随机变量,我们不仅要知道它取些什么值,更重要的还要知道它取这些值的可能性的大小,即取这些值的概率. 例如,掷均匀硬币的试验中,只可能出现正面或反面,如果用"1"表示出现正面,用"0"表示出现反面. 随机变量 $X$ 表示试验的结果,它只能取值 $0$ 或 $1$,并且有

$$P(X=0) = \frac{1}{2}, \quad P(X=1) = \frac{1}{2}.$$

一般地,设离散型随机变量 $X$ 的可能取值为 $x_k$,$k=1, 2, \cdots$ 且取各个值的概率,即事件 $\{X=x_k\}$ 的概率为

$$P(X=x_k) = p_k, \quad k=1, 2, \cdots,$$

则称上式为离散型随机变量 $X$ 的**分布律**或**概率分布**. 有时也用**分布列**的形式给出:

| $X$ | $x_1$ | $x_2$ | $\cdots$ | $x_k$ | $\cdots$ |
|---|---|---|---|---|---|
| $P(X=x_k)$ | $p_1$ | $p_2$ | $\cdots$ | $p_k$ | $\cdots$ |

(2.1)

显然分布律应满足以下条件:

(1) $p_k \geqslant 0$, $k = 1, 2, \cdots$;

(2) $\sum\limits_{k=1}^{\infty} p_k = 1$.

因此,我们只要给出了上面分布的 $x_1$, $x_2$, $\cdots$ 的数值和对应的概率 $p_1$, $p_3$, $\cdots$,并满足条件(1)、(2),就给出了离散型随机变量 $X$ 的统计规律.

**例1** 袋中装有标号为 $-1$, $1$, $1$, $2$, $3$, $3$, $3$ 的 7 只球,从中任取一只,观察取出的球的标号.

若令 $X$ 表示取出球的标号,则随机变量 $X$ 的所有可能取值为 $-1$, $1$, $2$, $3$. 且

$$P(X = -1) = \frac{1}{7}, \quad P(X = 1) = \frac{2}{7},$$

$$P(X = 2) = \frac{1}{7}, \quad P(X = 3) = \frac{3}{7}.$$

于是得随机变量 $X$ 的分布律

| $X$ | $-1$ | $1$ | $2$ | $3$ |
|---|---|---|---|---|
| $P$ | $\frac{1}{7}$ | $\frac{2}{7}$ | $\frac{1}{7}$ | $\frac{3}{7}$ |

**例2** 给出随机变量 $X$ 的取值及其对应的概率如下:

| $X$ | $1$ | $2$ | $\cdots$ | $k$ | $\cdots$ |
|---|---|---|---|---|---|
| $P$ | $\frac{1}{3}$ | $\frac{1}{3^2}$ | $\cdots$ | $\frac{1}{3^k}$ | $\cdots$ |

判断它是否为随机变量 $X$ 的分布律.

**解** 由上表得

$$\sum_{k=1}^{\infty} p_k = \sum_{k=1}^{\infty} \frac{1}{3^k} = \frac{\dfrac{1}{3}}{1 - \dfrac{1}{3}} = \frac{1}{2} < 1,$$

故不满足条件(2),故它不是随机变量 $X$ 的分布律.

一旦知道一个离散型随机变量 $X$ 的分布律,我们便可求得任何事件的概率. 一般地,若 $I$ 是一个区间,则

$$P(X \in I) = \sum_{x_i \in I} P(X = x_i).$$

对实际问题有着重要意义的是如下几种分布.

## 一、(0－1)分布

设随机变量 $X$ 只可能取 0 和 1 两个值，且

$$P(X=1)=p, \quad P(X=0)=q=1-p, 0<p<1,$$

则称随机变量 $X$ 服从参数为 $p$ 的**(0－1)分布**.

写成分布列的形式为

| $X$ | 1 | 0 |
|---|---|---|
| $P$ | $p$ | $q$ |

这显然满足条件(1)、(2)，即 $p>0$, $q>0$; $p+q=1$.

凡是试验只有两个结果，如产品是否合格、试验是否成功等，均可用(0－1)分布来描述，只不过对不同的问题参数 $p$ 的值也不同.

## 二、二项分布

在 $n$ 重伯努利试验中，设事件 $A$ 发生的概率为 $p$. 事件 $A$ 发生的次数是随机变量，设为 $X$，则 $X$ 可能取值为 $0, 1, 2, \cdots, n$. 由第一章第三节可知取这些值的概率为

$$P(X=k)=P_n(k)=C_n^k p^k q^{n-k},$$

式中，$q=1-p$, $0<p<1$, $k=0, 1, 2, \cdots, n$，并称随机变量 $X$ 服从参数为 $n$, $p$ 的**二项分布**. 记为 $X \sim B(n, p)$. 容易验证，满足条件

(1) $P(X=k) \geqslant 0$, $k=0, 1, 2, \cdots, n$;

(2) $\sum_{k=0}^{n} P(X=k) = \sum_{k=0}^{n} C_n^k p^k q^{n-k} = (p+q)^n = 1$.

用分布列表示为

| $X$ | 0 | 1 | 2 | $\cdots$ | $k$ | $\cdots$ | $n$ |
|---|---|---|---|---|---|---|---|
| $P(X=k)$ | $q^n$ | $npq^{n-1}$ | $C_n^2 p^2 q^{n-2}$ | $\cdots$ | $C_n^k p^k q^{n-k}$ | $\cdots$ | $p^n$ |

当 $n=1$ 时，$P(X=k)=p^k q^{1-k}$, $k=0, 1$，这就是(0－1)分布. 所以(0－1)分布是二项分布的特例.

二项分布对于固定的 $n$ 及 $p$，当 $k$ 增加时，$P(X=k)$ 先是随之增加直至达到极大值，当 $(n+1)p$ 为整数时，在 $k=(n+1)p$ 和 $k=(n+1)p-1$ 处达到极大值，而当 $(n+1)p$ 不是整数时，在 $k=[(n+1)p]$ 处达到极大值，这里 $[(n+1)p]$ 是指

不超过 $(n+1)p$ 的最大整数,随后单调减少,且对于固定的 $p$,随 $n$ 增加,$B(n, p)$ 趋于对称. 使 $P(X=k)$ 取极大值的 $k$ 称为最可能出现的次数.

**例 3** 设射手每次射中目标的概率为 0.01,现射击 500 次,问最可能射中的次数是多少? 并求其相应的概率.

**解** 设 500 次射击中,射中目标的次数为 $X$,则由题意可知 $X \sim B(500, 0.01)$,这里 $n = 500$,$p = 0.01$. 由 $(n+1)p = 5.01$,取整得 $[(n+1)p] = [5.01] = 5$. 最可能射中的次数是 5,相应概率为

$$P(X = 5) = C_{500}^{5}(0.01)^{5}(0.99)^{495} = 0.1764.$$

**例 4** 有一交叉路口,每天都有大量汽车通过,设每辆汽车在一天中某段时间内发生事故的概率为 0.0001,假若某天该段时间内有 1000 辆汽车通过该路口,试求发生事故次数小于两次的概率.

**解** 设随机变量 $X$ 表示发生事故的次数,则 $X \sim B(1000, 0.0001)$,发生事故次数小于两次的事件概率为

$$\begin{aligned}
P(X < 2) &= P(X = 0) + P(X = 1) \\
&= (0.9999)^{1000} + 1000 \times 0.0001 \times (0.9999)^{999} \\
&= 0.9953.
\end{aligned}$$

该题的计算比较麻烦,究其原因,是由于二项概率公式"$C_{n}^{k}p^{k}q^{n-k}$"比较复杂. 人们希望有一个比较简单的计算公式能近似代替二项分布的计算. 下面介绍的泊松分布就解决了这个问题.

## 三、泊松分布

设随机变量 $X$ 的分布律为

$$P(X = k) = \frac{\lambda^{k}}{k!}e^{-\lambda}, \quad \lambda > 0; k = 0, 1, 2, \cdots,$$

则称随机变量 $X$ 服从参数为 $\lambda$ 的**泊松**(Siméon Denis Poisson,1781—1840)**分布**,记为 $X \sim \pi(\lambda)$. 容易验证,满足条件

(1) $P(X = k) = \frac{\lambda^{k}}{k!}e^{-\lambda} \geqslant 0$,$k = 0, 1, 2, \cdots$,

(2) $\sum\limits_{k=0}^{\infty} P(X = k) = \sum\limits_{k=0}^{\infty} \frac{\lambda^{k}}{k!}e^{-\lambda} = e^{-\lambda} \sum\limits_{k=0}^{\infty} \frac{\lambda^{k}}{k!} = e^{-\lambda} \cdot e^{\lambda} = 1.$

泊松分布在理论和应用上都是很重要的. 许多随机变量都近似地服从泊松分布. 例如,飞机被炮弹击中的中弹数、来到公共汽车站的乘客数、机床发生故障的次数、自动控

制系统中元件损坏的个数、来到某商店中顾客的人数等,均近似地服从泊松分布.

对于服从二项分布的随机变量,在计算概率时,可以利用泊松分布来给出近似值.

**定理 1** 设随机变量 $X_n$, $n = 1, 2, \cdots$ 服从参数为 $n$、$p_n$ 的二项分布,即有

$$P(X_n = k) = C_n^k p_n^k (1-p_n)^{n-k}, \quad k = 0, 1, 2, \cdots, n.$$

若满足 $\lim\limits_{n \to \infty} np_n = \lambda > 0$,则有

$$\lim_{n \to \infty} P(X_n = k) = \frac{\lambda^k}{k!} e^{-\lambda}.$$

**证** 记 $\lambda_n = np_n$,则

$$P(X_n = k) = C_n^k p_n^k (1-p_n)^{n-k}$$

$$= \frac{n(n-1)\cdots(n-k+1)}{k!} \left(\frac{\lambda_n}{n}\right)^k \left(1 - \frac{\lambda_n}{n}\right)^{n-k}$$

$$= \frac{(\lambda_n)^k}{k!} \left(1 - \frac{1}{n}\right) \left(1 - \frac{2}{n}\right) \cdots \left(1 - \frac{k-1}{n}\right) \left(1 - \frac{\lambda_n}{n}\right)^{n-k},$$

对于固定的 $k$ 有

$$\lim_{n \to \infty} \lambda_n^k = \lambda^k,$$

$$\lim_{n \to \infty} \left(1 - \frac{\lambda_n}{n}\right)^{n-k} = \lim_{n \to \infty} \left(1 - \frac{\lambda_n}{n}\right)^{\frac{n}{\lambda_n} \times \lambda_n \times \frac{n-k}{n}} = e^{-\lambda},$$

及

$$\lim_{n \to \infty} \left(1 - \frac{1}{n}\right) \left(1 - \frac{2}{n}\right) \cdots \left(1 - \frac{k-1}{n}\right) = 1,$$

故有

$$\lim_{n \to \infty} P(X_n = k) = \frac{\lambda^k}{k!} e^{-\lambda}. \qquad \square$$

在实际应用中,当 $n$ 很大,$p$ 很小时,二项分布就可用泊松分布来近似地表示

$$C_n^k p^k (1-p)^{n-k} \approx \frac{\lambda^k}{k!} e^{-\lambda}, \qquad (2.2)$$

其中 $\lambda = np$. 这也就是计算二项分布的近似公式. 计算泊松分布有表可查.

**例 5** 为了保证设备正常工作,需要配备适当数量的维修工人. 现有同类型设

备 300 台,各台的工作是相互独立的,发生故障的概率都是 0.01. 如果一个工人同时只能修理一台发生故障的设备,问至少需要配备多少工人,才能保证当设备发生故障而不能及时修理的概率不大于 0.01?

**解** 设需配备 $N$ 个修理工,300 台设备同一时刻发生故障的设备台数为 $X$,则 $X$ 服从参数 $n = 300$,$p = 0.01$ 的二项分布,即 $X \sim B(300, 0.01)$.设备发生故障而无人修理的事件为 $\{X > N\}$.由题意得

$$P(X > N) \leqslant 0.01,$$

即

$$P(X > N) = \sum_{k=N+1}^{300} C_{300}^{k} (0.01)^k (0.99)^{300-k} \leqslant 0.01.$$

要由上式求出最小的 $N$,当然是困难的.由 $n$ 较大,$p$ 较小,可以用式(2.2)作近似计算,这时 $\lambda = np = 3$,故有

$$P(X > N) = 1 - P(X \leqslant N)$$

$$\approx 1 - \sum_{k=0}^{N} \frac{3^k}{k!} \mathrm{e}^{-3} = \sum_{k=N+1}^{\infty} \frac{3^k}{k!} \mathrm{e}^{-3} \leqslant 0.01.$$

查附表 3 可得最小的 $N = 8$.所以配备 8 个修理工就能达到要求.

# 第三节 分布函数与连续型随机变量

## 一、分布函数

上一节介绍了离散型随机变量,它的取值是有限个或可列无穷多个,这一点表现出离散型随机变量的局限性.实际上,另有一些随机变量,它的取值是充满整个区间的,例如,测试某地一天的气温,已知其变化范围是从 $-5℃$ 到 $8℃$,那么气温 $T$ 是一随机变量,它的取值充满区间 $[-5, 8]$;又如测试灯泡寿命试验中的灯泡寿命 $Y$ 也是一个随机变量,它在区间 $[0, +\infty)$ 上取值. $T$ 与 $Y$ 均是非离散型随机变量.由于这种随机变量可能取的值不可能一个一个地列举出来,所以就不可能像离散型随机变量那样用分布律来描述它们的分布.又因为我们所遇到的非离散型随机变量通常取任一指定实数值的概率都等于 0(这个结果今后我们可从理论上加以证明).例如,上述灯泡的寿命 $Y$ 是一个随机变量,事件 $\{Y = y_0\}$ 表示灯泡寿命正好是 $y_0$.但我们即使用许许多多灯泡去作寿命试验,恐怕也没有一个灯泡能正好在指定的时刻寿命结束,使寿命恰好为 $y_0$,这说明事件 $\{Y = y_0\}$ 的频率在零附近波

动,自然 $P(Y = y_0) = 0$. 因而,对这样的随机变量 $X$ 我们不再关心它取某一特定值的概率,转而去研究它所取的值落在某一个区间$(x_1, x_2]$内的概率 $P(x_1 < X \leqslant x_2)$. 又由于

$$P(x_1 < X \leqslant x_2) = P(X \leqslant x_2) - P(X \leqslant x_1), \tag{2.3}$$

所以只要知道 $P(X \leqslant x_2)$ 和 $P(X \leqslant x_1)$ 就可以求出 $P(x_1 < X \leqslant x_2)$. 这就是说,如果对任一个数 $x$ 能知道 $P(X \leqslant x)$,则随机变量 $X$ 落在任一区间的概率可通过式(2.3)算出. 因此,我们用 $P(X \leqslant x)$ 来表示 $X$ 取值的可能性.

**定义 1** 设 $X$ 为随机变量,$x$ 是任意实数,则函数

$$F(x) = P(X \leqslant x)$$

称为随机变量 $X$ 的**分布函数**.

由定义 1 可知,分布函数是个普通的实函数,它的定义域是$(-\infty, +\infty)$,值域是区间$[0, 1]$. 分布函数在 $x$ 处的值就是随机变量 $X$ 的值落在区间$(-\infty, x]$内的概率.

有了 $X$ 的分布函数,我们就可以用

$$P(x_1 < X \leqslant x_2) = F(x_2) - F(x_1) \tag{2.4}$$

计算出 $X$ 落入区间$(x_1, x_2]$的概率. 也就是说,分布函数完整地描述了随机变量 $X$ 随机取值的统计规律性.

**例 1** 已知 $X$ 的分布律为

| $X$ | $-1$ | $1$ | $2$ |
|---|---|---|---|
| $P$ | $\dfrac{1}{6}$ | $\dfrac{2}{6}$ | $\dfrac{3}{6}$ |

求:(1) $X$ 的分布函数;(2) $P\left(X \leqslant \dfrac{1}{2}\right)$;(3) $P\left(1 < X \leqslant \dfrac{3}{2}\right)$.

**解** (1) 根据 $X$ 的分布律,当 $x < -1$ 时, $\{X \leqslant x\}$ 是不可能事件,所以

$$F(x) = 0;$$

当 $-1 \leqslant x < 1$ 时, $\{X \leqslant x\} = \{X = -1\}$,所以

$$F(x) = P(X \leqslant x) = P(X = -1) = \frac{1}{6};$$

当 $1 \leqslant x < 2$ 时,有 $\{X \leqslant x\} = \{X = -1\} \bigcup \{X = 1\}$,所以

$$F(x) = P(X \leqslant x) = P(X = -1) + P(X = 1) = \frac{1}{6} + \frac{2}{6} = \frac{1}{2};$$

当 $x \geqslant 2$ 时，$\{X \leqslant x\}$ 是必然事件，所以

$$F(x) = 1.$$

综上所述，

$$F(x) = \begin{cases} 0, & x < -1, \\ \dfrac{1}{6}, & -1 \leqslant x < 1, \\ \dfrac{1}{2}, & 1 \leqslant x < 2, \\ 1, & x \geqslant 2. \end{cases}$$

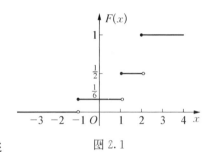

图 2.1

$F(x)$ 的图形如图 2.1 所示. 它是一条阶梯形曲线，在 $x = -1, 1, 2$ 处间断.

(2) $P\left(X \leqslant \dfrac{1}{2}\right) = P(X = -1) = \dfrac{1}{6}$.

(3) $P\left(1 < X \leqslant \dfrac{3}{2}\right) = P\left(X \leqslant \dfrac{3}{2}\right) - P(X \leqslant 1)$

$$= [P(X = -1) + P(X = 1)] - [P(X = -1) + P(X = 1)]$$

$$= \dfrac{1}{6} + \dfrac{2}{6} - \dfrac{1}{6} - \dfrac{2}{6} = 0.$$

此例告诉我们，求离散型随机变量的分布函数，可用公式

$$F(x) = P(X \leqslant x) = \sum_{x_k \leqslant x} p_k.$$

此例说明，虽然分布函数概念比较重要，但对离散型随机变量来说，还是用分布律描述其取值规律比较方便.

分布函数具有如下性质：

(1) $0 \leqslant F(x) \leqslant 1$，$-\infty < x < \infty$；

(2) $F(x)$ 是单调不减的函数，即 $x_1 < x_2$ 时，有

$$F(x_1) \leqslant F(x_2);$$

(3) $F(-\infty) = \lim_{x \to -\infty} F(x) = 0$，$F(+\infty) = \lim_{x \to +\infty} F(x) = 1$；

(4) $F(x + 0) = F(x)$，即 $F(x)$ 是右连续的.

下面是取值充满一个区间的随机变量的例子.

**例2**　一靶子是一个半径为 2 米的圆盘. 设击中靶上任一同心圆盘的概率与该圆盘的面积成正比，并设射击均能中靶. 以 $X$ 表示弹着点与圆心的距离，求随机变量 $X$ 的分布函数 $F(x)$ 及概率 $P(0.5 < X \leqslant 1)$.

**解**　当 $x < 0$ 时，$\{X \leqslant x\}$ 是不可能事件，故有

$$F(x) = P(X \leqslant x) = 0.$$

当 $0 \leqslant x < 2$ 时，由题意有

$$P(0 \leqslant X \leqslant x) = kx^2,$$

$k$ 为比例系数. 由于 $\{0 \leqslant X \leqslant 2\}$ 是必然事件，有

$$1 = P(0 \leqslant X \leqslant 2) = k \times 2^2,$$

解得 $k = \dfrac{1}{4}$，即 $P(0 \leqslant X \leqslant x) = \dfrac{x^2}{4}$. 于是

$$F(x) = P(X \leqslant x) = P((X < 0) \bigcup (0 \leqslant X \leqslant x))$$

$$= P(X < 0) + P(0 \leqslant X \leqslant x) = 0 + \frac{x^2}{4} = \frac{x^2}{4}.$$

当 $x \geqslant 2$ 时，$\{X \leqslant x\}$ 是必然事件，故

$$F(x) = P(X \leqslant x) = 1.$$

综上所述，得

$$F(x) = \begin{cases} 0, & x < 0, \\ \dfrac{x^2}{4}, & 0 \leqslant x < 2, \\ 1, & x \geqslant 2. \end{cases}$$

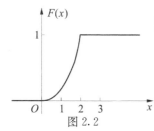

图 2.2

图形见图 2.2，它是一条连续曲线.

所求概率为

$$P(0.5 < X \leqslant 1) = F(1) - F(0.5)$$

$$= \frac{1}{4} - \frac{1}{4}\left(\frac{1}{2}\right)^2$$

$$= \frac{3}{16}.$$

在这个例子中，若令

$$f(x) = \begin{cases} \dfrac{1}{2}x, & 0 < x < 2, \\ 0, & \text{其他}, \end{cases}$$

显然有

$$F(x) = \int_{-\infty}^{x} f(x)\mathrm{d}x.$$

这种分布函数 $F(x)$ 能用一个非负可积函数 $f(x)$ 的变上限积分表示,则称 $X$ 为**连续型随机变量**. 连续型随机变量是我们今后主要的研究对象.

## 二、连续型随机变量

　　**定义 2**　设 $F(x)$ 是随机变量 $X$ 的分布函数,若存在非负函数 $f(x)$,对任意实数 $x$,有

$$F(x) = \int_{-\infty}^{x} f(x)\mathrm{d}x, \tag{2.5}$$

则称 $X$ 为**连续型随机变量**. $f(x)$ 称为 $X$ 的**概率密度函数**或**密度函数**. $f(x)$ 的图形是一条曲线,称为**密度(分布)曲线**.

　　由式(2.5)可知,连续型随机变量的分布函数 $F(x)$ 是连续函数.

　　$F(x)$ 的几何意义,由式(2.5)可知,表示在点 $x$ 左面,密度曲线 $f(x)$ 下面所围图形的面积,如图 2.3 所示.

　　密度函数具有下面四个性质:

　　(1) $f(x) \geqslant 0$.

　　(2) $\int_{-\infty}^{+\infty} f(x)\mathrm{d}x = 1$.

　　$F(+\infty) = \int_{-\infty}^{+\infty} f(x)\mathrm{d}x = 1$ 的几何意义:在横轴上面、密度曲线下面的全部面积等于 1,如图 2.4 所示.

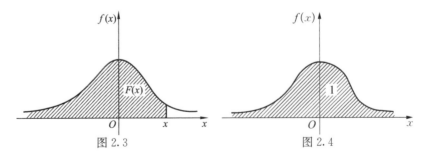

图 2.3　　　　　　　　　　　　　　图 2.4

　　如果一个函数 $f(x)$ 满足(1)、(2),则它一定是某个随机变量的密度函数.

　　(3) $P(x_1 < X \leqslant x_2) = F(x_2) - F(x_1) = \int_{x_1}^{x_2} f(x)\mathrm{d}x$.

　　事实上

$$P(x_1 < X \leqslant x_2) = F(x_2) - F(x_1)$$

$$= \int_{-\infty}^{x_2} f(x)\mathrm{d}x - \int_{-\infty}^{x_1} f(x)\mathrm{d}x$$

$$= \int_{-\infty}^{x_1} f(x)\mathrm{d}x + \int_{x_1}^{x_2} f(x)\mathrm{d}x - \int_{-\infty}^{x_1} f(x)\mathrm{d}x$$

$$= \int_{x_1}^{x_2} f(x)\mathrm{d}x$$

即随机变量 $X$ 取值在区间 $(x_1, x_2]$ 内的概率等于密度函数在区间 $(x_1, x_2]$ 上的定积分. 几何意义: 随机变量 $X$ 在区间 $(x_1, x_2]$ 内取值的概率, 等于在区间 $(x_1, x_2]$ 上、密度曲线下的曲边梯形面积, 如图 2.5 所示.

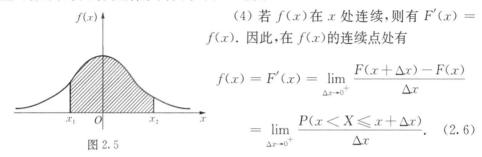

（4）若 $f(x)$ 在 $x$ 处连续, 则有 $F'(x) = f(x)$. 因此, 在 $f(x)$ 的连续点处有

$$f(x) = F'(x) = \lim_{\Delta x \to 0^+} \frac{F(x + \Delta x) - F(x)}{\Delta x}$$

$$= \lim_{\Delta x \to 0^+} \frac{P(x < X \leqslant x + \Delta x)}{\Delta x}. \quad (2.6)$$

图 2.5

它表示随机变量 $X$ 在区间 $(x, x+\Delta x]$ 上的平均概率, 具有"概率密度"的意义, 与物理学中线密度的定义相类似. 所以我们称 $f(x)$ 为密度函数.

特别要指出的是, 离散型随机变量与连续型随机变量的显著不同点是连续型随机变量 $X$, 取任何确定值 $x$ 时, 其概率为零, 即 $P(X = x) = 0$.

事实上, 由 $\{X = x\} \subset \{x - h < X \leqslant x\}$, $h > 0$, 可得

$$P(X = x) \leqslant P(x - h < X \leqslant x) = \int_{x-h}^{x} f(x)\mathrm{d}x.$$

令 $h \to 0$, 则右端为零, 而概率 $P(X = x) \geqslant 0$, 故得 $P(X = x) = 0$.

对于连续型随机变量 $X$, 虽然有 $P(X = x) = 0$, 但事件 $\{X=x\}$ 并非不可能事件, 它是会发生的, 也就是说零概率事件是有可能发生的. 如某地一天的气温 $T$, 是连续型随机变量, 已知其变化范围是从 $-5℃$ 到 $8℃$. 虽然 $P(T = 0℃) = 0$, 但 $\{T = 0℃\}$ 的事件是可能发生的, 如果温度不出现 $0℃$, 那也就不会高于(或低于)$0℃$ 了.

不可能事件的概率为零, 而概率为零的事件不一定是不可能事件; 同理, 必然事件的概率为 1, 而概率为 1 的事件也不一定是必然事件.

由于连续型随机变量取确定值的概率为零, 故事件 $\{x_1 \leqslant X < x_2\}$、$\{x_1 \leqslant X \leqslant x_2\}$、$\{x_1 < X < x_2\}$、$\{x_1 < X \leqslant x_2\}$ 的概率是相等的, 即有

$$P(x_1 \leqslant X < x_2) = P(x_1 \leqslant X \leqslant x_2) = P(x_1 < X < x_2)$$
$$= P(x_1 < X \leqslant x_2) = F(x_2) - F(x_1).$$

因而今后求连续型随机变量落在某区间内的概率时,就不必区分这个区间是开的、闭的,还是半开半闭的.

**例3** 设连续型随机变量 $X$ 的分布函数为

$$F(x) = a + b\arctan x, \quad -\infty < x < +\infty,$$

求:(1) 系数 $a$ 和 $b$;(2) $P(-1 < X < 1)$;(3) 密度函数.

**解** (1) 由于 $F(-\infty) = 0$, $F(+\infty) = 1$,得

$$a + \left(-\frac{\pi}{2}\right)b = 0,$$

$$a + \frac{\pi}{2}b = 1.$$

联立上面两式,解得 $a = \dfrac{1}{2}$, $b = \dfrac{1}{\pi}$. 从而

$$F(x) = \frac{1}{2} + \frac{1}{\pi}\arctan x.$$

(2) $P(-1 < X < 1) = F(1) - F(-1)$

$$= \left(\frac{1}{2} + \frac{1}{\pi} \times \frac{\pi}{4}\right) - \left(\frac{1}{2} - \frac{1}{\pi} \times \frac{\pi}{4}\right) = \frac{1}{2}.$$

(3) $f(x) = F'(x) = \left(\dfrac{1}{2} + \dfrac{1}{\pi}\arctan x\right)' = \dfrac{1}{\pi(1+x^2)}$, $-\infty < x < +\infty$.

# 三、几个常用的连续型随机变量的分布

## 1. 均匀分布

设随机变量 $X$ 的值只落在区间 $(a, b)$ 内,其密度函数 $f(x)$ 在 $(a, b)$ 上为常数 $K$,即

$$f(x) = \begin{cases} K, & a < x < b, \\ 0, & \text{其他}, \end{cases}$$

则称随机变量 $X$ 在 $(a, b)$ 上服从**均匀分布**,记为 $X \sim U(a, b)$.

由密度函数性质,有

$$1 = \int_{-\infty}^{+\infty} f(x)\mathrm{d}x = \int_a^b K\mathrm{d}x = K(b-a),$$

得 $K = \dfrac{1}{b-a}$，从而有

$$f(x) = \begin{cases} \dfrac{1}{b-a}, & a < x < b, \\ 0, & \text{其他.} \end{cases}$$

分布函数为

$$F(x) = \int_{-\infty}^{x} f(x)\mathrm{d}x = \begin{cases} 0, & x \leqslant a, \\ \dfrac{x-a}{b-a}, & a < x \leqslant b, \\ 1, & x > b. \end{cases}$$

$f(x), F(x)$ 的图形分别如图 2.6、图 2.7 所示.

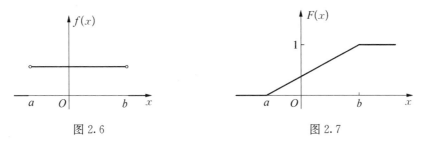

图 2.6　　　　　　　　　　图 2.7

当 $a < x_1 < x_2 < b$ 时，$X$ 落在区间 $(x_1, x_2)$ 内的概率为

$$P(x_1 < X < x_2) = \int_{x_1}^{x_2} f(x)\mathrm{d}x = \int_{x_1}^{x_2} \frac{\mathrm{d}x}{b-a} = \frac{x_2 - x_1}{b-a}.$$

这表明服从均匀分布的随机变量 $X$ 落在某区间[属于 $(a, b)$ 内]内的概率只与此区间的长度成正比. 也就是说，$X$ 落在 $(a, b)$ 内任意等长度的区间内的可能性是一样的，这实际上也就是等可能概型的推广.

**例 4**　设电阻 $R$ 是一个均匀分布在 $900 \sim 1100\ \Omega$ 的随机变量，求 $R$ 落在 $950 \sim 1000\ \Omega$ 之间的概率.

**解**　由题意可得 $R$ 的密度函数

$$f(r) = \begin{cases} \dfrac{1}{1100 - 900}, & 900 < r < 1100, \\ 0, & \text{其他.} \end{cases}$$

所求概率为

$$P(950 < R < 1000) = \frac{1000 - 950}{1100 - 900} = \frac{50}{200} = \frac{1}{4}.$$

## 2. 指数分布

设随机变量 $X$ 的密度函数为

$$f(x) = \begin{cases} \dfrac{1}{\theta}\mathrm{e}^{-\frac{x}{\theta}}, & x > 0, \\ 0, & x \leqslant 0. \end{cases}$$

式中，$\theta > 0$，则称随机变量 $X$ 服从参数为 $\theta$ 的**指数分布**.

在有些教材中，也将指数分布的密度函数写成

$$f(x) = \begin{cases} \lambda\mathrm{e}^{-\lambda x}, & x > 0, \\ 0, & x \leqslant 0. \end{cases}$$

式中，$\lambda > 0$. 可以看出 $\lambda = \dfrac{1}{\theta}$. 本书一般采用 $\theta$ 作为参数.

由式(2.5)可得 $X$ 的分布函数为

$$F(x) = \begin{cases} 1 - \mathrm{e}^{-\frac{x}{\theta}}, & x > 0, \\ 0, & x \leqslant 0. \end{cases}$$

$f(x)$ 与 $F(x)$ 的图形分别如图 2.8、图 2.9 所示.

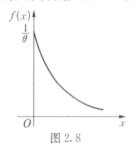

图 2.8

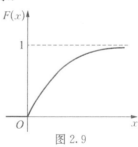

图 2.9

指数分布有重要应用，常用它来作为各种"寿命"分布的近似，例如无线电元件的寿命，动物的寿命，电话问题中的通话时间，随机服务系统中的服务时间等都常假定服从指数分布.

指数分布的重要性还表现在它具有"无记忆性". 设随机变量 $X$ 服从参数为 $\theta$ 的指数分布，则有

$$P(X > x_0 + x \mid X > x_0) = P(X > x).$$

事实上

$$P(X>x_0+x \mid X>x_0) = \frac{P(\{X>x_0+x\} \bigcap \{X>x_0\})}{P(X>x_0)}$$

$$= \frac{P(X>x_0+x)}{P(X>x_0)} = \frac{1-F(x_0+x)}{1-F(x_0)}$$

$$= \frac{e^{-\frac{1}{\theta}(x_0+x)}}{e^{-\frac{1}{\theta}x_0}} = e^{-\frac{1}{\theta}x} = P(X>x).$$

"无记忆性"的实际意义是,一个寿命服从指数分布的电子元件,如果我们在某个 $x_0$ 时刻检查该电子元件,发现它是好的(即各项指标均达到规定要求),那么在这个条件下,从 $x_0$ 时刻开始它的寿命分布将和没有使用时完全一样,即可当作新的元件. 因此人们也风趣地称指数分布为"永远年轻"的分布.

### 3. 正态分布

设随机变量 $X$ 的密度函数为

$$f(x) = \frac{1}{\sqrt{2\pi}\sigma} e^{-\frac{(x-\mu)^2}{2\sigma^2}}, \quad -\infty < x < +\infty.$$

式中,$\mu$、$\sigma > 0$ 为常数,则称随机变量 $X$ 服从参数为 $\mu$、$\sigma$ 的**正态分布**或**高斯**(Carl Friedrich Gauss, 1777—1855)**分布**,记为 $X \sim N(\mu, \sigma^2)$.

$f(x)$ 确是一个密度函数,因为它满足

$$f(x) \geqslant 0;$$

$$\int_{-\infty}^{+\infty} f(x)\mathrm{d}x = \int_{-\infty}^{+\infty} \frac{1}{\sqrt{2\pi}\sigma} e^{-\frac{(x-\mu)^2}{2\sigma^2}} \mathrm{d}x = 1.$$

事实上,作变换 $\dfrac{x-\mu}{\sigma} = y$, 则

$$\int_{-\infty}^{+\infty} \frac{1}{\sqrt{2\pi}\sigma} e^{-\frac{(x-\mu)^2}{2\sigma^2}} \mathrm{d}x = \int_{-\infty}^{+\infty} \frac{1}{\sqrt{2\pi}} e^{-\frac{y^2}{2}} \mathrm{d}y,$$

$$\left( \int_{-\infty}^{+\infty} \frac{1}{\sqrt{2\pi}} e^{-\frac{y^2}{2}} \mathrm{d}y \right)^2 = \left( \int_{-\infty}^{+\infty} \frac{1}{\sqrt{2\pi}} e^{-\frac{x^2}{2}} \mathrm{d}x \right) \left( \int_{-\infty}^{\infty} \frac{1}{\sqrt{2\pi}} e^{-\frac{y^2}{2}} \mathrm{d}y \right)$$

$$= \frac{1}{2\pi} \int_{-\infty}^{+\infty} \int_{-\infty}^{+\infty} e^{-\frac{x^2+y^2}{2}} \mathrm{d}x\mathrm{d}y,$$

作极坐标变换

$$\begin{cases} x = r\cos\theta, \\ y = r\sin\theta. \end{cases}$$

$$\frac{1}{2\pi}\int_{-\infty}^{+\infty}\int_{-\infty}^{+\infty}e^{-\frac{x^2+y^2}{2}}\mathrm{d}x\mathrm{d}y = \frac{1}{2\pi}\int_0^{2\pi}\mathrm{d}\theta\int_0^{+\infty}e^{-\frac{r^2}{2}}r\mathrm{d}r = 1.$$

又因

$$\int_{-\infty}^{+\infty}\frac{1}{\sqrt{2\pi}}e^{-\frac{y^2}{2}}\mathrm{d}y \geqslant 0,$$

故得

$$\int_{-\infty}^{+\infty}\frac{1}{\sqrt{2\pi}\sigma}e^{-\frac{(x-\mu)^2}{2\sigma^2}}\mathrm{d}x = \int_{-\infty}^{+\infty}\frac{1}{\sqrt{2\pi}}e^{-\frac{y^2}{2}}\mathrm{d}y = 1.$$

$f(x)$ 的图形如图 2.10 所示. $f(x)$ 具有如下性质：

(1) $f(x)$ 的图形是关于 $x = \mu$ 对称的；

(2) 当 $x = \mu$ 时, $f(\mu) = \dfrac{1}{\sqrt{2\pi}\sigma}$ 为最大值；

(3) $f(x)$ 以 $x$ 轴为渐近线.

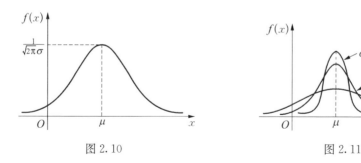

图 2.10　　　　　　　　　　　　　图 2.11

如图 2.11,如果固定 $\mu$,改变 $\sigma$,则当 $\sigma$ 较大时,图形比较低而平坦；当 $\sigma$ 较小时,图形比较高而峻峭.

如图 2.12,如果固定 $\sigma$,改变 $\mu$,则图形沿 $x$ 轴平移,而不改变其形状.

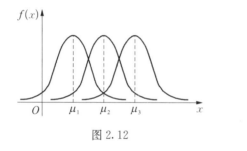
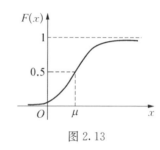

图 2.12　　　　　　　　　　　　　图 2.13

若 $X \sim N(\mu, \sigma^2)$,则 $X$ 的分布函数为

$$F(x) = \frac{1}{\sqrt{2\pi}\sigma} \int_{-\infty}^{x} e^{-\frac{(t-\mu)^2}{2\sigma^2}} dt.$$

图形如图 2.13 所示.

参数 $\mu = 0$, $\sigma = 1$ 时的正态分布称为**标准正态分布**,记为 $X \sim N(0, 1)$,其密度函数记为

$$\varphi(x) = \frac{1}{\sqrt{2\pi}} e^{-\frac{x^2}{2}}, \quad -\infty < x < +\infty,$$

分布函数为

$$\Phi(x) = \frac{1}{\sqrt{2\pi}} \int_{-\infty}^{x} e^{-\frac{t^2}{2}} dt.$$

$\Phi(x)$ 的函数值,已编制成表可供查用,见附表 2. 查表方法是,先看附表 2 第一列,找到 $x$ 的整数部分和小数点后第 1 位;再看附表 2 第一行,找到 $x$ 的小数点后第 2 位;然后在表中行列交叉点处查得 $\Phi(x)$ 的值.

当 $x < 0$ 时,可由

$$\Phi(x) = 1 - \Phi(-x) \tag{2.7}$$

来求 $\Phi(x)$ 的值.

因为

$$\Phi(x) = \frac{1}{\sqrt{2\pi}} \int_{-\infty}^{x} e^{-\frac{t^2}{2}} dt,$$

令 $t = -u$,

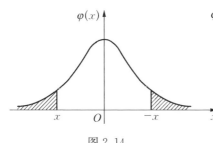

图 2.14

$$\Phi(x) = -\frac{1}{\sqrt{2\pi}} \int_{+\infty}^{-x} e^{-\frac{u^2}{2}} du = \frac{1}{\sqrt{2\pi}} \int_{-x}^{+\infty} e^{-\frac{u^2}{2}} du$$

$$= \frac{1}{\sqrt{2\pi}} \int_{-\infty}^{+\infty} e^{-\frac{u^2}{2}} du - \frac{1}{\sqrt{2\pi}} \int_{-\infty}^{-x} e^{-\frac{u^2}{2}} du$$

$$= 1 - \Phi(-x).$$

或者由 $\Phi(x)$ 的几何意义,从图 2.14 亦可直接得出式(2.7).

**例 5** 设 $X \sim N(0, 1)$,求 $P(-\infty < X < -3)$, $P(|X| < 3)$.

**解** $P(-\infty < X < -3) = \Phi(-3) = 1 - \Phi(3)$

$$= 1 - 0.9987 = 0.0013.$$

$$P(|X|<3)=P(-3<X<3)$$
$$=\Phi(3)-\Phi(-3)=\Phi(3)-(1-\Phi(3))$$
$$=2\Phi(3)-1=2\times0.9987-1=0.9974.$$

对 $X\sim N(\mu,\sigma^2)$，求概率的关键是要会计算 $X$ 的分布函数 $F(x)$ 的值. 下面我们可以通过变换将 $F(x)$ 的计算转化为 $\Phi(x)$ 的计算，而 $\Phi(x)$ 的值是可以通过查表得到的.

事实上若令 $\dfrac{t-\mu}{\sigma}=y$，则有

$$F(x)=\frac{1}{\sqrt{2\pi}\sigma}\int_{-\infty}^{x}\mathrm{e}^{-\frac{(t-\mu)^2}{2\sigma^2}}\mathrm{d}t=\frac{1}{\sqrt{2\pi}}\int_{-\infty}^{\frac{x-\mu}{\sigma}}\mathrm{e}^{-\frac{y^2}{2}}\mathrm{d}y=\Phi\Big(\frac{x-\mu}{\sigma}\Big).$$

可得

$$P(x_1<X\leqslant x_2)=\Phi\Big(\frac{x_2-\mu}{\sigma}\Big)-\Phi\Big(\frac{x_1-\mu}{\sigma}\Big). \tag{2.8}$$

**例6**　设 $X\sim N(1,4)$，求 $P(5<X\leqslant7.2)$，$P(0<X\leqslant1.6)$.

**解**　根据式(2.8)有

$$P(5<X\leqslant7.2)=\Phi\Big(\frac{7.2-1}{2}\Big)-\Phi\Big(\frac{5-1}{2}\Big)$$
$$=\Phi(3.1)-\Phi(2)$$
$$=0.9990-0.9772$$
$$=0.0218.$$

$$P(0<X\leqslant1.6)=\Phi\Big(\frac{1.6-1}{2}\Big)-\Phi\Big(\frac{0-1}{2}\Big)$$
$$=\Phi(0.3)-\Phi(-0.5)$$
$$=\Phi(0.3)+\Phi(0.5)-1$$
$$=0.6179+0.6915-1$$
$$=0.3094.$$

**例7**　设 $X\sim N(\mu,\sigma^2)$，求 $P(|X-\mu|<3\sigma)$.

**解**　$P(|X-\mu|<3\sigma)=P(\mu-3\sigma<X<\mu+3\sigma)$
$$=\Phi\Big(\frac{\mu+3\sigma-\mu}{\sigma}\Big)-\Phi\Big(\frac{\mu-3\sigma-\mu}{\sigma}\Big)$$

$$=\Phi(3)-\Phi(-3)$$

$$=2\Phi(3)-1$$

$$=2\times 0.9987-1$$

$$=0.9974.$$

可见一次试验里 $X$ 落入区间 $(\mu-3\sigma,\ \mu+3\sigma)$ 内的概率为 0.9974，即 $X$ 几乎必然落在上述区间内，这就是通常所谓"**3σ**"原理.

正态分布是概率论中最重要的一种分布，因为它是自然界中最常见的一种分布. 理论上已证明了，如果某个数量指标呈现随机性是由很多随机因素影响的结果，而每个随机因素的影响又都不太大，这时数量指标就服从正态分布. 例如，测量误差、炮弹弹着点分布、人的体重、产品的尺寸、农作物收获量等均可作为正态分布来研究. 另外，正态分布具有良好的性质，理论上研究得比较透彻，许多其他分布常可用正态分布近似. 这就使得概率论基本上是围绕正态分布发展起来的.

**例 8**　某人需乘车前往某地，现有两条路线可供选择. 第一条路线较短，但交通比较拥挤，到达机场所需时间 $X$（单位为分）服从正态分布 $N(50,\ 100)$. 第二条路线较长，但出现意外的阻塞较少，所需时间 $X$ 服从正态分布 $N(60,\ 16)$. (1) 若有 70 分钟可用，问应走哪一条路线？(2) 若有 65 分钟可用，又应选择哪一条路线？

**解**　在规定时间内，哪条路线到达目的地的概率大就选哪一条路线.

(1) 有 70 分钟可用：

走第一条路线，及时赶到目的地的概率为

$$P(0<X\leqslant 70)=\Phi\Big(\frac{70-50}{10}\Big)-\Phi\Big(\frac{0-50}{10}\Big)$$

$$=\Phi(2)-\Phi(-5)\approx\Phi(2),$$

走第二条路线，及时赶到目的地的概率为

$$P(0<X\leqslant 70)=\Phi\Big(\frac{70-60}{4}\Big)-\Phi\Big(\frac{0-60}{4}\Big)$$

$$=\Phi(2.5)-\Phi(-15)\approx\Phi(2.5).$$

由于 $\Phi(2.5)>\Phi(2)$，所以选择第二条路线.

(2) 有 65 分钟可用：

走第一条路线，及时赶到目的地的概率为

$$P(0<X\leqslant 65)=\Phi\Big(\frac{65-50}{10}\Big)-\Phi\Big(\frac{0-50}{10}\Big)\approx\Phi(1.5),$$

走第二条路线，及时赶到目的地的概率为

$$P(0 < X \leqslant 65) = \Phi\left(\frac{65-60}{4}\right) - \Phi\left(\frac{0-60}{4}\right) \approx \Phi(1.25).$$

由于 $\Phi(1.5) > \Phi(1.25)$，所以选择第一条路线.

# 第四节　随机变量函数的分布

　　学习了随机变量的概念，为解决实际问题带来很大方便，但在实践中我们还会遇到下面这样的问题. 例如，一家电影院，某天电影票售价为甲等票每张 80 元，乙等票每张 60 元，丙等票每张 30 元，售出的各种票数为 $X$，$Y$，$Z$，它们是随机变量，电影院卖票总收入为 $W$，$W = 80X + 60Y + 30Z$，$W$ 是三个随机变量的函数. 又如，质量为 $m$ 的物体，其动能 $W$ 和速度 $V$ 的关系是 $W = \frac{1}{2}mV^2$. 如果速度 $V$ 是随机变量，则自然动能 $W$ 也是随机变量. 要掌握 $W$ 的统计规律，关键在于要知道它的分布函数或密度函数. 由于测量动能十分困难，我们无法通过试验由各种动能的测量值去估算它的分布，但我们可以先设法弄清速度 $V$ 的分布，然后根据公式 $W = \frac{1}{2}mV^2$ 求出 $W$ 的分布. 总之，我们要解决这样的问题：随机变量 $Y$ 是随机变量 $X$ 的函数 $Y = g(X)$，若 $X$ 的分布函数 $F_X(x)$ 或密度函数 $f_X(x)$ 已知，则如何求出 $Y = g(X)$ 的分布函数 $F_Y(y)$ 或密度函数 $f_Y(y)$.

　　下面分离散型和连续型两种情况来讨论.

## 一、离散型随机变量函数的分布

　　已知 $X$ 的分布列为

| $X$ | $x_1$ | $x_2$ | $\cdots$ | $x_n$ | $\cdots$ |
|---|---|---|---|---|---|
| $P(X=x_i)$ | $p_1$ | $p_2$ | $\cdots$ | $p_n$ | |

显然，$Y = g(X)$ 的取值只可能是 $g(x_1)$，$g(x_2)$，$\cdots$，$g(x_n)$，$\cdots$，若 $g(x_i)$ 互不相等，则 $Y$ 的分布列如下：

| $Y$ | $g(x_1)$ | $g(x_2)$ | $\cdots$ | $g(x_n)$ | $\cdots$ |
|---|---|---|---|---|---|
| $P(Y=y_i)$ | $p_1$ | $p_2$ | $\cdots$ | $p_n$ | |

若有某些 $g(x_i)$ 相等，如 $y_{i_1} = g(x_{i_1}) = g(x_{i_2}) = \cdots = g(x_{i_m})$ 时，$\{g(X) = y_{i_1}\}$

$= \bigcup\limits_{k=1}^{m} \{X = x_{i_k}\}$，故有

$$P(Y = y_{i_1}) = \sum_{k=1}^{m} P(X = x_{i_k}) = \sum_{k=1}^{m} p_{i_k}.$$

也就是说，如果出现某些 $g(x_i)$ 相等，则应将对应的 $p_i$ 相加作为 $g(x_i)$ 的概率.

**例 1**　已知随机变量 $X$ 的分布列为

| $X$ | 0 | 1 | 2 |
|---|---|---|---|
| $P$ | $\dfrac{1}{3}$ | $\dfrac{1}{3}$ | $\dfrac{1}{3}$ |

求 $Y = X^2$ 的分布列.

**解**　由于 $Y$ 所可能的取值 $0$，$1$，$4$ 均不相同，故得 $Y$ 的分布列如下：

| $Y$ | 0 | 1 | 4 |
|---|---|---|---|
| $P$ | $\dfrac{1}{3}$ | $\dfrac{1}{3}$ | $\dfrac{1}{3}$ |

**例 2**　已知随机变量 $X$ 的分布列为

| $X$ | 0 | $\dfrac{\pi}{2}$ | $\pi$ | $\cdots$ | $\dfrac{n\pi}{2}$ | $\cdots$ |
|---|---|---|---|---|---|---|
| $P$ | $p$ | $pq$ | $pq^2$ | $\cdots$ | $pq^n$ | $\cdots$ |

其中，$p+q=1$，$p>0$. 求 $Y = \sin X$ 的分布列.

**解**　这时 $Y$ 只能取三个值 $-1$，$0$，$1$. 由于

$$\{Y = -1\} = \{\sin X = -1\} = \bigcup_{n=0}^{\infty} \left\{X = (4n+3)\,\frac{\pi}{2}\right\},$$

$$P(Y = -1) = \sum_{n=0}^{\infty} P\left(X = (4n+3)\,\frac{\pi}{2}\right) = \sum_{n=0}^{\infty} pq^{4n+3}$$

$$= pq^3 \sum_{n=0}^{\infty} (q^4)^n = \frac{pq^3}{1 - q^4},$$

$$\{Y = 0\} = \{\sin X = 0\} = \bigcup_{n=0}^{\infty} \left\{X = (2n)\,\frac{\pi}{2}\right\},$$

$$P(Y = 0) = \sum_{n=0}^{\infty} P\left(X = (2n)\,\frac{\pi}{2}\right) = \sum_{n=0}^{\infty} pq^{2n} = \frac{p}{1 - q^2},$$

$$P(Y=1)=1-P(Y=-1)-P(Y=0)$$

$$=1-\frac{pq^3}{1-q^4}-\frac{p}{1-q^2}=\frac{1-q^4-pq^3-p(1+q^2)}{1-q^4}$$

$$=\frac{1-q^4-(1-q)q^3-(1-q)(1+q^2)}{1-q^4}=\frac{pq}{1-q^4}.$$

故得 $Y$ 的分布列如下：

| $Y$ | $-1$ | $0$ | $1$ |
|---|---|---|---|
| $P$ | $\dfrac{pq^3}{1-q^4}$ | $\dfrac{p}{1-q^2}$ | $\dfrac{pq}{1-q^4}$ |

## 二、连续型随机变量函数的分布

**例 3**　已知随机变量 $X \sim N(\mu, \sigma^2)$，求 $Y=aX+b$ 的密度函数，$a \neq 0, b$ 是常数.

**解**　设 $f(x)$，$f_Y(y)$ 分别表示 $X$ 与 $Y$ 的密度函数，$F(x)$、$F_Y(y)$ 分别表示 $X$ 与 $Y$ 的分布函数.

$$F_Y(y)=P(Y<y)=P(aX+b<y)$$

$$=\begin{cases} P\left(X<\dfrac{y-b}{a}\right)=F\left(\dfrac{y-b}{a}\right), & a>0, \\ P\left(X>\dfrac{y-b}{a}\right)=1-F\left(\dfrac{y-b}{a}\right), & a<0. \end{cases}$$

$F_Y(y)$ 对 $y$ 求导可得 $Y$ 的密度函数

$$f_Y(y)=\begin{cases} \left(F\left(\dfrac{y-b}{a}\right)\right)'=\dfrac{1}{a}f\left(\dfrac{y-b}{a}\right), & a>0, \\ \left(1-F\left(\dfrac{y-b}{a}\right)\right)'=-\dfrac{1}{a}f\left(\dfrac{y-b}{a}\right), & a<0. \end{cases}$$

合并起来即为

$$f_Y(y)=\frac{1}{|a|}f\left(\frac{y-b}{a}\right)=\frac{1}{|a|}\frac{1}{\sqrt{2\pi}\sigma}\mathrm{e}^{\frac{\left(\frac{y-b}{a}-\mu\right)^2}{2\sigma^2}}$$

$$=\frac{1}{\sqrt{2\pi}|a|\sigma}\mathrm{e}^{\frac{[y-(a\mu+b)]^2}{2(a\sigma)^2}}.$$

可见正态随机变量的线性函数仍为正态随机变量,且

$$Y = aX + b \sim N(a\mu + b, (a\sigma)^2).$$

下面来讨论一般的情况.已知随机变量 $X$ 的密度函数 $f_X(x)$,如何求 $Y = g(X)$ 的密度函数 $f_Y(y)$ 呢?

我们的步骤如下:首先在不等式"$Y \leqslant y$"中,即在"$g(X) \leqslant y$"中解出 $X$,从而得到一个与 $g(X) \leqslant y$ 等价的关于 $X$ 的不等式;然后,由此可以得到随机变量 $Y = g(X)$ 的分布函数 $F_Y(y)$,从而得到 $Y$ 密度函数 $f_Y(y)$.

**例 4**　已知随机变量 $X$ 的密度函数为 $f_X(x)$,求随机变量 $Y = X^2$ 的密度函数 $f_Y(y)$.

**解**　任给 $y \in (-\infty, +\infty)$,随机变量 $Y = X^2$ 的分布函数为 $F_Y(y) = P(Y \leqslant y) = P(X^2 \leqslant y)$.当 $y \leqslant 0$ 时,$F_Y(y) = 0$,从而得到 $f_Y(y) = 0$.当 $y > 0$ 时,由不等式 $X^2 \leqslant y$,得到 $-\sqrt{y} \leqslant X \leqslant \sqrt{y}$,因此 $F_Y(y) = P(X \leqslant \sqrt{y}) - P(X \leqslant -\sqrt{y}) = F_X(\sqrt{y}) - F_X(-\sqrt{y})$,从而我们得到

$$f_Y(y) = \frac{1}{2\sqrt{y}}\left[f_X(\sqrt{y}) - f_X(-\sqrt{y})\right], \forall\, y > 0.$$

综上得

$$f_Y(y) = \begin{cases} \dfrac{1}{2\sqrt{y}}\left[f_X(\sqrt{y}) + f_X(-\sqrt{y})\right], & y > 0, \\ 0, & y \leqslant 0. \end{cases}$$

若 $X \sim N(0, 1)$,则 $Y = X^2$ 的密度函数由上式可得

$$f_Y(y) = \begin{cases} \dfrac{1}{2\sqrt{y}}\left(\dfrac{1}{\sqrt{2\pi}}e^{-\frac{y}{2}} + \dfrac{1}{\sqrt{2\pi}}e^{-\frac{y}{2}}\right), & y > 0, \\ 0, & y \leqslant 0. \end{cases}$$

即

$$f_Y(y) = \begin{cases} \dfrac{1}{\sqrt{2\pi}}y^{-\frac{1}{2}}e^{-\frac{y}{2}}, & y > 0, \\ 0, & y \leqslant 0. \end{cases}$$

这个随机变量 $Y$ 称为自由度为 1 的 $\chi^2$ 随机变量,或称 $Y$ 服从自由度为 1 的 $\chi^2$ 分布.

# 第五节　二维随机变量及其分布

在实际问题中,有很多随机现象,往往需要引进两个、三个或多个变量来描述,为此,有必要研究多维随机变量.本节主要对二维随机变量展开讨论,至于二维以上情形可以类推.

## 一、二维随机变量及其分布

考察某地区儿童的体质情况,就要观察每个儿童的体重 $X$ 和身长 $Y$. 如果样本空间 $\Omega=\{\omega\}=\{$某地区的全体儿童$\}$,那就要同时观察 $X(\omega)$,$Y(\omega)$,即要考查 $(X(\omega)$,$Y(\omega))$,这里 $X$,$Y$ 均为随机变量.

**定义 1**　设 $\Omega$ 为样本空间,$X(\omega)$,$Y(\omega)$是 $\Omega$ 上的两个随机变量,则由它们构成的一个二维向量$(X(\omega)$,$Y(\omega))$称为**二维随机向量**或**二维随机变量**,简记为$(X,Y)$.

对于二维随机变量$(X,Y)$,若用 $F_X(x)$,$F_Y(y)$分别表示 $X$ 与 $Y$ 的分布函数,则它们依次表示了事件 $\{X \leqslant x\}$ 和$\{Y \leqslant y\}$ 的概率,即

$$F_X(x) = P(X \leqslant x), \quad F_Y(y) = P(Y \leqslant y).$$

它们分别描述了随机变量 $X$ 和 $Y$ 的统计规律. 然而,对于如下的交(积)事件

$$\{X \leqslant x\} \bigcap \{Y \leqslant y\} \quad 或记为 \quad \{X \leqslant x, Y \leqslant y\}$$

的概率,却无法通过 $F_X(x)$,$F_Y(y)$表示出来. 这说明二维随机变量$(X,Y)$的性质不仅与 $X$,$Y$ 有关,而且还依赖于这两个随机变量间的关系. 因此,逐个地来研究 $X$ 和 $Y$ 的性质是不够的,而需将$(X,Y)$作为一个整体进行研究. 同一维随机变量相类似,我们也借助"分布函数"来研究二维随机变量.

**定义 2**　设$(X,Y)$是二维随机变量,$x$,$y$ 为任意实数,事件 $\{X \leqslant x, Y \leqslant y\}$ 所对应的概率 $P(X \leqslant x, Y \leqslant y)$ 是$(x,y)$的函数,则函数

$$F(x,y) = P(X \leqslant x, Y \leqslant y)$$

称为二维随机变量$(X,Y)$的**联合分布函数**,简称**分布函数**. $X$,$Y$ 的分布函数 $F_X(x)$,$F_Y(y)$称为$(X,Y)$关于 $X$,$Y$ 的**边缘分布函数**.

由

$$\{X \leqslant x\} = \{X \leqslant x\} \bigcap \{Y < +\infty\} = \{X \leqslant x, Y < +\infty\},$$

$$\{Y \leqslant y\} = \{X < +\infty\} \bigcap \{Y \leqslant y\} = \{X < +\infty, Y \leqslant y\},$$

有

$$F_X(x) = P(X \leqslant x) = P(X \leqslant x, Y < +\infty),$$

$$F_Y(y) = P(Y \leqslant y) = P(X < +\infty, Y \leqslant y),$$

从而得到联合分布函数和边缘分布函数的关系如下：

$$F_X(x) = F(x, +\infty), \quad F_Y(y) = F(+\infty, y).$$

这就告诉我们,如果知道了联合分布函数,就可求出边缘分布函数.

若将二维随机变量$(X, Y)$看成是平面上随机点的坐标,则$F(x, y)$就是随机点$(X, Y)$落在以$(x, y)$为顶点,而位于该点左下方的无穷矩形(图 2.15 所示的阴影部分)内的概率.

根据以上解释可以得到随机点$(X, Y)$落入矩形$\{x_1 < X \leqslant x_2, y_1 < Y \leqslant y_2\}$(图 2.16 所示的阴影部分)内的概率为

$$P(x_1 < X \leqslant x_2, y_1 < Y \leqslant y_2)$$
$$= F(x_2, y_2) - F(x_2, y_1) + F(x_1, y_1) - F(x_1, y_2).$$

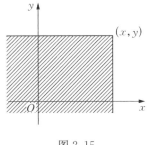

图 2.15

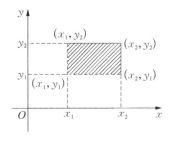

图 2.16

联合分布函数 $F(x, y)$ 具有如下性质：

(1) $0 \leqslant F(x, y) \leqslant 1$,且对于固定的 $x$,

$$F(x, -\infty) = \lim_{y \to -\infty} F(x, y) = 0,$$

对于固定的 $y$,

$$F(-\infty, y) = \lim_{x \to -\infty} F(x, y) = 0.$$

$$F(-\infty, -\infty) = \lim_{\substack{x \to -\infty \\ y \to -\infty}} F(x, y) = 0,$$

$$F(+\infty, +\infty) = \lim_{\substack{x \to +\infty \\ y \to +\infty}} F(x, y) = 1.$$

(2) $F(x, y)$ 是 $x$ 或 $y$ 的单调不减函数,即对任意固定的 $y$,当 $x_2 > x_1$ 时,

$F(x_2, y) \geqslant F(x_1, y)$，对任意固定的 $x$，当 $y_2 > y_1$ 时，$F(x, y_2) \geqslant F(x, y_1)$.

（3）$F(x, y)$ 关于 $x$ 是右连续的，关于 $y$ 也是右连续的，即

$$F(x, y) = F(x+0, y), \quad F(x, y) = F(x, y+0).$$

（4）对任意 $x_1 < x_2$，$y_1 < y_2$，有

$$F(x_2, y_2) - F(x_2, y_1) + F(x_1, y_1) - F(x_1, y_2) \geqslant 0.$$

若二元函数 $F(x, y)$ 具有以上 4 个性质，即为某二维随机变量 $(X, Y)$ 的分布函数.

## 二、二维离散型随机变量及其分布律

若二维随机变量 $(X, Y)$ 所有可能取的值是有限或可列无限多对，则称 $(X, Y)$ 是**离散型随机变量**.

设 $(X, Y)$ 为二维离散型随机变量，所有可能取的值为 $(x_i, y_j)$，$i, j = 1, 2, \cdots$，记 $P(X = x_i, Y = y_j) = p_{ij}$，$i, j = 1, 2, \cdots$，则由概率的定义有

$$p_{ij} \geqslant 0, \quad \sum_{i=1}^{\infty} \sum_{j=1}^{\infty} p_{ij} = 1.$$

我们称 $P(X = x_i, Y = y_j) = p_{ij}$，$i, j = 1, 2, \cdots$ 为二维离散型随机变量 $(X, Y)$ 的**联合分布律**或**分布律**.

这时，我们可由联合分布律求出边缘分布：

$$P(X = x_i) = P\left(X = x_i, \bigcup_{j=1}^{\infty} \{Y = y_j\}\right)$$

$$= \sum_{j=1}^{\infty} P(X = x_i, Y = y_j)$$

$$= \sum_{j=1}^{\infty} p_{ij} = p_{i\cdot}, \quad i = 1, 2, \cdots,$$

同理有

$$P(Y = y_j) = \sum_{i=1}^{\infty} p_{ij} = p_{\cdot j}, \quad j = 1, 2, \cdots,$$

其中，$p_{i\cdot}$ 和 $p_{\cdot j}$ 分别是 $\sum_{j=1}^{\infty} p_{ij}$ 和 $\sum_{i=1}^{\infty} p_{ij}$ 的简略记号.

我们也可采用表格形式来表示分布律：

| $Y$ | $X$ | | | | | $Y$ 的边缘分布 $p._j$ |
|---|---|---|---|---|---|---|
| | $x_1$ | $x_2$ | $\cdots$ | $x_i$ | $\cdots$ | |
| $y_1$ | $p_{11}$ | $p_{21}$ | $\cdots$ | $p_{i1}$ | $\cdots$ | $p._1 = \sum_{i=1}^{\infty} p_{i1}$ |
| $y_2$ | $p_{12}$ | $p_{22}$ | $\cdots$ | $p_{i2}$ | $\cdots$ | $p._2 = \sum_{i=1}^{\infty} p_{i2}$ |
| $\vdots$ | $\vdots$ | $\vdots$ | | $\vdots$ | | $\vdots$ |
| $y_j$ | $p_{1j}$ | $p_{2j}$ | $\cdots$ | $p_{ij}$ | $\cdots$ | $p._j = \sum_{i=1}^{\infty} p_{ij}$ |
| $\vdots$ | $\vdots$ | $\vdots$ | | $\vdots$ | | $\vdots$ |
| $X$ 的边缘分布 $p_i.$ | $p_1. = \sum_{j=1}^{\infty} p_{1j}$ | $p_2. = \sum_{j=1}^{\infty} p_{2j}$ | $\cdots$ | $p_i. = \sum_{j=1}^{\infty} p_{ij}$ | $\cdots$ | $\sum_{i=1}^{\infty} \sum_{j=1}^{\infty} p_{ij} = 1$ |

上表中间部分为联合分布,而边缘部分就是 $X$ 和 $Y$ 的分布,它们分别由联合分布经同一列或同一行相加而得,这也是我们称之为边缘分布的道理.

知道了二维随机变量$(X, Y)$的联合分布律也可得到它的分布函数

$$F(x, y) = \sum_{x_i \leqslant x} \sum_{y_j \leqslant y} p_{ij}.$$

**例1**　一口袋中装有两只白球、三只黑球,摸球两次,规定随机变量

$$X = \begin{cases} 1, & \text{第一次摸出白球,} \\ 0, & \text{第一次摸出黑球,} \end{cases}$$

$$Y = \begin{cases} 1, & \text{第二次摸出白球,} \\ 0, & \text{第二次摸出黑球.} \end{cases}$$

分别对有放回摸球和不放回摸球,求二维随机变量$(X, Y)$的联合分布律及其边缘分布律.

**解**　经过简单计算即可算出联合分布律,现列表如下:

**有放回摸球的联合分布律**

| $Y$ | $X$ | | $p._j$ |
|---|---|---|---|
| | $0$ | $1$ | |
| $0$ | $\frac{3}{5} \times \frac{3}{5}$ | $\frac{2}{5} \times \frac{3}{5}$ | $\frac{3}{5}$ |
| $1$ | $\frac{3}{5} \times \frac{2}{5}$ | $\frac{2}{5} \times \frac{2}{5}$ | $\frac{2}{5}$ |
| $p_i.$ | $\frac{3}{5}$ | $\frac{2}{5}$ | |

**不放回摸球的联合分布律**

| $Y$ | $X$ | | $p._j$ |
|---|---|---|---|
| | $0$ | $1$ | |
| $0$ | $\frac{3}{5} \times \frac{2}{4}$ | $\frac{2}{5} \times \frac{3}{4}$ | $\frac{3}{5}$ |
| $1$ | $\frac{3}{5} \times \frac{2}{4}$ | $\frac{2}{5} \times \frac{1}{4}$ | $\frac{2}{5}$ |
| $p_i.$ | $\frac{3}{5}$ | $\frac{2}{5}$ | |

从上面可以看出,对于有放回摸球和不放回摸球它们的联合分布律是不一样

的,但是边缘分布却是相同的. 也就是说,由联合分布律可以确定边缘分布律,但由边缘分布律则不能确定联合分布律.

## 三、二维连续型随机变量及其密度函数

设二维随机变量$(X, Y)$的联合分布函数为$F(x, y)$,若存在非负函数$f(x, y)$,对任意实数$x, y$有

$$F(x, y) = \int_{-\infty}^{x} \int_{-\infty}^{y} f(u, v) \mathrm{d}u \mathrm{d}v,$$

则称$(X, Y)$为**连续型的二维随机变量**,且称$f(x, y)$为二维随机变量$(X, Y)$的**联合密度函数**或**概率密度**.

联合密度函数具有如下性质:

(1) $f(x, y) \geqslant 0$;

(2) $\int_{-\infty}^{+\infty} \int_{-\infty}^{+\infty} f(x, y) \mathrm{d}x \mathrm{d}y = F(+\infty, +\infty) = 1.$

凡满足(1)、(2)的任一个二元函数$f(x, y)$,必定是某个二维随机变量的联合密度函数.

(3) 若$f(x, y)$在点$(x, y)$处连续,则

$$\frac{\partial^2 F(x, y)}{\partial x \partial y} = f(x, y).$$

(4) 若$G$是平面上的一个区域,则有

$$P((X, Y) \in G) = \iint\limits_{G} f(x, y) \mathrm{d}x \mathrm{d}y.$$

根据联合分布函数与边缘分布函数的关系可求出边缘密度函数

$$F_X(x) = F(x, +\infty) = \int_{-\infty}^{x} \left( \int_{-\infty}^{+\infty} f(u, v) \mathrm{d}v \right) \mathrm{d}u,$$

且有

$$f_X(x) = \frac{\partial F_X(x)}{\partial x} = \int_{-\infty}^{+\infty} f(x, v) \mathrm{d}v.$$

同理,

$$F_Y(y) = F(+\infty, y) = \int_{-\infty}^{y} \left( \int_{-\infty}^{+\infty} f(u, v) \mathrm{d}u \right) \mathrm{d}v,$$

$$f_Y(y) = \frac{\partial F_Y(y)}{\partial y} = \int_{-\infty}^{+\infty} f(u, y) \mathrm{d}u.$$

$f_X(x)$，$f_Y(y)$分别称为$(X, Y)$关于$X, Y$的**边缘密度函数**.

**例2** 已知$(X, Y)$的密度函数为

$$f(x, y) = \begin{cases} \dfrac{1}{8}(6 - x - y), & 0 \leqslant x \leqslant 2, 2 \leqslant y \leqslant 4, \\ 0, & \text{其他.} \end{cases}$$

设：(1) $D_1$ 为平面上由 $x \leqslant 1$，$y \leqslant 3$ 所确定的区域,如图 2.17(a)所示；(2) $D_2$ 为平面上由 $x + y \leqslant 3$ 所确定的区域,如图 2.17(b)所示.试求 $P((x, y) \in D_i)$，$i = 1, 2$.

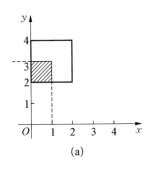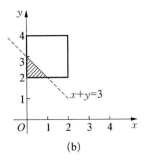

图 2.17

**解** (1) $P((x, y) \in D_1) = F(1, 3) = \iint\limits_{D_1} f(x, y)\mathrm{d}x\mathrm{d}y$

$$= \int_{-\infty}^{1} \int_{-\infty}^{3} f(x, y)\mathrm{d}x\mathrm{d}y$$

$$= \int_{0}^{1} \mathrm{d}x \int_{2}^{3} \frac{1}{8}(6 - x - y)\mathrm{d}y$$

$$= \frac{3}{8}.$$

(2) $P((x, y) \in D_2) = \iint\limits_{D_2} f(x, y)\mathrm{d}x\mathrm{d}y$

$$= \int_{0}^{1} \mathrm{d}x \int_{2}^{3-x} \frac{1}{8}(6 - x - y)\mathrm{d}y = \frac{5}{24}.$$

**例3** 已知二维随机变量$(X, Y)$的密度函数为

$$f(x, y) = \begin{cases} k\mathrm{e}^{-2(x+y)}, & 0 < x < +\infty, 0 < y < +\infty, \\ 0, & \text{其他.} \end{cases}$$

试求：(1) 常数$k$；(2) 联合分布函数 $F(x, y)$；(3) 边缘分布函数 $F_X(x)$，$F_Y(y)$及边缘密度函数 $f_X(x)$，$f_Y(y)$.

**解** (1) 由于

$$1 = \int_{-\infty}^{+\infty}\int_{-\infty}^{+\infty} f(x,\,y)\mathrm{d}x\mathrm{d}y = \int_0^{+\infty}\int_0^{+\infty} k\mathrm{e}^{-2(x+y)}\mathrm{d}x\mathrm{d}y$$

$$= k\left(\int_0^{+\infty}\mathrm{e}^{-2x}\mathrm{d}x\right)\left(\int_0^{+\infty}\mathrm{e}^{-2y}\mathrm{d}y\right) = k \times \frac{1}{2} \times \frac{1}{2} = \frac{k}{4}.$$

则 $k = 4$. 故有

$$f(x,\,y) = \begin{cases} 4\mathrm{e}^{-2(x+y)}, & 0 < x < +\infty,\, 0 < y < +\infty, \\ 0, & \text{其他}. \end{cases}$$

(2) $F(x,\,y) = \int_{-\infty}^{u}\int_{-\infty}^{v} f(u,\,v)\mathrm{d}u\mathrm{d}v$

$$= \begin{cases} \displaystyle\iint_0^x\int_0^y 4\mathrm{e}^{-2(u+v)}\mathrm{d}u\mathrm{d}v, & 0 < x < +\infty,\, 0 < y < +\infty, \\ 0, & \text{其他}. \end{cases}$$

即

$$F(x,\,y) = \begin{cases} (1-\mathrm{e}^{-2x})(1-\mathrm{e}^{-2y}), & 0 < x < +\infty,\, 0 < y < +\infty, \\ 0, & \text{其他}. \end{cases}$$

(3) 由于

$$F_X(x) = F(x,\,+\infty),$$

即

$$F_X(x) = \begin{cases} 1-\mathrm{e}^{-2x}, & x > 0, \\ 0, & x \leqslant 0. \end{cases}$$

边缘密度函数

$$f_X(x) = \frac{\mathrm{d}F_X(x)}{\mathrm{d}x},$$

即

$$f_X(x) = \begin{cases} 2\mathrm{e}^{-2x}, & x > 0, \\ 0, & x \leqslant 0. \end{cases}$$

同理,

$$F_Y(y) = \begin{cases} 1-\mathrm{e}^{-2y}, & y > 0, \\ 0, & y \leqslant 0. \end{cases}$$

$$f_Y(y) = \begin{cases} 2\mathrm{e}^{-2y}, & y > 0, \\ 0, & y \leqslant 0. \end{cases}$$

下面介绍两个常用的分布.

**例 4** 设 $G$ 为平面上的有界区域,面积为 $A$,若二维随机变量$(X, Y)$的联合密度函数为

$$f(x, y) = \begin{cases} \dfrac{1}{A}, & (x, y) \in G, \\ 0, & \text{其他,} \end{cases}$$

则称二维随机变量$(X, Y)$在 $G$ 上服从**均匀分布**.

若区域 $G_1$ 是 $G$ 内面积为 $A_1$ 的子区域,则有

$$P((X, Y) \in G_1) = \iint\limits_{G_1} \frac{1}{A}\mathrm{d}x\mathrm{d}y = \frac{A_1}{A}.$$

这表明概率只与 $G_1$ 的面积有关(成正比),而与 $G_1$ 在 $G$ 内的位置无关,这正是均匀分布的"均匀"含义.

**例 5** 设二维随机变量$(X, Y)$的联合密度函数为

$$f(x, y) = \frac{1}{2\pi\sigma_1\sigma_2\sqrt{1-\rho^2}}\mathrm{e}^{-\frac{1}{2(1-\rho^2)}\left(\frac{(x-\mu_1)^2}{\sigma_1^2} - 2\rho\frac{(x-\mu_1)(y-\mu_2)}{\sigma_1\sigma_2} + \frac{(y-\mu_2)^2}{\sigma_2^2}\right)},$$

$$-\infty < x < +\infty, \ -\infty < y < +\infty,$$

其中,$\sigma_1 > 0$,$\sigma_2 > 0$,$-1 < \rho < 1$,则称二维随机变量$(X, Y)$服从参数为 $\mu_1$,$\mu_2$,$\sigma_1$,$\sigma_2$,$\rho$ 的**二维正态分布**.记$(X, Y) \sim N(\mu_1, \sigma_1^2; \mu_2, \sigma_2^2; \rho)$.试求二维正态随机变量的边缘密度函数 $f_X(x)$,$f_Y(y)$.

**解** 令

$$\frac{x - \mu_1}{\sigma_1} = u, \qquad \frac{y - \mu_2}{\sigma_2} = v,$$

则

$$f_X(x) = \int_{-\infty}^{+\infty} f(x, y)\mathrm{d}y$$

$$= \frac{1}{2\pi\sigma_1\sigma_2\sqrt{1-\rho^2}}\int_{-\infty}^{+\infty}\mathrm{e}^{-\frac{1}{2(1-\rho^2)}\left(\frac{(x-\mu_1)^2}{\sigma_1^2} - 2\rho\frac{(x-\mu_1)(y-\mu_2)}{\sigma_1\sigma_2} + \frac{(y-\mu_2)^2}{\sigma_2^2}\right)}\mathrm{d}y$$

$$= \frac{1}{2\pi\sigma_1\sqrt{1-\rho^2}}\int_{-\infty}^{+\infty}\mathrm{e}^{-\frac{1}{2(1-\rho^2)}(u^2 - 2\rho uv + v^2)}\mathrm{d}v$$

$$= \frac{1}{\sqrt{2\pi}\sigma_1} e^{-\frac{u^2}{2}} \frac{1}{\sqrt{2\pi}\sqrt{1-\rho^2}} \int_{-\infty}^{+\infty} e^{-\frac{v^2-2\rho uv+\rho^2 u^2}{2(1-\rho^2)}} \mathrm{d}v$$

$$= \frac{1}{\sqrt{2\pi}\sigma_1} e^{-\frac{u^2}{2}} \frac{1}{\sqrt{2\pi}\sqrt{1-\rho^2}} \int_{-\infty}^{+\infty} e^{-\frac{(v-\rho u)^2}{2(1-\rho^2)}} \mathrm{d}v$$

$$= \frac{1}{\sqrt{2\pi}\sigma_1} e^{-\frac{u^2}{2}} = \frac{1}{\sqrt{2\pi}\sigma_1} e^{-\frac{(x-\mu_1)^2}{2\sigma_1^2}}, \quad -\infty < x < +\infty.$$

同理可得

$$f_Y(y) = \frac{1}{\sqrt{2\pi}\sigma_2} e^{-\frac{(y-\mu_2)^2}{2\sigma_2^2}}, \quad -\infty < y < +\infty$$

由此可见二维正态分布 $N(\mu, \sigma_1^2; \mu_2, \sigma_2^2; \rho)$ 的两个边缘分布均为一维正态分布,且 $X \sim N(\mu_1, \sigma_1^2)$ ,$Y \sim N(\mu_2, \sigma_2^2)$. 这两个一维正态分布均与 $\rho$ 无关,说明 $\rho$ 不同,得出的二维正态分布也不同,但其边缘分布却是相同的,所以边缘分布是不能唯一确定联合分布的.

## 四、随机变量的独立性

例 5 的结论指出,一般情况下边缘分布不能确定联合分布,这里隐含着在特殊情况下,边缘分布还可以确定联合分布,这种特殊情况是由 $X$ 与 $Y$ 间的相互关系所决定的,我们把这种关系称为 $X$ 与 $Y$ 的相互独立性,下边给出具体定义.

**定义 3**　若二维随机变量 $(X, Y)$ 对任意实数 $x$ ,$y$ 均有

$$P(X \leqslant x, Y \leqslant y) = P(X \leqslant x)P(Y \leqslant y) \tag{2.9}$$

成立,则称随机变量 $X$ 与 $Y$ 是**相互独立的**.

式(2.9)也可写成如下形式:

$$F(x, y) = F_X(x)F_Y(y),$$

式中,$F(x, y)$ 表示 $(X, Y)$ 的联合分布函数;$F_X(x)$ ,$F_Y(y)$ 分别表示 $X$ ,$Y$ 的分布函数.

若 $(X, Y)$ 是离散型随机变量,则 $X$ 与 $Y$ 相互独立的充分必要条件是

$$P(X = x_i, Y = y_j) = P(X = x_i)P(Y = y_j),$$

即

$$p_{ij} = p_{i.}p_{.j}, \quad i, j = 1, 2, \cdots,$$

这里 $p_{ij}$, $p_{i\cdot}$, $p_{\cdot j}$ 分别为 $(X, Y)$, $X$, $Y$ 的分布律.

若 $(X, Y)$ 是连续型随机变量,则 $X$ 与 $Y$ 相互独立的充分必要条件是

$$f(x, y) = f_X(x) \cdot f_Y(y),$$

式中,$f(x, y)$, $f_X(x)$, $f_Y(y)$ 分别为 $(X, Y)$, $X$, $Y$ 的密度函数.

**例 6** 若二维随机变量 $(X, Y)$ 服从正态分布 $N(\mu_1, \sigma_1^2; \mu_2, \sigma_2^2; \rho)$,试证 $X$ 和 $Y$ 相互独立的充分必要条件是 $\rho = 0$.

**证** $(X, Y)$ 的联合密度函数为

$$f(x, y) = \frac{1}{2\pi\sigma_1\sigma_2\sqrt{1-\rho^2}} e^{-\frac{1}{2(1-\rho^2)}\left(\frac{(x-\mu_1)^2}{\sigma_1^2} - 2\rho\frac{(x-\mu_1)(y-\mu_2)}{\sigma_1\sigma_2} + \frac{(y-\mu_2)^2}{\sigma_2^2}\right)}.$$

**充分性** 设 $\rho = 0$,代入上式得

$$f(x, y) = \frac{1}{\sqrt{2\pi}\sigma_1} e^{-\frac{(x-\mu_1)^2}{2\sigma_1^2}} \cdot \frac{1}{\sqrt{2\pi}\sigma_2} e^{-\frac{(y-\mu_2)^2}{2\sigma_2^2}}$$

$$= f_X(x) f_Y(y).$$

**必要性** 由 $X$ 与 $Y$ 的相互独立性,对任意实数 $x$, $y$ 均有

$$f(x, y) = f_X(x) f_Y(y).$$

特别地,取 $x = \mu_1$, $y = \mu_2$,代入上式有

$$\frac{1}{2\pi\sigma_1\sigma_2} \frac{1}{\sqrt{1-\rho^2}} = \frac{1}{2\pi\sigma_1\sigma_2},$$

即

$$\frac{1}{\sqrt{1-\rho^2}} = 1,$$

因此有 $\rho = 0$. □

## 五、二维随机变量函数的分布

设二维随机变量 $(X, Y)$ 的函数为 $Z = g(X, Y)$,$Z$ 是一维随机变量,故其分布函数为

$$F_Z(z) = P(Z \leqslant z) = P(g(X, Y) \leqslant z)$$

若 $(X, Y)$ 的密度函数为 $f(x, y)$,则 $Z$ 的分布函数可表为

$$F_Z(z) = P(g(X, Y) \leqslant z) = \iint\limits_{g(x,\,y) < z} f(x,\,y)\mathrm{d}x\mathrm{d}y,$$

这样可以用 $f(x,\,y)$ 在平面区域 $\{g(x,\,y) \leqslant z\}$ 上的二重积分表示. 由此可得 $Z$ 的密度函数为

$$f_Z(z) = \frac{\mathrm{d}F_Z(z)}{\mathrm{d}z} = \frac{\mathrm{d}}{\mathrm{d}z} \iint\limits_{g(x,\,y) \leqslant z} f(x,\,y)\mathrm{d}x\mathrm{d}y.$$

有了以上的结果,求随机变量函数的分布问题原则上算解决了,但具体计算仍有一定难度.

**例 7**　设 $(X,\,Y)$ 的分布律为

| $X$ | $Y$ | | |
|:---:|:---:|:---:|:---:|
| | 0 | 1 | 2 |
| $-1$ | $\dfrac{5}{20}$ | $\dfrac{3}{20}$ | $\dfrac{5}{20}$ |
| $-2$ | $\dfrac{3}{20}$ | $\dfrac{1}{20}$ | $\dfrac{3}{20}$ |

求：(1) $Z = 3X - Y$；(2) $Z = X + Y$ 的分布律.

**解**　列表如下

| $P$ | $\dfrac{5}{20}$ | $\dfrac{3}{20}$ | $\dfrac{5}{20}$ | $\dfrac{3}{20}$ | $\dfrac{1}{20}$ | $\dfrac{3}{20}$ |
|:---:|:---:|:---:|:---:|:---:|:---:|:---:|
| $(X,\,Y)$ | $(-1,\,0)$ | $(-1,\,1)$ | $(-1,\,2)$ | $(-2,\,0)$ | $(-2,\,1)$ | $(-2,\,2)$ |
| $3X-Y$ | $-3$ | $-4$ | $-5$ | $-6$ | $-7$ | $-8$ |
| $X+Y$ | $-1$ | $0$ | $1$ | $-2$ | $-1$ | $0$ |

则

| $3X-Y$ | $-8$ | $-7$ | $-6$ | $-5$ | $-4$ | $-3$ |
|:---:|:---:|:---:|:---:|:---:|:---:|:---:|
| $P$ | $\dfrac{3}{20}$ | $\dfrac{1}{20}$ | $\dfrac{3}{20}$ | $\dfrac{5}{20}$ | $\dfrac{3}{20}$ | $\dfrac{5}{20}$ |

| $X+Y$ | $-2$ | $-1$ | $0$ | $1$ |
|:---:|:---:|:---:|:---:|:---:|
| $P$ | $\dfrac{3}{20}$ | $\dfrac{6}{20}$ | $\dfrac{6}{20}$ | $\dfrac{5}{20}$ |

**例8** 设 $(X, Y)$ 的密度函数为 $f(x, y)$，求 $Z = X + Y$ 的密度函数.

**解** 如图 2.18 所示，

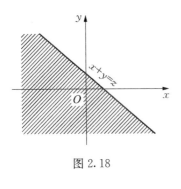

$$F_Z(z) = P(Z \leqslant z) = P(X + Y \leqslant z)$$

$$= \iint\limits_{x+y\leqslant z} f(x, y)\mathrm{d}x\mathrm{d}y$$

$$= \int_{-\infty}^{+\infty} \mathrm{d}y \int_{-\infty}^{z-y} f(x, y)\mathrm{d}x.$$

令 $x = u - y$，则

$$F_Z(z) = \int_{-\infty}^{+\infty} \mathrm{d}y \int_{-\infty}^{z} f(u - y, y)\mathrm{d}u$$

$$= \int_{-\infty}^{z} \mathrm{d}u \int_{-\infty}^{+\infty} f(u - y, y)\mathrm{d}y,$$

图 2.18

所以

$$f_Z(z) = F'_Z(z) = \int_{-\infty}^{+\infty} f(z - y, y)\mathrm{d}y.$$

由于 $X, Y$ 的对称性，又有

$$f_Z(z) = \int_{-\infty}^{+\infty} f(x, z - x)\mathrm{d}x.$$

当 $X$ 与 $Y$ 相互独立时，有 $f(x, y) = f_X(x)f_Y(y)$，从而

$$f_Z(z) = \int_{-\infty}^{+\infty} f_X(z - y)f_Y(y)\mathrm{d}y$$

或

$$f_Z(z) = \int_{-\infty}^{+\infty} f_X(x)f_Y(z - x)\mathrm{d}x.$$

**例9** 设 $X$ 与 $Y$ 相互独立，且均服从标准正态分布，求 $Z = X + Y$ 的密度函数.

**解** 由 $X$ 与 $Y$ 的相互独立性知，$(X, Y)$ 的密度函数为

$$f(x, y) = f_X(x)f_Y(y),$$

而

$$f_X(x) = \frac{1}{\sqrt{2\pi}}\mathrm{e}^{-\frac{x^2}{2}}, \quad f_Y(y) = \frac{1}{\sqrt{2\pi}}\mathrm{e}^{-\frac{y^2}{2}},$$

$$f_Z(z) = \int_{-\infty}^{+\infty} f_X(x) f_Y(z-x) \mathrm{d}x = \frac{1}{2\pi} \int_{-\infty}^{+\infty} e^{-\frac{x^2}{2}} \cdot e^{-\frac{(z-x)^2}{2}} \mathrm{d}x$$

$$= \frac{1}{2\pi} \int_{-\infty}^{+\infty} e^{-\frac{x^2}{2}} \cdot e^{-\frac{z^2-2zx+x^2}{2}} \mathrm{d}x = \frac{1}{2\pi} e^{-\frac{z^2}{4}} \int_{-\infty}^{+\infty} e^{-\left(x-\frac{z}{2}\right)^2} \mathrm{d}x.$$

令 $\dfrac{u}{\sqrt{2}} = x - \dfrac{z}{2}$，则

$$f_Z(z) = \frac{1}{\sqrt{2}\sqrt{2\pi}} e^{-\frac{z^2}{4}} \int_{-\infty}^{+\infty} \frac{1}{\sqrt{2\pi}} e^{-\frac{u^2}{2}} \mathrm{d}u = \frac{1}{\sqrt{2}\sqrt{2\pi}} e^{-\frac{z^2}{2(\sqrt{2})^2}},$$

即 $X + Y \sim N(0, (\sqrt{2})^2)$.

该例说明，两个相互独立的服从正态分布的随机变量的和仍服从正态分布. 这个结论可以推广到有限多情形，即 $X_i \sim N(\mu_i, \sigma_i^2)$，$i = 1, 2, \cdots, n$，且它们相互独立，则和 $Z = X_1 + X_2 + \cdots + X_n$ 仍服从正态分布，且 $Z \sim N\left(\sum\limits_{i=1}^{n}\mu_i, \sum\limits_{i=1}^{n}\sigma_i^2\right)$.

# 习　题　二

## (A 类)

1. 有 10 件产品，其中正品 8 件，次品两件，现从中任取两件，求取得次品数 $X$ 的分布律.

2. 进行某种试验，设试验成功的概率为 $\dfrac{3}{4}$，失败的概率为 $\dfrac{1}{4}$，以 $X$ 表示试验首次成功所需试验的次数，试写出 $X$ 的分布律，并计算 $X$ 取偶数的概率.

3. 从 5 个数 1, 2, 3, 4, 5 中任取三个数 $x_1$, $x_2$, $x_3$. 求：
   (1) $X = \max(x_1, x_2, x_3)$ 的分布律及 $P(X \leqslant 4)$；
   (2) $Y = \min(x_1, x_2, x_3)$ 的分布律及 $P(Y > 3)$.

4. $C$ 应取何值，函数 $f(k) = C\dfrac{\lambda^k}{k!}$，$k = 1, 2, \cdots, \lambda > 0$ 成为分布律？

5. 已知 $X$ 的分布律

| $X$ | 1 | 2 | 3 |
|---|---|---|---|
| $P$ | 0.2 | 0.3 | 0.5 |

求 $X$ 的分布函数.

6. 设某运动员投篮投中的概率为 $P = 0.4$，求一次投篮时投中次数 $X$ 的分布函数，并作出其图形.

7. 对同一目标作三次独立射击，设每次射击命中的概率为 $p$，求：

(1) 三次射击中恰好命中两次的概率；

(2) 目标被击中两弹或两弹以上即被击毁,目标被击毁的概率是多少?

8. 一电话交换台每分钟的呼唤次数服从参数为 4 的泊松分布,求:

(1) 每分钟恰有 6 次呼唤的概率；

(2) 每分钟的呼唤次数不超过 10 次的概率.

9. 设随机变量 $X$ 服从泊松分布,且 $P(X=1)=P(X=2)$,求 $P(X=4)$.

10. 商店订购 1000 瓶鲜橙汁,在运输途中瓶子被打碎的概率为 0.003,求商店收到的破碎玻璃瓶,(1) 恰有两只；(2) 小于两只；(3) 多于两只；(4) 至少有一只的概率.

11. 设连续型随机变量 $X$ 的分布函数为

$$F(x) = \begin{cases} 0, & x < 0, \\ kx^2, & 0 \leqslant x \leqslant 1, \\ 1, & x > 1. \end{cases}$$

求:(1) 系数 $k$;(2) $P(0.25 < X < 0.75)$;(3) $X$ 的密度函数;(4) 四次独立试验中有三次恰好在区间 $(0.25, 0.75)$ 内取值的概率.

12. 设连续型随机变量 $X$ 的密度函数为

$$f(x) = \begin{cases} \dfrac{k}{\sqrt{1-x^2}}, & |x| < 1, \\ 0, & |x| \geqslant 1. \end{cases}$$

求:(1) 系数 $k$;(2) $P\left(|X| < \dfrac{1}{2}\right)$;(3) $X$ 的分布函数.

13. 某城市每天用电量不超过 100 万千瓦时,以 $Z$ 表示每天的耗电率(即用电量除以 100 万千瓦时),它具有分布密度为

$$f(x) = \begin{cases} 12x(1-x)^2, & 0 < x < 1, \\ 0, & 其他. \end{cases}$$

若该城市每天的供电量仅有 80 万千瓦时,求供电量不够需要的概率是多少? 如每天供电量为 90 万千瓦时又是怎样的?

14. 某仪器装有三只独立工作的同型号电子元件,其寿命(单位:小时)都服从同一指数分布,分布密度为

$$f(x) = \begin{cases} \dfrac{1}{600} e^{-\frac{x}{600}}, & x > 0, \\ 0, & x \leqslant 0. \end{cases}$$

试求在仪器使用的最初 200 小时以内,至少有一只电子元件损坏的概率.

15. 设 $X$ 为正态随机变量,且 $X \sim N(2, \sigma^2)$,又 $P(2 < X < 4) = 0.3$,求 $P(X < 0)$.

16. 设随机变量 $X$ 服从正态分布 $N(10, 4)$,求 $a$,使 $P(|X-10| < a) = 0.9$.

17. 设某台机器生产的螺栓的长度 $X$ 服从正态分布 $N(10.05, 0.06^2)$,规定 $X$ 在范围 $(10.05 \pm 0.12)$ 厘米内为合格品,求螺栓不合格的概率.

18. 设随机变量 $X$ 服从正态分布 $N(60, 9)$,求分点 $x_1$, $x_2$,使 $X$ 分别落在 $(-\infty, x_1)$、$(x_1, x_2)$、$(x_2, +\infty)$ 的概率之比为 $3:4:5$.

19. 已知测量误差 $X$(米)服从正态分布 $N(7.5, 10^2)$,必须进行多少次测量才能使至少有一次误差的绝对值不超过 10 米的概率大于 0.98?

20. 设随机变量 $X$ 的分布列为

| $X$ | $-2$ | $0$ | $2$ | $3$ |
|-----|------|-----|-----|-----|
| $P$ | $\dfrac{1}{7}$ | $\dfrac{1}{7}$ | $\dfrac{3}{7}$ | $\dfrac{2}{7}$ |

试求:(1) $2X$ 的分布列;(2) $X^2$ 的分布列.

21. 设 $X$ 服从 $N(0, 1)$ 分布,求 $Y = |X|$ 的密度函数.

22. 若随机变量 $X$ 的密度函数为

$$f(x) = \begin{cases} 3x^2, & 0 < x < 1, \\ 0, & \text{其他}. \end{cases}$$

求 $Y = \dfrac{1}{X}$ 的分布函数和密度函数.

23. 设随机变量 $X$ 的密度函数为

$$f(x) = \begin{cases} \dfrac{2}{\pi(1 + x^2)}, & x > 0, \\ 0, & x \leqslant 0. \end{cases}$$

试求 $Y = \ln X$ 的密度函数.

24. 设随机变量 $X$ 服从 $N(\mu, \sigma^2)$ 分布,求 $Y = e^X$ 的分布密度.

25. 假设随机变量 $X$ 服从参数为 $\dfrac{1}{2}$ 的指数分布,证明:$Y = 1 - e^{-2X}$ 在区间 $(0, 1)$ 上服从均匀分布.

26. 把一枚硬币连掷三次,以 $X$ 表示在三次中正面出现的次数,$Y$ 表示在三次中出现正面的次数与出现反面的次数之差的绝对值,试求 $(X, Y)$ 的联合概率分布.

27. 在 10 件产品中有 2 件一级品,7 件二级品和 1 件次品,从 10 件产品中无放回抽取 3 件,用 $X$ 表示其中的一级品件数,$Y$ 表示其中的二级品件数,求:
    (1) $X$ 与 $Y$ 的联合概率分布;
    (2) $X$, $Y$ 的边缘概率分布;
    (3) $X$ 与 $Y$ 相互独立吗?

28. 袋中有 9 张纸牌,其中两张"2",三张"3",四张"4",任取一张,不放回,再任取一张,前后所取纸牌上的数分别为 $X$ 和 $Y$,求二维随机变量 $(X, Y)$ 的联合分布律,以及概率 $P(X + Y > 6)$.

29. 设二维连续型随机变量 $(X, Y)$ 的联合分布函数为

$$F(x, y) = A\left(B + \arctan \frac{x}{2}\right)\left(C + \arctan \frac{y}{3}\right),$$

求：(1) 系数 $A$, $B$ 及 $C$；(2) $(X, Y)$ 的联合概率密度；(3) $X$, $Y$ 的边缘分布函数及边缘概率密度；(4) 随机变量 $X$ 与 $Y$ 是否独立？

30. 设二维随机变量 $(X, Y)$ 的联合概率密度为

$$f(x, y) = \begin{cases} \mathrm{e}^{-(x+y)}, & 0 < x < +\infty, 0 < y < +\infty, \\ 0 & \text{其他.} \end{cases}$$

(1) 求分布函数 $F(x, y)$；

(2) 求 $(X, Y)$ 落在由 $x = 0$, $y = 0$, $x + y = 1$ 所围成的三角形区域 $G$ 内的概率.

31. 设随机变量 $(X, Y)$ 的联合概率密度为

$$f(x, y) = \begin{cases} A\mathrm{e}^{-(3x+4y)}, & x > 0, y > 0, \\ 0, & \text{其他.} \end{cases}$$

求：(1) 常数 $A$；(2) $X$, $Y$ 的边缘概率密度；(3) $P(0 < X \leqslant 1, 0 < y \leqslant 2)$.

32. 设随机变量 $(X, Y)$ 的联合概率密度为

$$f(x, y) = \begin{cases} x^2 + \dfrac{xy}{3}, & 0 \leqslant x \leqslant 1, 0 \leqslant y \leqslant 2, \\ 0, & \text{其他.} \end{cases}$$

求 $P(X + Y \geqslant 1)$.

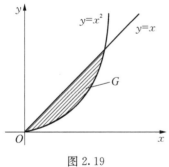

图 2.19

33. 设二维随机变量 $(X, Y)$ 在图 2.19 所示的区域 $G$ 上服从均匀分布，试求 $(X, Y)$ 的联合概率密度及边缘概率密度.

34. 设 $X$ 和 $Y$ 是两个相互独立的随机变量，$X$ 在 $(0, 0.2)$ 上服从均匀分布，$Y$ 的概率密度是

$$f_Y(y) = \begin{cases} 5\mathrm{e}^{-5y}, & y > 0, \\ 0, & y \leqslant 0. \end{cases}$$

求：(1) $X$ 和 $Y$ 的联合概率密度；(2) $P(Y \leqslant X)$.

35. 设 $(X, Y)$ 的联合概率密度为

$$f(x, y) = \begin{cases} \dfrac{1}{2}, & 0 \leqslant x \leqslant 1, 0 \leqslant y \leqslant 2, \\ 0, & \text{其他.} \end{cases}$$

求 $X$ 与 $Y$ 中至少有一个小于 $\dfrac{1}{2}$ 的概率.

36. 设随机变量 $X$ 与 $Y$ 相互独立，且

| $X$ | $-1$ | $1$ | $3$ |
| --- | --- | --- | --- |
| $P$ | $\dfrac{1}{2}$ | $\dfrac{1}{5}$ | $\dfrac{3}{10}$ |

| $Y$ | $-3$ | $1$ |
| --- | --- | --- |
| $P$ | $\dfrac{1}{4}$ | $\dfrac{3}{4}$ |

求二维随机变量 $(X, Y)$ 的联合分布律.

37. 设二维随机变量 $(X,Y)$ 的联合分布律为

| $Y$ | $X$ | | |
|---|---|---|---|
| | 1 | 2 | 3 |
| 1 | $\dfrac{1}{6}$ | $\dfrac{1}{9}$ | $\dfrac{1}{18}$ |
| 2 | $a$ | $b$ | $c$ |

(1) 求常数 $a,b,c$ 应满足的条件;

(2) 设随机变量 $X$ 与 $Y$ 相互独立,求常数 $a,b,c$.

38. 设二维随机变量 $(X,Y)$ 的联合分布函数为

$$F(x,y) = \begin{cases} \dfrac{x^2}{1+x^2}, & x>0, y>1, \\ \dfrac{x^2 y^3}{1+x^2}, & x>0, 0<y \leqslant 1, \\ 0, & \text{其他}. \end{cases}$$

求边缘分布函数 $F_X(x)$ 与 $F_Y(y)$,并判断随机变量 $X$ 与 $Y$ 是否相互独立.

39. 设二维随机变量 $(X,Y)$ 的联合概率密度为

$$f(x,y) = \begin{cases} \dfrac{2}{x^3} e^{1-y}, & x \geqslant 1, y \geqslant 1, \\ 0, & \text{其他}. \end{cases}$$

求边缘概率密度 $f_X(x), f_Y(y)$,并判断随机变量 $X$ 与 $Y$ 是否相互独立.

40. 设二维随机变量 $(X,Y)$ 的联合概率密度为

$$f(x,y) = \begin{cases} x+y, & 0 \leqslant x, y \leqslant 1, \\ 0, & \text{其他}. \end{cases}$$

求边缘概率密度 $f_X(x)$ 与 $f_Y(y)$,并判断随机变量 $X$ 与 $Y$ 是否相互独立.

41. 设二维随机变量 $(X,Y)$ 的联合分布密度为

$$f(x,y) = \begin{cases} 2e^{-x-2y}, & x>0, y>0, \\ 0, & \text{其他}. \end{cases}$$

求随机变量 $Z = X - 2Y$ 的分布密度.

42. 设随机变量 $X$ 和 $Y$ 独立,$X \sim N(a,\sigma^2)$,$Y$ 服从 $[-b,b](b>0)$ 上的均匀分布,求随机变量 $Z = X+Y$ 的分布密度.

43. 设 $X$ 服从参数为 $\dfrac{1}{2}$ 的指数分布,$Y$ 服从参数为 $\dfrac{1}{3}$ 的指数分布,且 $X$ 与 $Y$ 独立,求 $Z = X+Y$ 的密度函数.

44. 设 $(X,Y)$ 的联合分布律为

| X | Y | | | |
|---|---|---|---|---|
| | 0 | 1 | 2 | 3 |
| 0 | 0 | 0.05 | 0.08 | 0.12 |
| 1 | 0.01 | 0.09 | 0.12 | 0.15 |
| 2 | 0.02 | 0.11 | 0.13 | 0.12 |

求：(1) $Z=X+Y$ 的分布律；(2) $U=\max(X,Y)$ 的分布律；(3) $V=\min(X,Y)$ 的分布律.

# (B 类)

45. (1990，2 分)　已知随机变量 $X$ 的概率密度函数

$$f(x)=\frac{1}{2}\mathrm{e}^{-|x|},\quad -\infty<x<+\infty,$$

则 $X$ 的概率分布函数 $F(x)=$＿＿＿＿＿.

46. (1997，7 分)　从学校乘汽车到火车站的途中有三个交通岗，假设在各个交通岗遇到红灯的事件是相互独立的，并且概率都是 $\dfrac{2}{5}$．设 $X$ 为途中遇到红灯的次数，求随机变量 $X$ 的分布律、分布函数和数学期望.

47. (2002，3 分)　设 $X_1$ 和 $X_2$ 是任意两个相互独立的连续型随机变量，它们的概率密度分别为 $f_1(x)$ 和 $f_2(x)$，分布函数分别为 $F_1(x)$ 和 $F_2(x)$，则(　　).

A. $f_1(x)+f_2(x)$ 必为某一随机变量的概率密度

B. $f_1(x)f_2(x)$ 必为某一随机变量的概率密度

C. $F_1(x)+F_2(x)$ 必为某一随机变量的分布函数

D. $F_1(x)F_2(x)$ 必为某一随机变量的分布函数

48. (1988，2 分)　设随机变量 $X$ 服从均值为 10，均方差为 0.02 的正态分布. 已知 $\Phi(x)=\int_{-\infty}^{x}\dfrac{1}{\sqrt{2\pi}}\mathrm{e}^{-\frac{u^2}{2}}\mathrm{d}u$，$\Phi(2.5)=0.9938$，则 $X$ 落在区间 $(9.95,10.05)$ 内的概率为＿＿＿＿＿.

49. (1989，2 分)　若随机变量 $\xi$ 在 $(1,6)$ 上服从均匀分布，则方程 $x^2+\xi x+1=0$ 有实根的概率是＿＿＿＿＿.

50. (1991，3 分)　若随机变量 $X$ 服从均值为 2，方差为 $\sigma^2$ 的正态分布，且 $P(2<X<4)=0.3$，则 $P(X<0)=$＿＿＿＿＿.

51. (2008，4 分)　设随机变量 $X,Y$ 独立同分布，且 $X$ 的分布密度为 $F(x)$，则 $Z=\max\{X,Y\}$ 的分布函数为(　　).

A. $F^2(x)$　　　　　　　　　　　B. $F(x)F(y)$

C. $1-(1-F(x))^2$　　　　　　　D. $(1-F(x))(1-F(y))$

52. (2008，11 分)　设随机变量 $X$ 与 $Y$ 相互独立，$X$ 的概率分布为 $P(X=i)=\dfrac{1}{3}$，$i=-1,0,1,Y$ 的概率密度为

$$f_Y(y) = \begin{cases} 1, & 0 \leqslant y < 1, \\ 0, & 其他, \end{cases}$$

记 $Z = X + Y$，求：(1) $P\left(Z \leqslant \dfrac{1}{2} \middle| X = 0\right)$；(2) $Z$ 的概率密度 $f_Z(z)$.

53. (2004，4 分)　设随机变量 $X$ 服从正态分布 $N(0,1)$，对给定的 $\alpha$，$0 < \alpha < 1$，数 $u_\alpha$ 满足 $P(X > u_\alpha) = \alpha$，若 $P(|X| < x) = \alpha$，则 $x$ 等于（　　）.

　　A. $u_{\frac{\alpha}{2}}$ 　　　　　　　　　　B. $u_{1-\frac{\alpha}{2}}$

　　C. $u_{\frac{1-\alpha}{2}}$ 　　　　　　　　　　D. $u_{1-\alpha}$

54. (2006，4 分)　设随机变量 $X$ 与 $Y$ 相互独立，且均服从区间 $[0,3]$ 上的均匀分布，则 $P(\max\{X,Y\} \leqslant 1) = $ ＿＿＿＿＿.

55. (1988，6 分)　设随机变量 $X$ 的概率密度为 $f(x) = \dfrac{1}{\pi(1+x^2)}$，求随机变量 $Y = 1 - \sqrt[3]{X}$ 的概率密度函数 $f_Y(y)$.

56. (1993，3 分)　设随机变量 $X$ 服从 $(0,2)$ 上均匀分布，则随机变量 $Y = X^2$ 在 $(0,4)$ 内概率分布密度 $f_Y(y) = $ ＿＿＿＿＿.

57. (1995，6 分)　设随机变量 $X$ 的概率密度为 $f_X(x) = \begin{cases} e^{-x}, & x \geqslant 0, \\ 0, & x < 0. \end{cases}$ 求随机变量 $Y = e^X$ 的概率密度 $f_Y(y)$.

58. (1998，3 分)　设平面区域 $D$ 由曲线 $y = \dfrac{1}{x}$ 及直线 $y = 0$，$x = 1$，$x = e^2$ 所围成，二维随机变量 $(X,Y)$ 在区域 $D$ 上服从均匀分布，则 $(X,Y)$ 关于 $X$ 的边缘概率密度在 $x = 2$ 处的值为＿＿＿＿＿.

59. (1999，8 分)　设随机变量 $X$ 和 $Y$ 相互独立，下表列出二维随机变量 $(X,Y)$ 联合分布律及关于 $X$ 和关于 $Y$ 的边缘分布律中的部分数值，试将其余数值填入表中空白处.

| X | Y | | | $P(X = x_i) = p_i.$ |
|---|---|---|---|---|
| | $y_1$ | $y_2$ | $y_3$ | |
| $x_1$ | | $\dfrac{1}{8}$ | | |
| $x_2$ | $\dfrac{1}{8}$ | | | |
| $P(Y = y_j) = p_{\cdot j}$ | $\dfrac{1}{6}$ | | | 1 |

60. (2001，7 分)　设某班车起点站上客人数 $X$ 服从参数为 $\lambda$，$\lambda > 0$ 的泊松分布，每位乘客在中途下车的概率为 $p$，$0 < p < 1$，且中途下车与否相互独立，以 $Y$ 表示在中途下车的人数，求：

　　(1) 在发车时有 $n$ 个乘客的条件下，中途有 $m$ 人下车的概率；

　　(2) 二维随机变量 $(X,Y)$ 的概率分布.

61. (2003，4 分)　设二维随机变量 $(X,Y)$ 的概率密度为

$$f(x,\ y) = \begin{cases} 6x, & 0 \leqslant x \leqslant y \leqslant 1, \\ 0, & \text{其他,} \end{cases}$$

则 $P(X + Y \leqslant 1) = $ _____.

62. (1987,6分) 设随机变量 $X,Y$ 相互独立,其概率密度函数分别为

$$f_X(x) = \begin{cases} 1, & 0 \leqslant x \leqslant 1, \\ 0, & \text{其他,} \end{cases}$$

$$f_Y(y) = \begin{cases} \mathrm{e}^{-y}, & y > 0, \\ 0, & y \leqslant 0. \end{cases}$$

求随机变量 $Z = 2X + Y$ 的概率密度.

63. (1989,6分) 设随机变量 $X$ 与 $Y$ 独立,且 $X$ 服从均值为 1,标准差(均方差)为 $\sqrt{2}$ 的正态分布,而 $Y$ 服从标准正态分布,试求随机变量 $Z = 2X - Y + 3$ 的概率密度函数.

64. (1991,6分) 设二维随机变量 $(X,Y)$ 的概率密度为

$$f(x,\ y) = \begin{cases} 2\mathrm{e}^{-(x+2y)}, & x > 0,\ y > 0, \\ 0, & \text{其他,} \end{cases}$$

求随机变量 $Z = X + 2Y$ 的分布函数.

65. (1992,6分) 设随机变量 $X$ 与 $Y$ 独立,$X$ 服从正态分布 $N(\mu,\ \sigma^2)$,$Y$ 服从 $[-\pi,\ \pi]$ 上的均匀分布.试求 $Z = X + Y$ 的概率分布密度.计算结果用标准正态分布函数 $\Phi$ 表示,其中

$$\Phi(x) = \frac{1}{\sqrt{2\pi}} \int_{-\infty}^{x} \mathrm{e}^{\frac{t^2}{2}} \mathrm{d}t.$$

66. (1994,3分) 设相互独立的两个随机变量 $X,Y$ 具有同一分布律,且 $X$ 的分布律为

| $X$ | 0 | 1 |
|---|---|---|
| $P$ | $\dfrac{1}{2}$ | $\dfrac{1}{2}$ |

则随机变量 $Z = \max(X,\ Y)$ 的分布律为 _____.

67. (1996,6分) 设 $\xi,\eta$ 是相互独立且服从同一分布的两个随机变量,已知 $\xi$ 的分布律为 $P\{\xi = i\} = \dfrac{1}{3}$,$i = 1,\ 2,\ 3$. 又设 $X = \max(\xi,\ \eta)$,$Y = \min(\xi,\ \eta)$.

(1) 写出二维随机变量 $(X,Y)$ 的分布律;

(2) 求随机变量 $X$ 的数学期望 $E(X)$.

68. (1999,3分) 设两个相互独立的随机变量 $X$ 和 $Y$ 分别服从正态分布 $N(0,\ 1)$ 和 $N(1,\ 1)$,则( ).

A. $P(X + Y \leqslant 0) = \dfrac{1}{2}$      B. $P(X + Y \leqslant 1) = \dfrac{1}{2}$

C. $P(X - Y \leqslant 0) = \dfrac{1}{2}$      D. $P(X - Y \leqslant 1) = \dfrac{1}{2}$

69. (2005, 4 分) 设二维随机变量 $(X, Y)$ 的概率分布

| $X$ | $Y$ | |
|---|---|---|
| | 0 | 1 |
| 0 | 0.4 | $a$ |
| 1 | $b$ | 0.1 |

已知随机事件 $\{X = 0\}$ 与 $\{X + Y = 1\}$ 相互独立,则(　　).

A. $a = 0.2, b = 0.3$　　　　　B. $a = 0.4, b = 0.1$

C. $a = 0.3, b = 0.2$　　　　　D. $a = 0.1, b = 0.4$

70. (2005, 9 分) 设二维随机变量 $(X, Y)$ 的概率密度为

$$f(x, y) = \begin{cases} 1, & 0 < x < 1, 0 < y < 2x, \\ 0, & \text{其他}. \end{cases}$$

求:(1) $(X, Y)$ 的边缘概率密度 $f_X(x)$ 与 $f_Y(y)$;

(2) $Z = 2X - Y$ 的概率密度 $f_Z(z)$.

71. (2006, 9 分) 设随机变量 $X$ 的概率密度为

$$f_X(x) = \begin{cases} \dfrac{1}{2}, & -1 < x < 0, \\ \dfrac{1}{4}, & 0 \leqslant x < 2, \\ 0, & \text{其他}. \end{cases}$$

令 $Y = X^2$, $F(x, y)$ 为二维随机变量 $(X, Y)$ 的分布函数,求:(1) $Y$ 的概率密度 $f_Y(y)$;
(2) $F\left(-\dfrac{1}{2}, 4\right)$.

72. (2007, 4 分) 设随机变量 $(X, Y)$ 服从二维正态分布,且 $X$ 与 $Y$ 不相关,$f_X(x)$, $f_Y(y)$ 分别表示 $X$, $Y$ 的概率密度,则在 $Y = y$ 的条件下,$X$ 的条件概率密度 $f_{X|Y}(x \mid y)$ 为(　　).

A. $f_X(x)$　　　　　　　　　B. $f_Y(y)$

C. $f_X(x) f_Y(y)$　　　　　　D. $\dfrac{f_X(x)}{f_Y(y)}$

73. (2007, 11 分) 设二维随机变量 $(X, Y)$ 的概率密度为

$$f(x, y) = \begin{cases} 2 - x - y, & 0 < x < 1, 0 < y < 1, \\ 0, & \text{其他}. \end{cases}$$

求:(1) $P(X > 2Y)$;(2) $Z = X + Y$ 的概率密度 $f_Z(z)$.

74. (2010, 4 分) 设随机变量 $X$ 的分布函数为

$$F(x) = \begin{cases} 0, & x < 0, \\ \dfrac{1}{2}, & 0 \leqslant x < 1, \\ 1 - \mathrm{e}^{-x}, & x \geqslant 1. \end{cases}$$

则 $P(X=1)$ 等于( ).

A. 0      B. $\dfrac{1}{2}$      C. $\dfrac{1}{2}-e^{-1}$      D. $1-e^{-1}$

75. (2010,4 分) 设 $f_1(x)$ 为标准正态分布的概率密度函数,$f_2(x)$ 为 $[-1,3]$ 上均匀分布的概率密度函数. 若

$$f(x)=\begin{cases} af_1(x), & x\leqslant 0, \\ bf_2(x), & x>0, \end{cases} \quad a>0,b>0,$$

则 $a,b$ 满足( ).

A. $2a+3b=4$            B. $3a+2b=4$

C. $a+b=1$               D. $a+b=2$

76. (2012,4 分) 设随机变量 $x$ 与 $y$ 相互独立,且分别服从参数为 1 与参数为 4 的指数分布,则 $P(x<y)=$( ).

A. $\dfrac{1}{5}$      B. $\dfrac{1}{3}$      C. $\dfrac{2}{5}$      D. $\dfrac{4}{5}$

77. (2009,4 分) 设随机变量 $X$ 与 $Y$ 相互独立,且 $X$ 服从标准正态分布 $N(0,1)$,$Y$ 的概率分布为 $P(Y=0)=P(Y=1)=\dfrac{1}{2}$,记 $F_Z(z)$ 为随机变量 $Z=XY$ 的分布函数,则函数 $F_Z(z)$ 的间断点个数为( ).

A. 0      B. 1      C. 2      D. 3

78. (2009,11 分) 袋中有 1 个红球,2 个黑球与 3 个白球,现有回放地从袋中取两次,每次取一球,以 $X,Y,Z$ 分别表示两次取球所取得的红球、黑球与白球的个数.

求:(1) $P\{X=1|Z=0\}$;

    (2) 二维随机变量 $(X,Y)$ 概率分布.

79. (2010,11 分) 设二维随机变量 $(X,Y)$ 的联合密度函数为

$$f(x,y)=Ae^{-2x^2+2xy-y^2}, \quad -\infty<x<+\infty, -\infty<y<+\infty.$$

求 $A$ 及 $f_{Y|X}(y|x)$.

80. (2011,11 分) 设随机变量 $X$ 与 $Y$ 的概率分布分别为

| $X$ | 0 | 1 |
|---|---|---|
| $P$ | $\dfrac{1}{3}$ | $\dfrac{2}{3}$ |

| $Y$ | $-1$ | 0 | 1 |
|---|---|---|---|
| $P$ | $\dfrac{1}{3}$ | $\dfrac{1}{3}$ | $\dfrac{1}{3}$ |

且 $P(X^2=Y^2)=1$.

求:(1) 二维随机变量 $(X,Y)$ 的概率分布;

    (2) $Z=XY$ 的概率分布;

    (3) $X$ 与 $Y$ 的相关系数 $\rho_{XY}$.

81. (2012,10 分)　已知随机变量 $X,Y$ 以及 $XY$ 的分布律分别为

| $X$ | 0 | 1 | 2 |
|-----|---|---|---|
| $P$ | $\frac{1}{2}$ | $\frac{1}{3}$ | $\frac{1}{6}$ |

| $Y$ | 0 | 1 | 2 |
|-----|---|---|---|
| $P$ | $\frac{1}{3}$ | $\frac{1}{3}$ | $\frac{1}{3}$ |

| $XY$ | 0 | 1 | 2 | 4 |
|------|---|---|---|---|
| $P$ | $\frac{7}{12}$ | $\frac{1}{3}$ | $0$ | $\frac{1}{12}$ |

求:(1) $P(X=2Y)$;

(2) $\mathrm{cov}(X-Y,Y)$ 与 $\rho_{XY}$.

82. (2013,4 分)　设 $X_1,X_2,X_3$ 是随机变量,且 $X_1\sim N(0,1)$,$X_2\sim N(0,2^2)$,$X_3\sim N(5,3^2)$,$P_j=P\{-2\leqslant X_j\leqslant 2\}(j=1,2,3)$,则( 　　).

A. $P_1>P_2>P_3$ 　　　　　　B. $P_2>P_1>P_3$

C. $P_3>P_1>P_2$ 　　　　　　D. $P_1>P_3>P_2$

83. (2013,4 分)　设随机变量 $X$ 和 $Y$ 相互独立,则 $X$ 和 $Y$ 的概率分布分别为

| $X$ | 0 | 1 | 2 | 3 |
|-----|---|---|---|---|
| $P$ | $\frac{1}{2}$ | $\frac{1}{4}$ | $\frac{1}{8}$ | $\frac{3}{8}$ |

| $Y$ | $-1$ | 0 | 1 |
|-----|------|---|---|
| $P$ | $\frac{1}{3}$ | $\frac{1}{3}$ | $\frac{1}{3}$ |

则 $P\{X+Y=2\}=($ 　　).

A. $\frac{1}{12}$ 　　　　B. $\frac{1}{8}$ 　　　　C. $\frac{1}{6}$ 　　　　D. $\frac{1}{2}$

84. (2013,11 分)　设随机变量的概率密度为

$$f(x)=\begin{cases}\dfrac{1}{9}x^2, & 0<x<3,\\ 0, & \text{其他}.\end{cases}$$

令随机变量

$$Y=\begin{cases}2, & X\leqslant 1,\\ X, & 1<X<2,\\ 1, & X\geqslant 2.\end{cases}$$

求:(1) $Y$ 的分布函数;

(2) $P(X\leqslant Y)$.

85. (2015,4分) 设二维随机变量 $(x,y)$ 服从正态分布 $N(1,0;1,0)$,则 $P(XY-Y<0)=$ _____.

86. (2016,4分) 设随机变量 $X \sim N(\mu,\sigma^2)(\sigma>0)$,记 $p=P(X\leqslant\mu+\sigma^2)$,则( ).
    A. $p$ 随着 $\mu$ 的增加而增加
    B. $p$ 随着 $\sigma$ 的增加而增加
    C. $p$ 随着 $\mu$ 的增加而减少
    D. $p$ 随着 $\sigma$ 的增加而减少

87. (2016,11分) 设二维随机变量 $(X,Y)$ 在区域 $D=\{(x,y)|0<x<1,x^2<y<\sqrt{x}\}$ 上服从均匀分布,令

$$U=\begin{cases} 1, & X\leqslant Y, \\ 0, & X>Y. \end{cases}$$

    (1) 写出 $(X,Y)$ 的概率密度;
    (2) 问 $U$ 与 $X$ 是否相互独立,并说明理由;
    (3) 求 $Z=U+X$ 的分布函数 $F(z)$.

88. (2017,11分) 设随机变量 $X,Y$ 相互独立,且 $X$ 的概率分布为 $P\{X=0\}=P\{X=2\}=\dfrac{1}{2}$,$Y$ 的概率密度为 $f(y)=\begin{cases} 2y, & 0<y<1, \\ 0, & 其他. \end{cases}$

    求:(1) $P(Y\leqslant E(Y))$;
    (2) $Z=X+Y$ 的概率密度.

89. (2018,4分) 设随机变量 $X$ 的概率密度 $f(x)$ 满足 $f(1+x)=f(1-x)$,且 $\int_0^2 f(x)\mathrm{d}x=0.6$,则 $P(X<0)=($ ).
    A. 0.2    B. 0.3    C. 0.4    D. 0.5

90. (2019,4分) 设随机变量 $X$ 与 $Y$ 相互独立,且都服从正态分布 $N(\mu,\sigma^2)$,则 $P(|X-Y|<1)($ ).
    A. 与 $\mu$ 无关,而与 $\sigma^2$ 有关
    B. 与 $\mu$ 有关,而与 $\sigma^2$ 无关
    C. 与 $\mu,\sigma^2$ 都有关
    D. 与 $\mu,\sigma^2$ 都无关

91. (2019,11分) 设随机变量 $X$ 与 $Y$ 相互独立,$X$ 服从参数为1的指数分布,$Y$ 的概率分布为 $P(Y=-1)=p,P(Y=1)=1-p$ $(0<p<1)$,令 $Z=XY$:
    (1) 求 $Z$ 的概率密度;
    (2) $p$ 为何值时,$X$ 与 $Z$ 不相关;
    (3) $X$ 与 $Z$ 是否相互独立.

92. (2020,11分) 设随机变量 $X_1,X_2,X_3$ 相互独立,其中 $X_1$ 与 $X_2$ 均服从标准正态分布,$X_3$ 的概率分布为 $P(X_3=0)=P(X_3=1)=\dfrac{1}{2}$.令 $Y=X_3X_1+(1-X_3)X_2$.
    (1) 求二维随机变量 $(X_1,Y)$ 的分布函数,结果用标准正态分布 $\Phi(x)$ 表示;
    (2) 证明随机变量 $Y$ 服从标准正态分布.

# 第三章  随机变量的数字特征

随机变量的分布函数描述了随机变量的取值规律,但是,一方面,在许多实际问题中,随机变量的分布函数不易确定;另一方面,在有些情况下,分布函数还不足以集中地反映随机变量的变化情况.例如,甲、乙两个射手的射击技术由下表给出.

<table>
<tr><th colspan="4">甲　射　手</th><th colspan="4">乙　射　手</th></tr>
<tr><td>击中环数</td><td>8</td><td>9</td><td>10</td><td>击中环数</td><td>8</td><td>9</td><td>10</td></tr>
<tr><td>概　率</td><td>0.3</td><td>0.1</td><td>0.6</td><td>概　率</td><td>0.2</td><td>0.5</td><td>0.3</td></tr>
</table>

试问甲、乙两个射手哪一个射击技术水平高? 单从分布律还不能一眼看出答案;再者,有时并不需要知道随机变量的取值规律的全貌,只需知道它的某个侧面,而这个侧面往往可以用一个或几个数字来描述,这些数字部分地刻画了随机变量的特征.我们就把这种数字称为随机变量的**数字特征**.

本章将介绍随机变量的最常用的几种数字特征.

# 第一节  数  学  期  望

## 一、离散型随机变量的数学期望

在前面的例子中,虽然分布列完整地描述了甲、乙两个射手的统计规律,但还是很难由它立即看出甲、乙两个射手的技术水平高低.现在我们可以从其平均射中的环数多少来评定其技术优劣.

甲射中八环的概率为 0.3,可知 100 次射击中,大约有 30 次射中八环.同样约有 10 次射中九环,60 次射中十环.故甲平均射中的环数约为

$$\frac{1}{100}(8 \times 30 + 9 \times 10 + 10 \times 60) = 8 \times 0.3 + 9 \times 0.1 + 10 \times 0.6 = 9.3(\text{环}),$$

乙平均射中的环数约为

$$\frac{1}{100}(8 \times 20 + 9 \times 50 + 10 \times 30) = 8 \times 0.2 + 9 \times 0.5 + 10 \times 0.3 = 9.1(环),$$

所以从平均射中的环数看甲的技术优于乙.

可见,这种反映离散型随机变量取"平均"意义的数正好是随机变量的可能取值与其对应概率乘积之和.

**定义 1**  设离散型随机变量 $X$ 的分布律为

$$P(X = x_i) = p_i, \quad i = 1, 2, \cdots.$$

若级数 $\sum_{i=1}^{\infty} x_i p_i$ 绝对收敛,则称其和为 $X$ 的**数学期望**或**平均值**,简称**期望**或**均值**,记为 $E(X)$,即

$$E(X) = \sum_{i=1}^{\infty} x_i p_i. \tag{3.1}$$

$E(X)$是完全由 $X$ 的分布律确定的,而不应受 $X$ 的可能取值的排列次序的影响,因此要求 $\sum_{i=1}^{\infty} x_i p_i$ 绝对收敛. 若 $\sum_{i=1}^{\infty} x_i p_i$ 不绝对收敛,我们就称 $X$ 的数学期望不存在.

如果把 $x_1, x_2, \cdots, x_i, \cdots$ 看成 $x$ 轴上质点的坐标,而 $p_1, p_2, \cdots, p_i, \cdots$ 看成相应质点的质量,质量总和为 $\sum_{i=1}^{\infty} p_i = 1$,则式(3.1) 就表示质点系的重心坐标.

**例 1**  设随机变量 $X$ 的分布列为

| $X$ | $-1$ | $3$ |
|---|---|---|
| $P$ | $\dfrac{2}{3}$ | $\dfrac{1}{3}$ |

求 $E(X)$.

**解**  由式(3.1)有

$$E(X) = -1 \times \frac{2}{3} + 3 \times \frac{1}{3} = \frac{1}{3}.$$

如将此例视为甲、乙两个人"博弈",甲赢的概率为 $\frac{1}{3}$,输的概率为 $\frac{2}{3}$,但甲每赢一次可以从乙处得 3 元,而每输一次,要给乙 1 元,则 $E(X) = \frac{1}{3}$ 就告诉我们,甲平均每次可赢 $\frac{1}{3}$ 元. 故每个"玩家"在参加博弈时,心中首先要盘算这个数字,这也正是我们称 $E(X)$ 为"期望"的原因.

**例2** 设随机变量 $X$ 服从 $(0-1)$ 分布,即分布律为

$$P(X=1)=p, \quad P(X=0)=1-p=q,$$

求 $E(X)$.

**解** 由式(3.1)有

$$E(X)=1\times p+0\times q=p. \tag{3.2}$$

这说明 $(0-1)$ 分布中的参数 $p$ 就是期望,这样对于我们实际去确定 $p$ 有很大的帮助. 例如,某厂生产的某种产品,记 $\{X=1\}$ 为正品,$\{X=0\}$ 为次品,$P(X=1)=p$. 由式(3.2)可根据连日生产的记录来计算 $p$ 值. 若其平均正品率为 $0.95$,则可以近似地认为 $p=0.95$. 从而这个分布也就完全确定了.

**例3** 设随机变量 $X$ 服从参数为 $n,p$ 的二项分布,求 $E(X)$.

**解** $X\sim B(n,\ p)$,其分布律为

$$P(X=k)=C_n^k p^k q^{n-k}, \quad k=0,1,2,\cdots,n.$$

由式(3.1)有

$$E(X)=\sum_{k=0}^{n}kp_k=\sum_{k=0}^{n}kC_n^k p^k q^{n-k}=\sum_{k=0}^{n}k\frac{n!}{k!(n-k)!}p^k q^{n-k}$$

$$=np\sum_{k=1}^{n}\frac{(n-1)!}{(k-1)![(n-1)-(k-1)]!}p^{k-1}q^{(n-1)-(k-1)}$$

$$=np\sum_{k=1}^{n}C_{n-1}^{k-1}p^{k-1}q^{(n-1)-(k-1)}$$

$$=np\sum_{i=0}^{n-1}C_{n-1}^{i}p^i q^{(n-1)-i} \quad (\text{其中 } i=k-1)$$

$$=np(p+q)^{n-1}=np.$$

**例4** 设随机变量 $X$ 服从参数为 $\lambda$ 的泊松分布,求 $E(X)$.

**解** $X\sim\pi(\lambda)$,其分布律为

$$P(X=k)=\frac{\lambda^k}{k!}e^{-\lambda}, \quad k=0,1,2,\cdots,$$

$$E(X)=\sum_{k=0}^{\infty}kp_k=\sum_{k=0}^{\infty}k\cdot\frac{\lambda^k}{k!}e^{-\lambda}$$

$$=\lambda e^{-\lambda}\sum_{k=1}^{\infty}\frac{\lambda^{k-1}}{(k-1)!}=\lambda e^{-\lambda}\sum_{i=0}^{\infty}\frac{\lambda^i}{i!} \quad (\text{其中 } i=k-1)$$

$$=\lambda e^{-\lambda}e^{\lambda}=\lambda.$$

## 二、连续型随机变量的数学期望

**定义 2**　设连续型随机变量 $X$ 的密度函数为 $f(x)$,若积分

$$\int_{-\infty}^{+\infty} x f(x) \mathrm{d}x$$

绝对收敛,则称这个积分值为 $X$ 的**数学期望**或**平均值**,简称**期望**或**均值**,记为 $E(X)$,即

$$E(X) = \int_{-\infty}^{+\infty} x f(x) \mathrm{d}x. \tag{3.3}$$

若积分 $\int_{-\infty}^{+\infty} x f(x) \mathrm{d}x$ 不绝对收敛,则称 $X$ 的期望不存在.

$E(X)$ 的物理意义,可理解为以质量密度为 $f(x)$ 的一维质点系的重心.

**例 5**　设随机变量 $X$ 服从密度函数为

$$f(x) = \frac{1}{\pi(1+x^2)}, \quad -\infty < x < +\infty,$$

的**柯西分布**,试证 $X$ 的期望不存在.

**解**　由于

$$\begin{aligned}
\int_{-\infty}^{+\infty} |x| f(x) \mathrm{d}x &= \int_{-\infty}^{+\infty} \frac{|x|}{\pi(1+x^2)} \mathrm{d}x \\
&= \int_{-\infty}^{0} \frac{-x}{\pi(1+x^2)} \mathrm{d}x + \int_{0}^{+\infty} \frac{x}{\pi(1+x^2)} \mathrm{d}x \\
&= \frac{2}{\pi} \int_{0}^{+\infty} \frac{x}{1+x^2} \mathrm{d}x = \frac{1}{\pi} \ln(1+x^2) \Big|_{0}^{+\infty} \\
&= +\infty,
\end{aligned}$$

即 $\int_{-\infty}^{+\infty} x f(x) \mathrm{d}x$ 不绝对收敛,故 $E(x)$ 不存在.

**例 6**　设随机变量 $X$ 服从均匀分布,其密度函数为

$$f(x) = \begin{cases} \dfrac{1}{b-a}, & a < x < b, \\ 0, & \text{其他.} \end{cases}$$

求 $E(X)$.

**解**　$E(X) = \int_{-\infty}^{+\infty} x f(x) \mathrm{d}x = \int_a^b \frac{x}{b-a} \mathrm{d}x = \frac{a+b}{2}$.

**例 7**　设随机变量 $X$ 服从指数分布,其密度函数为

$$f(x) = \begin{cases} \dfrac{1}{\theta} \mathrm{e}^{-\frac{x}{\theta}}, & x > 0, \\ 0, & x \leqslant 0. \end{cases}$$

其中,$\theta > 0$,求 $E(X)$.

**解**　$E(X) = \int_{-\infty}^{+\infty} x f(x) \mathrm{d}x$

$$= \int_0^{+\infty} x \frac{1}{\theta} \mathrm{e}^{-\frac{x}{\theta}} \mathrm{d}x = -\left( x \mathrm{e}^{-\frac{x}{\theta}} \Big|_0^{+\infty} - \int_0^{+\infty} \mathrm{e}^{-\frac{x}{\theta}} \mathrm{d}x \right)$$

$$= -\theta \mathrm{e}^{-\frac{x}{\theta}} \Big|_0^{+\infty} = \theta.$$

**例 8**　设随机变量 $X$ 服从正态分布,其密度函数为

$$f(x) = \frac{1}{\sqrt{2\pi}\sigma} \mathrm{e}^{-\frac{(x-\mu)^2}{2\sigma^2}}, \quad -\infty < x < +\infty,$$

求 $E(X)$.

**解**　$E(X) = \int_{-\infty}^{+\infty} x f(x) \mathrm{d}x = \frac{1}{\sqrt{2\pi}\sigma} \int_{-\infty}^{+\infty} x \mathrm{e}^{-\frac{(x-\mu)^2}{2\sigma^2}} \mathrm{d}x$

$$= \frac{1}{\sqrt{2\pi}\sigma} \int_{-\infty}^{+\infty} (x-\mu) \mathrm{e}^{-\frac{(x-\mu)^2}{2\sigma^2}} \mathrm{d}x + \frac{1}{\sqrt{2\pi}\sigma} \int_{-\infty}^{+\infty} \mu \mathrm{e}^{-\frac{(x-\mu)^2}{2\sigma^2}} \mathrm{d}x$$

$$= \frac{1}{\sqrt{2\pi}\sigma} \int_{-\infty}^{+\infty} t \mathrm{e}^{-\frac{t^2}{2\sigma^2}} \mathrm{d}t + \frac{\mu}{\sqrt{2\pi}\sigma} \int_{-\infty}^{+\infty} \mathrm{e}^{-\frac{(x-\mu)^2}{2\sigma^2}} \mathrm{d}x = -\frac{\sigma}{\sqrt{2\pi}} \mathrm{e}^{-\frac{t^2}{2\sigma^2}} \Big|_{-\infty}^{+\infty} + \mu$$

$$= \mu.$$

# 三、随机变量函数的数学期望

关于随机变量 $X$ 的连续函数 $g(X)$ 的数学期望,有下面的定理.

**定理 1**　设随机变量 $Y$ 是随机变量 $X$ 的函数 $Y = g(X)$($g$ 为连续函数).

(1) 当 $X$ 为离散型随机变量,其分布律为

$$P(X = x_k) = p_k, \quad k = 1, 2, \cdots,$$

若 $\sum\limits_{k=1}^{\infty} g(x_k) p_k$ 绝对收敛,则有

$$E(Y) = E(g(X)) = \sum_{k=1}^{\infty} g(x_k) p_k. \tag{3.4}$$

（2）当 $X$ 为连续型随机变量，其密度函数为 $f(x)$，若 $\int_{-\infty}^{+\infty} g(x) f(x) \mathrm{d}x$ 绝对收敛，则有

$$E(Y) = E(g(X)) = \int_{-\infty}^{+\infty} g(x) f(x) \mathrm{d}x. \tag{3.5}$$

这个定理说明，在求 $Y = g(X)$ 的数学期望时，不必知道 $Y$ 的分布，只需知道 $X$ 的分布就可以了.

对两个或多个随机变量的函数，也有类似上述定理的结果.

设 $Z$ 是随机变量 $X, Y$ 的函数，$Z = g(X, Y)$（$g$ 为连续函数）. 若离散型随机变量 $(X, Y)$ 的分布律为

$$P(X = x_i, Y = y_j) = p_{ij}, \quad i, j = 1, 2, \cdots,$$

则有

$$E(Z) = E(g(X, Y)) = \sum_{i=1}^{\infty} \sum_{j=1}^{\infty} g(x_i, y_j) p_{ij}. \tag{3.6}$$

若连续型随机变量 $(X, Y)$ 的密度函数为 $f(x, y)$，则有

$$E(Z) = E(g(X, Y)) = \int_{-\infty}^{+\infty} \int_{-\infty}^{+\infty} g(x, y) f(x, y) \mathrm{d}x \mathrm{d}y. \tag{3.7}$$

式(3.6)右端的级数和式(3.7)右端的积分都要求绝对收敛.

**例 9** 设随机变量 $X$ 的分布率为

| $X$ | $-1$ | $0$ | $3$ |
|---|---|---|---|
| $P$ | 0.2 | 0.7 | 0.1 |

求 $E(X), E(X^2), E(3X-1)$.

**解** $E(X) = (-1) \times 0.2 + 0 \times 0.7 + 3 \times 0.1 = 0.1$.

$E(X^2) = (-1)^2 \times 0.2 + 0^2 \times 0.7 + 3^2 \times 0.1 = 1.1$.

$E(3X-1) = (-4) \times 0.2 + (-1) \times 0.7 + 8 \times 0.1 = -0.7$.

**例 10** 设随机变量 $X \sim B(n, p)$，$Y = \mathrm{e}^{2X}$. 求 $E(Y)$.

**解** $X \sim B(n, p)$，分布律为

$$P(X = k) = \mathrm{C}_n^k p^k q^{n-k}, \quad k = 0, 1, 2, \cdots, n.$$

由式(3.4)得

$$E(Y) = E(\mathrm{e}^{2X}) = \sum_{k=0}^{n} \mathrm{e}^{2k} C_n^k p^k q^{n-k}$$

$$= \sum_{k=0}^{n} C_n^k (p\,\mathrm{e}^2)^k q^{n-k} = (q + p\,\mathrm{e}^2)^n.$$

## 四、数学期望的性质

在下面的讨论中,所遇到的数学期望均假设其存在,只对连续型随机变量给以证明,至于离散型随机变量的证明只要将积分换为类似的求和即可得到.

(1) 设 $C$ 为常数,则有 $E(C) = C.$

**证** 可将 $C$ 看成离散型随机变量,分布律为 $P(X = C) = 1$,由定义知 $E(C) = C.$ □

(2) 设 $C$ 为常数,$X$ 为随机常量,则有

$$E(CX) = CE(X).$$

**证** $E(CX) = \int_{-\infty}^{+\infty} Cxf(x)\mathrm{d}x = C\int_{-\infty}^{+\infty} xf(x)\mathrm{d}x = CE(X).$ □

(3) 设 $X,Y$ 为任意两个随机变量,则有

$$E(X+Y) = E(X) + E(Y).$$

**证** 设二维随机变量 $(X, Y)$ 的密度函数为 $f(x, y)$,边缘密度函数为 $f_X(x)$、$f_Y(y)$,则由式(3.7) 有

$$E(X+Y) = \int_{-\infty}^{+\infty}\int_{-\infty}^{+\infty} (x+y)f(x, y)\mathrm{d}x\mathrm{d}y$$

$$= \int_{-\infty}^{+\infty}\int_{-\infty}^{+\infty} xf(x, y)\mathrm{d}x\mathrm{d}y + \int_{-\infty}^{+\infty}\int_{-\infty}^{+\infty} yf(x, y)\mathrm{d}x\mathrm{d}y$$

$$= \int_{-\infty}^{+\infty} xf_X(x)\mathrm{d}x + \int_{-\infty}^{+\infty} yf_Y(y)\mathrm{d}y$$

$$= E(X) + E(Y).$$ □

这个性质可以推广到任意有限多个随机变量的情形,即

$$E(X_1 + X_2 + \cdots + X_n) = E(X_1) + E(X_2) + \cdots + E(X_n).$$

设 $a_1, a_2, \cdots, a_n$ 为常数,则有

$$E(a_1 X_1 + a_2 X_2 + \cdots + a_n X_n) = a_1 E(X_1) + a_2 E(X_2) + \cdots + a_n E(X_n).$$

这表明随机变量线性组合的数学期望,等于随机变量数学期望的线性组合.

(4) 设 $X$ 和 $Y$ 为相互独立的随机变量,则有

$$E(XY) = E(X)E(Y).$$

**证** 由于 $X$ 和 $Y$ 相互独立,$(X,Y)$ 的密度函数与边缘密度函数间有如下关系:

$$f(x, y) = f_X(x)f_Y(y).$$

由式(3.7)有

$$E(XY) = \int_{-\infty}^{+\infty}\int_{-\infty}^{+\infty} xyf(x, y)\mathrm{d}x\mathrm{d}y$$

$$= \int_{-\infty}^{+\infty}\int_{-\infty}^{+\infty} xyf_X(x)f_Y(y)\mathrm{d}x\mathrm{d}y$$

$$= \left(\int_{-\infty}^{+\infty} xf_X(x)\mathrm{d}x\right) \cdot \left(\int_{-\infty}^{+\infty} yf_Y(y)\mathrm{d}y\right)$$

$$= E(X)E(Y). \qquad \Box$$

这一性质也可以推广到任意有限多个相互独立的随机变量之积的情况. 若 $X_1, X_2, \cdots, X_n$ 相互独立,则有

$$E(X_1 X_2 \cdots X_n) = E(X_1)E(X_2)\cdots E(X_n).$$

**例 11** 一送客汽车载有 20 位旅客,自出发地开出后,旅客有 10 个车站可以下车. 如到达一个车站没有旅客下车就不停车. 设每位旅客在各个车站下车是等可能的,以 $X$ 表示停车的次数,求 $E(X)$.

**解** 因为每位旅客每站下车的概率为 $\dfrac{1}{10}$,不下车的概率为 $\dfrac{9}{10}$. 故可引入随机变量

$$X_i = \begin{cases} 0, & \text{第 } i \text{ 个车站无人下车,} \\ 1, & \text{第 } i \text{ 个车站有人下车,} \end{cases} \quad i = 1, 2, \cdots, 10,$$

则有 $X = X_1 + X_2 + \cdots + X_{10}$. 并且

| $X_i$ | 0 | 1 |
|---|---|---|
| $P$ | $\left(\dfrac{9}{10}\right)^{20}$ | $1 - \left(\dfrac{9}{10}\right)^{20}$ |

由此可得

$$E(X_i) = 0 \times \left(\frac{9}{10}\right)^{20} + 1 \times \left(1 - \left(\frac{9}{10}\right)^{20}\right)$$

$$= 1 - \left(\frac{9}{10}\right)^{20}, \quad i = 1, 2, \cdots, 10.$$

从而

$$E(X) = E(X_1 + \cdots + X_{10})$$

$$= E(X_1) + E(X_2) + \cdots + E(X_{10})$$

$$= 10\left(1 - \left(\frac{9}{10}\right)^{20}\right) = 8.787.$$

这表明汽车平均停车 8.787 次.

像本例这种将 $X$ 分解为若干个随机变量之和,然后利用期望性质再求 $X$ 期望的方法,具有一定的普遍意义,使用得当,可使复杂问题简单化.

# 第二节　方　　差

## 一、方差概念

数学期望从一个角度描述了随机变量的特征. 但是对一个随机变量来说,仅仅知道它的数学期望是不够的,我们还常常需要知道它的取值关于数学期望的偏离程度. 例如,甲乙两个工人生产同一种零件,已知他们生产的零件的长度 $X_1$ 与 $X_2$ 的分布律为

| $X_1$ | 28 | 29 | 30 | 31 | 32 | | $X_2$ | 28 | 29 | 30 | 31 | 32 |
|---|---|---|---|---|---|---|---|---|---|---|---|---|
| $P$ | 0.10 | 0.15 | 0.50 | 0.15 | 0.10 | | $P$ | 0.13 | 0.17 | 0.40 | 0.17 | 0.13 |

容易算出 $E(X_1) = E(X_2) = 30$,这说明仅由零件长度的均值还无法判断两个工人的技术水平高低. 此时,可以进一步考虑零件长度 $X$ 与其均值 $E(X)$ 的偏离程度 $|X - E(X)|$ 的大小. 而 $|X - E(X)|$ 也是随机变量,因而可以用 $|X - E(X)|$ 的均值即 $E(|X - E(X)|)$ 来衡量 $X$ 与 $E(X)$ 的偏离程度. 经计算可得

$$E(|X_1 - E(X_1)|) = 0.70,$$

$$E(|X_2 - E(X_2)|) = 0.86.$$

由此可以看出,甲生产的零件长度偏离其均值的程度较小,所以甲生产的零件长度

比较均匀. 从这个意义上说, 甲的技术水平较乙为高.

　　然而, 由于绝对值 $|X-E(X)|$ 的数学期望 $E(|X-E(X)|)$ 在计算上不方便, 所以通常用 $E((X-E(X))^2)$ 来描述随机变量与其数学期望的偏离程度.

　　**定义 1**　设 $X$ 是一个随机变量, 若 $E((X-E(X))^2)$ 存在, 则称 $E((X-E(X))^2)$ 为 $X$ 的**方差**, 记为 $D(X)$, 即

$$D(X)=E((X-E(X))^2)$$

称与 $X$ 具有相同量纲的量 $\sigma_X=\sqrt{D(X)}$ 为 $X$ 的**均方差**或**标准差**.

　　方差实际上是随机变量 $X$ 函数的期望, 故由式(3.4)、(3.5)可知, 若 $X$ 为离散型随机变量, 分布律为

$$P(X=x_k)=p_k,\quad k=1,2,\cdots,$$

则有

$$D(X)=\sum_{k=1}^{\infty}(x_k-E(X))^2 p_k; \tag{3.8}$$

若 $X$ 为连续型随机变量, $f(x)$ 为密度函数, 则有

$$D(X)=\int_{-\infty}^{+\infty}(x-E(X))^2 f(x)\mathrm{d}x. \tag{3.9}$$

除此之外, 还有一个常用的计算方差的重要公式

$$D(X)=E(X^2)-(E(X))^2. \tag{3.10}$$

　　**证**
$$\begin{aligned}D(X)&=E((X-E(X))^2)\\&=E(X^2-2XE(X)+(E(X))^2)\\&=E(X^2)-2E(X)E(X)+(E(X))^2\\&=E(X^2)-(E(X))^2.\end{aligned}\qquad\square$$

　　**例 1**　设随机变量 $X$ 服从 $(0-1)$ 分布, 分布律为

$$P(X=1)=p,\quad P(X=0)=1-p=q.$$

求 $D(X)$.

　　**解**　由式(3.2)知 $E(X)=p$.

$$E(X^2)=1^2\times p+0^2\times q=p.$$

代入式(3.10)

$$D(X)=p-p^2=p(1-p)=pq.$$

　　**例 2**　设随机变量 $X$ 的密度函数为

$$f(x) = \begin{cases} 1+x, & -1 \leqslant x \leqslant 0, \\ 1-x, & 0 < x \leqslant 1. \end{cases}$$

求 $D(X)$.

**解**　　　$E(X) = \int_{-1}^{0} x(1+x)\mathrm{d}x + \int_{0}^{1} x(1-x)\mathrm{d}x = 0,$

$$E(X^2) = \int_{-1}^{0} x^2(1+x)\mathrm{d}x + \int_{0}^{1} x^2(1-x)\mathrm{d}x = \frac{1}{6},$$

于是

$$D(X) = E(X^2) - (E(X))^2 = \frac{1}{6}.$$

## 二、方差的性质

假设下面所遇到的随机变量的方差均存在.

(1) 设 $C$ 为常数,则 $D(C) = 0$.

**证**　$D(C) = E(C^2) - (E(C))^2 = C^2 - C^2 = 0.$ □

(2) 设 $X$ 为随机变量,$C$ 为常数,则有

$$D(CX) = C^2 D(X).$$

**证**　　$D(CX) = E(C^2 X^2) - (E(CX))^2$

$$= C^2(E(X^2) - (E(X))^2) = C^2 D(X).$$ □

(3) 设随机变量 $X$ 和 $Y$ 相互独立,则有

$$D(X+Y) = D(X) + D(Y).$$

**证**　　$D(X+Y) = E(((X+Y) - E(X+Y))^2)$

$$= E(((X - E(X)) + (Y - E(Y)))^2)$$

$$= E((X - E(X))^2) + E((Y - E(Y))^2)$$

$$+ 2E((X - E(X))(Y - E(Y)))$$

$$= D(X) + D(Y) + 2E((X - E(X))(Y - E(Y))).$$

又因为

$$E((X - E(X))(Y - E(Y)))$$

$$= E(XY + E(X)E(Y) - XE(Y) - YE(X))$$

$$= E(XY) + E(X)E(Y) - E(X)E(Y) - E(Y)E(X)$$

$$= E(XY) - E(X)E(Y),$$

因为 $X$ 与 $Y$ 独立,故有

$$E(XY) = E(X)E(Y),$$

代入上式,得

$$E((X - E(X))(Y - E(Y))) = 0.$$

因此

$$D(X + Y) = D(X) + D(Y).　　\square$$

　　性质(3)还可以推广到有限个相互独立的随机变量 $X_1$, $X_2$, $\cdots$, $X_n$,即有

$$D(X_1 + X_2 + \cdots + X_n) = D(X_1) + D(X_2) + \cdots + D(X_n).$$

若 $X$ 和 $Y$ 相互独立,$a, b$ 为常数,由(2)、(3)有

$$D(aX + bY) = a^2 D(X) + b^2 D(Y).$$

特别地,有

$$D(X - Y) = D(X) + D(Y).$$

　　(4) $D(X) = 0$ 的充分必要条件是 $X$ 依概率1取常数 $C$,即 $P(X = C) = 1$. 显然,$E(X) = C$.

　　**证**　只证充分性(必要性这里从略). 由

$$P(X = C) = 1,$$

得

$$E(X) = C \times 1 = C,$$

$$E(X^2) = C^2 \times 1 = C^2,$$

则

$$D(X) = E(X^2) - (E(X))^2 = C^2 - C^2 = 0.　　\square$$

利用方差的性质,常常能使方差的计算简化.

　　**例 3**　设随机变量 $X$ 服从参数为 $n, p$ 的二项分布,求 $D(X)$.

　　**解**　$X \sim B(n, p)$,其分布律为

$$P(X = k) = C_n^k p^k q^{n-k}, \quad k = 0, 1, 2, \cdots, n.$$

我们已经算出过 $E(X) = np$,则

$$D(X) = E(X^2) - (E(X))^2$$

$$= E(X(X-1) + X) - n^2 p^2$$

$$= E(X(X-1)) + E(X) - n^2 p^2$$

$$= \sum_{k=0}^{n} k \cdot (k-1) C_n^k p^k q^{n-k} + np - n^2 p^2$$

$$= n(n-1) p^2 \sum_{k=2}^{n} \frac{(n-2)(n-3)\cdots((n-2)-(k-3))}{(k-2)!}$$

$$\cdot p^{k-2} q^{(n-2)-(k-2)} + np - n^2 p^2$$

$$= n(n-1) p^2 (q+p)^{n-2} + np - n^2 p^2$$

$$= n(n-1) p^2 + np - n^2 p^2$$

$$= np(1-p) = npq.$$

我们还可以用下面更简单的方法来计算二项分布的 $E(X), D(X)$.

在 $n$ 重伯努利试验中,每次试验事件 $A$ 发生的概率为 $p$, $A$ 不发生的概率为 $q = 1 - p$. 引入随机变量

$$X_i = \begin{cases} 1, & \text{第 } i \text{ 次试验} A \text{ 发生}, \\ 0, & \text{第 } i \text{ 次试验} A \text{ 不发生}, \end{cases} \quad i = 1, 2, \cdots, n,$$

显然, $X = X_1 + X_2 + \cdots + X_n$ 就代表 $A$ 发生的次数. 这里 $X \sim B(n, p)$, $X_i \sim$ (0-1) 分布,且 $X_1, X_2, \cdots, X_n$ 是相互独立的,根据前面的计算知

$$E(X_i) = p, \quad D(X_i) = pq,$$

于是可得

$$E(X) = E(X_1 + X_2 + \cdots + X_n)$$

$$= E(X_1) + E(X_2) + \cdots + E(X_n)$$

$$= np,$$

$$D(X) = D(X_1 + X_2 + \cdots + X_n)$$

$$= D(X_1) + D(X_2) + \cdots + D(X_n)$$

$$= npq.$$

**例 4** 设随机变量 $X$ 服从参数为 $\lambda$ 的泊松分布,求 $D(X)$.

**解** $X \sim \pi(\lambda)$,其分布律为

$$P(X = k) = \frac{\lambda^k}{k!} e^{-\lambda}, \ k = 0, \ 1, \ 2, \ \cdots,$$

又知 $E(X) = \lambda$，故

$$D(X) = E(X^2) - (E(X))^2 = E(X(X-1) + X) - (E(X))^2$$

$$= E(X(X-1)) + E(X) - (E(X))^2$$

$$= \sum_{k=0}^{\infty} k(k-1) \frac{\lambda^k}{k!} e^{-\lambda} + \lambda - \lambda^2$$

$$= \lambda^2 e^{-\lambda} \sum_{k=2}^{\infty} \frac{\lambda^{(k-2)}}{(k-2)!} + \lambda - \lambda^2$$

$$= \lambda^2 e^{-\lambda} e^{\lambda} + \lambda - \lambda^2 = \lambda.$$

**例 5**　设随机变量 $X$ 服从均匀分布，其密度函数为

$$f(x) = \begin{cases} \dfrac{1}{b-a}, & a < x < b, \\ 0, & 其他. \end{cases}$$

求 $D(X)$.

**解**　$D(X) = E(X^2) - (E(X))^2 = \displaystyle\int_a^b \frac{x^2}{b-a} \mathrm{d}x - \left(\frac{a+b}{2}\right)^2$

$$= \frac{1}{3} \frac{b^3 - a^3}{b-a} - \frac{(a+b)^2}{4}$$

$$= \frac{1}{3}(a^2 + ab + b^2) - \frac{1}{4}(a^2 + 2ab + b^2)$$

$$= \frac{(b-a)^2}{12}.$$

**例 6**　设随机变量 $X$ 服从指数分布，其密度函数为

$$f(x) = \begin{cases} \dfrac{1}{\theta} e^{-\frac{x}{\theta}}, & x > 0, \\ 0, & x \leqslant 0. \end{cases}$$

式中，$\theta > 0$，求 $D(X)$.

**解**　$D(X) = E(X^2) - (E(X))^2 = \displaystyle\int_0^{+\infty} x^2 \frac{1}{\theta} e^{-\frac{x}{\theta}} \mathrm{d}x - \theta^2$

$$= -x^2 e^{-\frac{x}{\theta}} \Big|_0^{+\infty} + \int_0^{+\infty} 2x e^{-\frac{x}{\theta}} \mathrm{d}x - \theta^2$$

$$= 2\theta \int_0^{+\infty} \frac{x}{\theta} \mathrm{e}^{-\frac{x}{\theta}} \mathrm{d}x - \theta^2 = 2\theta E(X) - \theta^2 = \theta^2.$$

**例 7** 设随机变量 $X$ 服从正态分布,其密度函数为

$$f(x) = \frac{1}{\sqrt{2\pi}\sigma} \mathrm{e}^{\frac{(x-\mu)^2}{2\sigma^2}}, \quad -\infty < x < +\infty.$$

求 $D(X)$.

**解** $X \sim N(\mu, \sigma^2)$,知 $E(X) = \mu$,故

$$D(X) = E((X - E(X))^2) = \int_{-\infty}^{+\infty} (x-\mu)^2 \frac{1}{\sqrt{2\pi}\sigma} \mathrm{e}^{\frac{(x-\mu)^2}{2\sigma^2}} \mathrm{d}x.$$

令 $\dfrac{x-\mu}{\sigma} = t$,则

$$D(X) = \frac{\sigma^2}{\sqrt{2\pi}} \int_{-\infty}^{+\infty} t^2 \mathrm{e}^{-\frac{t^2}{2}} \mathrm{d}t = \frac{\sigma^2}{\sqrt{2\pi}} \left( t(-\mathrm{e}^{-\frac{t^2}{2}}) \Big|_{-\infty}^{+\infty} + \int_{-\infty}^{+\infty} \mathrm{e}^{-\frac{t^2}{2}} \mathrm{d}t \right)$$

$$= \frac{\sigma^2}{\sqrt{2\pi}} \int_{-\infty}^{+\infty} \mathrm{e}^{-\frac{t^2}{2}} \mathrm{d}t = \sigma^2.$$

从上面所举的例子中可以看到,一些常用分布的期望方差知道后,则其分布的参数也就知道了,从而分布也就唯一确定,由此也可看出数字特征的重要性.

## 三、切比雪夫不等式

对于一个随机变量 $X$,其分布不知道,但却知道它的期望 $\mu$、方差 $\sigma^2$. 这时我们虽不能计算出 $X$ 落入某一区间的概率,但却可以估算出 $X$ 落入以 $\mu$ 为中心的对称区间 $(\mu-\varepsilon, \mu+\varepsilon)$ 内的概率. 这可从下面的不等式得出.

设随机变量 $X$ 的期望 $E(X) = \mu$ 和方差 $D(X) = \sigma^2$ 均存在,则对任意给定的正数 $\varepsilon$,有

$$P(|X-\mu| \geqslant \varepsilon) \leqslant \frac{\sigma^2}{\varepsilon^2}, \tag{3.11}$$

或由对立事件可得

$$P(|X-\mu| < \varepsilon) \geqslant 1 - \frac{\sigma^2}{\varepsilon^2}, \tag{3.12}$$

式(3.11)、(3.12)称为**切比雪夫**(Pafnutiĭ Lvovič Chebyshev, 1821—1894)**不等式**.

**证** 这里只对 $X$ 为连续型随机变量的情形作证明. 设 $X$ 的密度函数为 $f(x)$,则

$$P(|X-\mu| \geqslant \varepsilon) = \int_{|x-\mu| \geqslant \varepsilon} f(x)\mathrm{d}x \leqslant \int_{|x-\mu| \geqslant \varepsilon} \left(\frac{|x-\mu|}{\varepsilon}\right)^2 f(x)\mathrm{d}x$$

$$\leqslant \frac{1}{\varepsilon^2}\int_{-\infty}^{+\infty} (x-\mu)^2 f(x)\mathrm{d}x = \frac{\sigma^2}{\varepsilon^2}. \qquad \square$$

可见,对随机变量 $X$,当分布不知道而只知道其期望和方差时,切比雪夫不等式给出了求事件 $\{|X-\mu| < \varepsilon\}$ 概率的一种估算方法.

从式(3.11)还可以看出,方差 $\sigma^2$ 越小,事件 $\{|X-\mu| \geqslant \varepsilon\}$ 的概率也越小,这说明方差确实可用来描述随机变量取值与其期望的离散(集中) 程度.

切比雪夫不等式作为一个理论工具,其应用是普遍的.

# 第三节 协方差与相关系数 矩

## 一、协方差与相关系数

对于二维随机变量$(X, Y)$,我们给出一个描述 $X$, $Y$ 间关系的一个数字特征.

**定义 1** 设 $(X, Y)$ 是一个二维随机变量,若 $E((X-E(X))(Y-E(Y)))$ 存在,则称它是 $X$ 和 $Y$ 的**协方差**,记为 $\mathrm{cov}(X, Y)$,即

$$\mathrm{cov}(X, Y) = E((X-E(X))(Y-E(Y)))$$

称

$$\rho_{XY} = \frac{\mathrm{cov}(X, Y)}{\sqrt{D(X)}\,\sqrt{D(Y)}}$$

为 $X$ 和 $Y$ 的**相关系数**. 它是一个无量纲的量.

当 $\rho_{XY} = 0$ 时,称 $X$ 和 $Y$ 是**不相关的或无关的**.

根据期望、方差的性质可得下面计算公式:

$$\mathrm{cov}(X, Y) = \sum_{i=1}^{\infty} \sum_{j=1}^{\infty} (x_i - E(X))(y_j - E(Y))p_{ij}; \qquad (3.13)$$

$$\mathrm{cov}(X, Y) = \int_{-\infty}^{+\infty}\int_{-\infty}^{+\infty} (x-E(X))(y-E(Y))f(x, y)\mathrm{d}x\mathrm{d}y; \qquad (3.14)$$

$$\mathrm{cov}(X,\, Y) = \frac{1}{2}(D(X+Y) - D(X) - D(Y));\qquad (3.15)$$

$$\mathrm{cov}(X,\, Y) = E(XY) - E(X)E(Y).\qquad (3.16)$$

**例 1** 已知二维随机变量$(X,\, Y)$的分布律为

| Y | X | |
|---|---|---|
| | 0 | 1 |
| 0 | $q$ | 0 |
| 1 | 0 | $p$ |

其中，$p+q=1$,求相关系数$\rho_{XY}$.

**解** 由上面的分布律,可以得到边缘分布律

| X | 0 | 1 |
|---|---|---|
| P | $q$ | $p$ |

| Y | 0 | 1 |
|---|---|---|
| P | $q$ | $p$ |

$X,\, Y$ 均服从$(0-1)$分布,故知

$$E(X) = p,\quad D(X) = pq,$$
$$E(Y) = p,\quad D(Y) = pq.$$

再由式(3.16)得

$$\begin{aligned}
\mathrm{cov}(X,\, Y) &= E(XY) - E(X)E(Y)\\
&= 0\times0\times q + 0\times1\times0 + 1\times0\times0 + 1\times1\times p - p\times p\\
&= p - p^2 = p(1-p) = pq.
\end{aligned}$$

$$\rho_{XY} = \frac{\mathrm{cov}(X,\, Y)}{\sqrt{D(X)}\,\sqrt{D(Y)}} = \frac{pq}{\sqrt{pq}\,\sqrt{pq}} = 1.$$

**例 2** 设二维随机变量$(X,\, Y)$的密度函数为

$$f(x,\, y) = \begin{cases} \dfrac{1}{(b-a)(d-c)}, & a \leqslant x \leqslant b,\, c \leqslant y \leqslant d,\\ 0, & \text{其他.} \end{cases}$$

求 $\mathrm{cov}(X,\, Y)$.

**解** $$E(X) = \int_a^b\!\!\int_c^d x\cdot\frac{1}{(b-a)(d-c)}\mathrm{d}x\mathrm{d}y = \frac{a+b}{2},$$

$$E(Y) = \int_a^b \int_c^d y \, \frac{1}{(b-a)(d-c)} \mathrm{d}x\mathrm{d}y = \frac{c+d}{2}.$$

$$\mathrm{cov}(X, Y) = E(XY) - E(X)E(Y)$$

$$= \int_a^b \int_c^d xy \, \frac{1}{(b-a)(d-c)} \mathrm{d}x\mathrm{d}y - \frac{a+b}{2}\frac{c+d}{2}$$

$$= \frac{(a+b)(c+d)}{4} - \frac{(a+b)(c+d)}{4} = 0.$$

协方差的性质:

(1) $\mathrm{cov}(X, Y) = \mathrm{cov}(Y, X)$;

(2) $\mathrm{cov}(aX, bY) = ab\mathrm{cov}(X, Y)$, $a$、$b$ 为常数;

(3) $\mathrm{cov}(X+Y, Z) = \mathrm{cov}(X, Z) + \mathrm{cov}(Y, Z)$.

以上性质可根据协方差的定义直接推得.

在概率论里,有时需要将随机变量"标准化",即对任意的随机变量 $X$,若其期望 $E(X)$、方差 $D(X)$ 均存在,且 $D(X)>0$,则称

$$X^* = \frac{X - E(X)}{\sqrt{D(X)}}$$

为 $X$ 的**标准化随机变量**. 通过简单计算可得 $E(X^*) = 0$, $D(X^*) = 1$. 这也正是标准化随机变量所具有的特征.

若将随机变量 $X,Y$ 标准化,

$$X^* = \frac{X - E(X)}{\sqrt{D(X)}}, \quad Y^* = \frac{Y - E(Y)}{\sqrt{D(Y)}}.$$

由相关系数定义可知

$$\rho_{XY} = \mathrm{cov}(X^*, Y^*). \tag{3.17}$$

相关系数的性质:

(1) $|\rho_{XY}| \leqslant 1$.

**证 由**

$$D(X^* \pm Y^*) = D(X^*) + D(Y^*) \pm 2\mathrm{cov}(X^*, Y^*)$$

$$= 1 + 1 \pm 2\mathrm{cov}(X^*, Y^*)$$

$$= 2(1 \pm \rho_{XY}),$$

及 $D(X^* \pm Y^*) \geqslant 0$ 得 $1 \pm \rho_{XY} \geqslant 0$. 所以, $|\rho_{XY}| \leqslant 1$. □

(2) $|\rho_{XY}|=1$ 的充分必要条件是 $X$ 和 $Y$ 依概率 1 线性相关,即 $P(Y=aX+b)=1$,其中 $b,a\neq 0$ 为常数.

**证** 由方差性质(4),知

$$P(Y=aX+b)=P(Y-b-aX=0)=1$$

成立的允分必要条件是

$$D(Y-b-aX)=E((Y-b-aX)^2)-(E(Y-b-aX))^2$$
$$=E((Y-b-aX)^2)=0,$$

即

$$
\begin{aligned}
0&=E((Y-b-aX)^2)\\
&=E(((Y-E(Y))-a(X-E(X))+(E(Y)-aE(X)-b))^2)\\
&=E((Y-E(Y))^2)+a^2E((X-E(X))^2)+(E(Y)-aE(X)-b)^2\\
&\quad -2aE((Y-E(Y))(X-E(X)))\\
&\quad +2(E(Y)-aE(X)-b)E(Y-E(Y))\\
&\quad -2a(E(Y)-aE(X)-b)E(X-E(X))\\
&=D(Y)+a^2D(X)+(E(Y)-aE(X)-b)^2-2a\mathrm{cov}(X,Y)+0-0\\
&=D(X)\left(a-\frac{\mathrm{cov}(X,Y)}{D(X)}\right)^2+D(Y)\left(1-\left(\frac{\mathrm{cov}(X,Y)}{\sqrt{D(X)}\sqrt{D(Y)}}\right)^2\right)\\
&\quad +(E(Y)-aE(X)-b)^2.
\end{aligned}
$$

上式右端三项均是非负的.要使上式成立必须每项为零,故由第二项为零,可得

$$1-\left(\frac{\mathrm{cov}(X,Y)}{\sqrt{D(X)}\sqrt{D(Y)}}\right)^2=1-\rho_{XY}^2=0,$$

即

$$|\rho_{XY}|=1. \qquad \square$$

从上述性质可以看出,相关系数实质上是表示两个随机变量 $X$ 与 $Y$ 之间线性相关程度的一个量.当 $|\rho_{XY}|$ 较大时,$X$ 与 $Y$ 的线性联系比较紧密;当 $|\rho_{XY}|$ 较小时,$X$ 与 $Y$ 的线性联系比较不紧密.

特别地,当 $|\rho_{XY}|=1$ 时,$X$ 与 $Y$ 的线性联系最紧密,即以概率 1 存在线性关系;而当 $|\rho_{XY}|=0$ 时,即 $\rho_{XY}=0$ 时,$X$ 与 $Y$ 的线性联系最不紧密,此时我们称 $X,Y$ 不

相关.

由式(3.15)可知,若 $X$ 与 $Y$ 相互独立,有 $\text{cov}(X, Y) = 0$,从而 $\rho_{XY} = 0$. 即 $X$ 和 $Y$ 相互独立,则 $X$ 和 $Y$ 不相关. 反之,若 $X, Y$ 不相关(没有线性关系),则 $X, Y$ 不一定是相互独立的. 这说明"相互独立"与"不相关"是两个不同的概念.

**例3** 若 $X \sim N(0, 1)$,且 $Y = X^2$,问 $X$ 和 $Y$ 是否无关?

**解** 由于 $X \sim N(0, 1)$,密度函数 $f(x) = \dfrac{1}{\sqrt{2\pi}} \mathrm{e}^{-\frac{x^2}{2}}$ 为偶函数,故有 $E(X) = E(X^3) = 0$.

$$\text{cov}(X, Y) = E(XY) - E(X)E(Y) = E(XX^2) - E(X)E(X^2)$$
$$= E(X^3) - E(X^2)E(X) = 0.$$

得

$$\rho_{XY} = \frac{\text{cov}(X, Y)}{\sqrt{D(X)}\ \sqrt{D(Y)}} = 0.$$

这说明 $X$ 和 $Y$ 是不相关的. 虽然 $X$ 和 $Y$ 无线性关系,但是有函数关系,所以 $X$ 和 $Y$ 不是独立的.

**例4** 若 $(X, Y) \sim N(\mu_1, \sigma_1^2; \mu_2, \sigma_2^2; \rho)$,求 $\rho_{XY}$.

**解** 由于 $X \sim N(\mu_1, \sigma_1^2)$, $Y \sim N(\mu_2, \sigma_2^2)$,所以,$E(X) = \mu_1$, $D(X) = \sigma_1^2$; $E(Y) = \mu_2$, $D(Y) = \sigma_2^2$.

$$\text{cov}(X, Y) = \int_{-\infty}^{+\infty} \int_{-\infty}^{+\infty} (x - \mu_1)(y - \mu_2) f(x, y) \mathrm{d}x \mathrm{d}y$$

$$= \int_{-\infty}^{+\infty} \int_{-\infty}^{+\infty} (x - \mu_1)(y - \mu_2)$$

$$\cdot \frac{1}{2\pi\sigma_1\sigma_2 \sqrt{1-\rho^2}} \mathrm{e}^{-\frac{1}{2(1-\rho^2)}\left(\frac{(x-\mu_1)^2}{\sigma_1^2} - 2\rho\frac{(x-\mu_1)(y-\mu_2)}{\sigma_1\sigma_2} + \frac{(y-\mu_2)^2}{\sigma_2^2}\right)} \mathrm{d}x \mathrm{d}y.$$

令

$$t = \frac{1}{\sqrt{1-\rho^2}}\left(\frac{y-\mu_2}{\sigma_2} - \rho\frac{x-\mu_1}{\sigma_1}\right), \quad u = \frac{x-\mu_1}{\sigma_1},$$

则有

$$\text{cov}(X, Y) = \frac{1}{2\pi} \int_{-\infty}^{+\infty} \int_{-\infty}^{+\infty} (\sigma_1\sigma_2 \sqrt{1-\rho^2}\, tu + \rho\sigma_1\sigma_2 u^2) \mathrm{e}^{-\frac{u^2}{2}} \mathrm{e}^{-\frac{t^2}{2}} \mathrm{d}t \mathrm{d}u$$

$$= \frac{\rho \sigma_1 \sigma_2}{2\pi} \left( \int_{-\infty}^{+\infty} u^2 \mathrm{e}^{-\frac{u^2}{2}} \, \mathrm{d}u \right) \left( \int_{-\infty}^{+\infty} \mathrm{e}^{-\frac{t^2}{2}} \, \mathrm{d}t \right)$$

$$+ \frac{\sigma_1 \sigma_2 \sqrt{1-\rho^2}}{2\pi} \left( \int_{-\infty}^{+\infty} u \, \mathrm{e}^{-\frac{u^2}{2}} \, \mathrm{d}u \right) \left( \int_{-\infty}^{+\infty} t \, \mathrm{e}^{-\frac{t^2}{2}} \, \mathrm{d}t \right)$$

$$= \frac{\rho \sigma_1 \sigma_2}{2\pi} \sqrt{2\pi} \times \sqrt{2\pi} = \rho \sigma_1 \sigma_2,$$

于是

$$\rho_{XY} = \frac{\mathrm{cov}(X, Y)}{\sqrt{D(X)} \sqrt{D(Y)}} = \frac{\rho \sigma_1 \sigma_2}{\sigma_1 \sigma_2} = \rho.$$

可见二维正态随机变量$(X, Y)$的密度函数中的参数 $\rho$ 就是 $X$ 和 $Y$ 的相关系数.

## 二、矩

期望、方差与协方差都是随机变量常用的数字特征,实际上它们都是某种矩. 下面给出矩的定义.

若$E(X^k)$, $k = 1, 2, \cdots$ 存在,则称它为 $X$ 的 $k$ 阶原点矩.

若$E((X-E(X))^k)$, $k = 1, 2, \cdots$ 存在,则称它为 $X$ 的 $k$ 阶中心矩.

若$E((X-E(X))^k(Y-E(Y))^l)$ $(k, l = 1, 2, \cdots)$ 存在,则称它为 $X$ 和 $Y$ 的 $k+l$ 阶中心混合矩.

由以上定义可知,$X$ 的期望 $E(X)$ 就是 $X$ 的一阶原点矩. $X$ 的方差 $D(X) = E((X-E(X))^2)$ 就是 $X$ 的二阶中心矩. 协方差 $\mathrm{cov}(X, Y) = E((X-E(X))(Y-E(Y)))$ 就是 $X$ 和 $Y$ 的二阶中心混合矩.

下面我们引入协方差矩阵的概念,然后利用它来表示正态随机变量的密度函数.

若 $n$ 维随机变量$(X_1, X_2, \cdots, X_n)$的二阶中心矩都存在,记为 $C_{ij} = \mathrm{cov}(X_i, X_j) = E((X_i - E(X_i))(Y_j - E(Y_j)))$, $i, j = 1, 2, \cdots, n$,则称矩阵

$$\boldsymbol{C} = \begin{pmatrix} C_{11} & C_{12} & \cdots & C_{1n} \\ C_{21} & C_{22} & \cdots & C_{2n} \\ \vdots & \vdots & & \vdots \\ C_{n1} & C_{n2} & \cdots & C_{nn} \end{pmatrix}$$

为 $n$ 维随机变量$(X_1,X_2,\cdots,X_n)$的**协方差矩阵**.

由于有 $C_{ij}=C_{ji}$，$i\neq j$，$i,j=1,2,\cdots,n$，故协方差矩阵 $\boldsymbol{C}$ 是对称矩阵.

二维正态随机变量$(X_1,X_2)$的密度函数为

$$f(x_1,x_2)=\frac{1}{2\pi\sigma_1\sigma_2\sqrt{1-\rho^2}}e^{-\frac{1}{2(1-\rho^2)}\left(\frac{(x_1-\mu_1)^2}{\sigma_1^2}-2\rho\frac{(x_1-\mu_1)(x_2-\mu_2)}{\sigma_1\sigma_2}+\frac{(x_2-\mu_2)^2}{\sigma_2^2}\right)},$$

现引入矩阵

$$\boldsymbol{X}=\begin{bmatrix}x_1\\x_2\end{bmatrix},\quad \mu=\begin{bmatrix}\mu_1\\\mu_2\end{bmatrix},$$

$(X_1,X_2)$的协方差矩阵为

$$\boldsymbol{C}=\begin{bmatrix}C_{11}&C_{12}\\C_{21}&C_{22}\end{bmatrix}=\begin{bmatrix}\sigma_1^2&\rho\sigma_1\sigma_2\\\rho\sigma_1\sigma_2&\sigma_2^2\end{bmatrix},$$

行列式为

$$|\boldsymbol{C}|=\sigma_1^2\sigma_2^2(1-\rho^2),$$

逆矩阵为

$$\boldsymbol{C}^{-1}=\frac{1}{|\boldsymbol{C}|}\begin{bmatrix}\sigma_2^2&-\rho\sigma_1\sigma_2\\-\rho\sigma_1\sigma_2&\sigma_1^2\end{bmatrix},$$

矩阵 $\boldsymbol{X}-\mu$ 的转置矩阵记为$(\boldsymbol{X}-\mu)^{\mathrm{T}}$，经计算有

$$(\boldsymbol{X}-\mu)^{\mathrm{T}}\boldsymbol{C}^{-1}(\boldsymbol{X}-\mu)$$

$$=\frac{1}{|\boldsymbol{C}|}(x_1-\mu_1\quad x_2-\mu_2)\begin{bmatrix}\sigma_2^2&-\rho\sigma_1\sigma_2\\-\rho\sigma_1\sigma_2&\sigma_1^2\end{bmatrix}\begin{bmatrix}x_1-\mu_1\\x_2-\mu_2\end{bmatrix}$$

$$=\frac{1}{1-\rho^2}\left(\frac{(x_1-\mu_1)^2}{\sigma_1^2}-2\rho\frac{(x_1-\mu_1)(x_2-\mu_2)}{\sigma_1\sigma_2}+\frac{(x_2-\mu_2)^2}{\sigma_2^2}\right),$$

故$(X_1,X_2)$的密度函数可表示为

$$f(x_1,x_2)=\frac{1}{2\pi|\boldsymbol{C}|^{\frac{1}{2}}}e^{-\frac{1}{2}(\boldsymbol{X}-\mu)^{\mathrm{T}}\boldsymbol{C}^{-1}(\boldsymbol{X}-\mu)}.$$

设$(X_1,X_2,\cdots,X_n)$是 $n$ 维正态随机变量. 记

$$X = \begin{pmatrix} x_1 \\ x_2 \\ \vdots \\ x_n \end{pmatrix}, \quad \mu = \begin{pmatrix} \mu_1 \\ \mu_2 \\ \vdots \\ \mu_n \end{pmatrix},$$

$C$ 为协方差矩阵,则其密度函数可表示为

$$f(x_1, x_2, \cdots, x_n) = \frac{1}{(2\pi)^{\frac{n}{2}} |C|^{\frac{1}{2}}} e^{-\frac{1}{2}(X-\mu)^{\mathrm{T}} C^{-1}(X-\mu)}.$$

　　$n$ 维正态随机变量在随机过程及数理统计中都会经常遇到,其密度函数利用协方差矩阵表示,形式简单,便于进行研究.

# 习　题　三

## (A 类)

1. 设随机变量 $X$ 的分布列为

| $X$ | $-1$ | $0$ | $\dfrac{1}{2}$ | $1$ | $2$ |
|---|---|---|---|---|---|
| $P$ | $\dfrac{1}{3}$ | $\dfrac{1}{6}$ | $\dfrac{1}{6}$ | $\dfrac{1}{12}$ | $\dfrac{1}{4}$ |

　　求 $E(X), E(-X+1), E(X^2)$.

2. 一批零件中有 9 件合格品与三件废品,安装机器时从这批零件中任取一件,如果取出的废品不再放回,求在取得合格品以前已取出的废品数的数学期望.

3. 已知离散型随机变量 $X$ 的可能取值为 $-1, 0, 1$,$E(X) = 0.1$,$E(X^2) = 0.9$,求 $P(X = -1)$,$P(X = 0)$,$P(X = 1)$.

4. 设随机变量 $X$ 的密度函数为

$$f(x) = \begin{cases} 2(1-x), & 0 < x < 1, \\ 0, & \text{其他}. \end{cases}$$

　　求 $E(X)$.

5. 设随机变量 $X$ 的密度函数为

$$f(x) = \begin{cases} e^{-x}, & x \geqslant 0, \\ 0, & x < 0. \end{cases}$$

　　求 $E(2X), E(e^{-2X})$.

6. 对球的直径作近似测量,其值均匀分布在区间 $[a, b]$ 上,求球的体积的数学期望.

7. 设随机变量 $X, Y$ 的密度函数分别为

$$f_X(x) = \begin{cases} 2\mathrm{e}^{-2x}, & x > 0, \\ 0, & x \leqslant 0. \end{cases}$$

$$f_Y(y) = \begin{cases} 4\mathrm{e}^{-4y}, & y > 0, \\ 0, & y \leqslant 0. \end{cases}$$

求 $E(X+Y), E(2X-3Y^2)$.

8. 设随机变量 $X$ 和 $Y$ 相互独立,其密度函数分别为

$$f_X(x) = \begin{cases} 2x, & 0 \leqslant x \leqslant 1, \\ 0, & 其他. \end{cases}$$

$$f_Y(y) = \begin{cases} \mathrm{e}^{-(y-5)}, & y > 5, \\ 0, & y \leqslant 5. \end{cases}$$

求 $E(XY)$.

9. 设随机变量 $X$ 的密度函数为

$$f(x) = \begin{cases} \dfrac{1}{\pi\sqrt{1-x^2}}, & |x| < 1, \\ 0, & |x| \geqslant 1. \end{cases}$$

求 $E(X), D(X)$.

10. 设随机变量 $X$ 服从瑞利(Rayleigh)分布,其密度函数为

$$f(x) = \begin{cases} \dfrac{x}{\sigma^2}\mathrm{e}^{-\frac{x^2}{2\sigma^2}}, & x > 0, \\ 0, & x \leqslant 0. \end{cases}$$

其中 $\sigma > 0$ 是常数,求 $E(X), D(X)$.

11. 抛掷 12 颗骰子,求出现的点数之和的数学期望与方差.

12. 将 $n$ 只球($1 \sim n$ 号)随机地放进 $n$ 只盒子($1 \sim n$ 号)中去,一只盒子装一只球.将一只球装入与球同号码的盒子中,称为一个配对,记 $X$ 为配对的个数,求 $E(X)$.

13. 在长为 $l$ 的线段上任意选取两点,求两点间距离的数学期望及方差.

14. 设随机变量 $X$ 服从均匀分布,其密度函数为

$$f(x) = \begin{cases} 2, & 0 < x < \dfrac{1}{2}, \\ 0, & 其他. \end{cases}$$

求 $E(2X^2), D(2X^2)$.

15. 设随机变量 $X$ 的方差为 $2.5$,试利用切比雪夫不等式估计概率

$$P(|X-E(X)| \geqslant 7.5)$$

的值.

16. 在每次试验中,事件 $A$ 发生的概率为 $0.5$,如果作 $100$ 次独立试验,设事件 $A$ 发生的次数为

$X$,试利用切比雪夫不等式估计 $X$ 在 40 到 60 之间取值的概率.

17. 设连续型随机变量 $X$ 的一切可能值在区间 $[a,b]$ 内,其密度函数为 $f(x)$,证明:

   (1) $a \leqslant E(X) \leqslant b$;

   (2) $D(X) \leqslant \dfrac{(b-a)^2}{4}$.

18. 设二维随机变量 $(X,Y)$ 的分布律为

| Y | X | |
|---|---|---|
| | 0 | 1 |
| 0 | 0.1 | 0.3 |
| 1 | 0.2 | 0.4 |

   求 $E(X),E(Y),D(X),D(Y),\mathrm{cov}(X,Y),\rho_{XY}$ 及协方差矩阵.

19. 设二维随机变量 $(X,Y)$ 的分布律为

| Y | X | | |
|---|---|---|---|
| | $-1$ | 0 | 1 |
| $-1$ | $\dfrac{1}{8}$ | $\dfrac{1}{8}$ | $\dfrac{1}{8}$ |
| 0 | $\dfrac{1}{8}$ | 0 | $\dfrac{1}{8}$ |
| 1 | $\dfrac{1}{8}$ | $\dfrac{1}{8}$ | $\dfrac{1}{8}$ |

   试验证 $X$ 和 $Y$ 是不相关的,但 $X$ 和 $Y$ 不是相互独立的.

20. 设二维随机变量 $(X,Y)$ 的密度函数为

$$f(x,y) = \begin{cases} \dfrac{1}{8}(x+y), & 0 \leqslant x \leqslant 2,\ 0 \leqslant y \leqslant 2, \\ 0, & \text{其他.} \end{cases}$$

   求 $E(X),E(Y),D(X),D(Y),\mathrm{cov}(X,Y),\rho_{XY}$ 及协方差矩阵.

21. 已知随机变量 $(X,Y)$ 服从正态分布,且 $E(X)=E(Y)=0$, $D(X)=16$, $D(Y)=25$, $\mathrm{cov}(X,Y)=12$. 求 $(X,Y)$ 的密度函数.

22. 设随机变量 $X$ 和 $Y$ 相互独立,且 $E(X)=E(Y)=0,D(X)=D(Y)=1$,试求 $E((X+Y)^2)$.

23. 设随机变量 $X$ 和 $Y$ 的方差分别为 25,36,相关系数为 0.4,试求 $D(X+Y),D(X-Y)$.

24. 设随机变量 $X$ 和 $Y$ 相互独立,且都服从正态分布 $N(0,\sigma^2)$,令 $U=aX+bY,V=aX-bY$,试求 $U$ 和 $V$ 的相关系数.

# (B 类)

25. (1987,2 分)  已知连续型随机变量 $X$ 的概率密度函数为 $f(x)=\dfrac{1}{\sqrt{\pi}}\mathrm{e}^{-x^2+2x-1}$,则 $X$ 的数学

期望为_____;方差为_____.

26. (1990,2分)　已知离散型随机变量 $X$ 服从参数为2的泊松分布,即 $P(X=k)=\dfrac{2^k \mathrm{e}^{-2}}{k!}$, $k=0,1,2,\cdots$,则随机变量 $Z=3X-2$ 的数学期望 $E(Z)=$_____.

27. (1992,3分)　设随机变量 $X$ 服从参数为1的指数分布,则数学期望 $E(X+\mathrm{e}^{-2X})=$_____.

28. (1995,3分)　设 $X$ 表示10次独立重复射击命中目标的次数,每次射中目标的概率为0.4,则 $X^2$ 的数学期望 $E(X^2)=$_____.

29. (1996,3分)　设 $\xi,\eta$ 是两个相互独立且均服从正态分布 $N\left(0,\left(\dfrac{1}{\sqrt{2}}\right)^2\right)$ 的随机变量,则随机变量 $|\xi-\eta|$ 的数学期望 $E(|\xi-\eta|)=$_____.

30. (1997,3分)　设相互独立的随机变量 $X$ 和 $Y$ 的方差分别为4和2,则随机变量 $3X-2Y$ 的方差是(　　).

A. 8 　　　　　　　　　　　　B. 16

C. 28 　　　　　　　　　　　　D. 44

31. (1998,6分)　设两个随机变量 $X,Y$ 相互独立,且都服从均值为0,方差为 $\dfrac{1}{2}$ 的正态分布,求随机变量 $|X-Y|$ 的方差.

32. (2000,8分)　某流水生产线上每个产品不合格的概率为 $p,0<p<1$,各产品合格与否相互独立,当出现一个不合格产品时即停机检修.设开机后第一次停机时已生产了的产品个数为 $X$,求 $X$ 的数学期望 $E(X)$ 和方差 $D(X)$.

33. (2002,3分)　设随机变量 $X$ 服从正态分布 $N(\mu,\sigma^2)$, $\sigma>0$,且二次方程 $y^2+4y+X=0$ 无实根的概率为 $\dfrac{1}{2}$,则 $\mu=$_____.

34. (2003,10分)　已知甲、乙两箱中装有同种产品,其中甲箱中装有三件合格品和三件次品,乙箱中仅装有三件合格品.从甲箱中任取三件产品放入乙箱后,求:

(1) 乙箱中次品件数 $X$ 的数学期望;

(2) 从乙箱中任取一件产品是次品的概率.

35. (2004,4分)　设随机变量 $X_1,X_2,\cdots,X_n(n>1)$ 独立同分布,且其方差为 $\sigma^2>0$,令 $Y=\dfrac{1}{n}\sum_{i=1}^{\infty}X_i$,则(　　).

A. $\mathrm{cov}(X_1,Y)=\dfrac{\sigma^2}{n}$ 　　　　　　　　B. $\mathrm{cov}(X_1,Y)=\sigma^2$

C. $D(X+Y)=\dfrac{n+2}{n}\sigma^2$ 　　　　　　　　D. $D(X_1-Y)=\dfrac{n+1}{n}\sigma^2$

36. (2001,3分)　设随机变量 $X$ 的方差为2,则根据切比雪夫不等式有估计 $P(|X-E(X)|\geqslant 2)\leqslant$_____.

37. (1993,6分)　设随机变量 $X$ 的概率分布密度为 $f(x)=\dfrac{1}{2}\mathrm{e}^{-|x|}$, $-\infty<x<+\infty$.

(1) 求 $X$ 的数学期望和方差;

(2) 求 $X$ 与 $|X|$ 的协方差,并问 $X$ 与 $|X|$ 是否不相关?

(3) 问 $X$ 与 $|X|$ 是否相互独立? 为什么?

38. (1994,6 分)  已知随机变量 $X$ 和 $Y$ 分别服从正态分布 $N(1,3^2)$ 和 $N(0,4^2)$,且 $X$ 与 $Y$ 的相关系数 $\rho_{XY}=-\frac{1}{2}$. 设 $Z=\frac{X}{3}+\frac{Y}{2}$,

(1) 求 $Z$ 的数学期望 $E(Z)$ 和方差 $D(Z)$;

(2) 求 $X$ 与 $Z$ 的相关系数 $\rho_{XZ}$;

(3) 问 $X$ 与 $Z$ 是否相互独立? 为什么?

39. (2000,3 分)  设二维随机变量 $(X,Y)$ 服从二维正态分布,则随机变量 $\xi=X+Y$ 与 $\eta=X-Y$ 不相关的充分必要条件为(    ).

A. $E(X)=E(Y)$

B. $E(X^2)-(E(X))^2=E(Y^2)-(E(Y))^2$

C. $E(X^2)=E(Y^2)$

D. $E(X^2)+(E(X))^2=E(Y^2)+(E(Y))^2$

40. (2001,3 分)  将一枚硬币重复掷 $n$ 次,以 $X$ 和 $Y$ 分别表示正面向上和反面向上的次数,则 $X$ 和 $Y$ 的相关系数等于(    ).

A. $-1$

B. $0$

C. $\frac{1}{2}$

D. $1$

41. (2006,4 分)  设随机变量 $X$ 服从正态分布 $N(\mu_1,\sigma_1^2)$,$Y$ 服从正态分布 $N(\mu_2,\sigma_2^2)$,且

$$P(|X-\mu_1|<1)>P(|Y-\mu_2|<1)$$

则必有(    ).

A. $\sigma_1<\sigma_2$

B. $\sigma_1>\sigma_2$

C. $\mu_1<\mu_2$

D. $\mu_1>\mu_2$

42. (2008,4 分)  设随机变量 $X\sim N(0,1)$,$Y\sim N(1,4)$,且相关系数 $\rho_{XY}=1$,则(    ).

A. $P(Y=-2X-1)=1$

B. $P(Y=2X-1)=1$

C. $P(Y=-2X+1)=1$

D. $P(Y=2X+1)=1$

43. (2002,7 分)  设随机变量 $X$ 的概率密度为

$$f(x)=\begin{cases}\dfrac{1}{2}\cos\dfrac{x}{2}, & 0\leqslant x\leqslant\pi,\\[2mm] 0, & \text{其他}.\end{cases}$$

对 $X$ 独立地重复观察 4 次,用 $Y$ 表示观察值大于 $\frac{\pi}{3}$ 的次数,求 $Y^2$ 的数学期望.

44. (2004,4 分)  设随机变量 $X$ 服从参数为 $\lambda$ 的指数分布,则 $P(X>\sqrt{D(X)})=$ _____.

45. (2009,4 分)  设随机变量 $X$ 的分布函数 $F(x)=0.3\Phi(x)+0.7\Phi\left(\dfrac{x-1}{2}\right)$,其中 $\Phi(x)$ 为标准正态分布函数,则 $EX=$(    ).

A. $0$

B. $0.3$

C. $0.7$

D. $1$

46. (2010,4 分)  设随机变量 $X$ 的分布为 $P(X=k)=\dfrac{C}{k!}$,$k=0,1,\cdots$,则 $EX^2=$ _____.

47. （2011,4 分）　设随机变量 $X$ 与 $Y$ 相互独立,且 $EX$ 与 $EY$ 存在,记 $U=\max\{X,Y\}$,$V=\min\{X,Y\}$,则 $E(UV)=($　　$)$.

A. $EU\cdot EV$　　　　　　　　　　B. $EX\cdot EY$

C. $EU\cdot EY$　　　　　　　　　　D. $EX\cdot EV$

48. （2011,4 分）　设二维随机变量 $(X,Y)$ 服从正态分布 $N(\mu,\mu;\sigma^2,\sigma^2;0)$,则 $E(XY^2)=$ _____.

49. （2012,4 分）　将长度为 $1\,\mathrm{m}$ 的木棒随机地截成两段,则两段长度的相关系数为（　　）.

A. $1$　　　　　　B. $\dfrac{1}{2}$　　　　　　C. $-\dfrac{1}{2}$　　　　　　D. $-1$

50. （2013,4 分）　设随机变量 $X$ 服从标准正态分布 $X\sim N(0,1)$,则 $E(Xe^{2X})=$ _____.

51. （2014,4 分）　设连续性随机变量 $X_1$ 与 $X_2$ 相互独立,且方差均存在,$X_1$ 与 $X_2$ 的概率密度分别为 $f_1(x)$ 与 $f_2(x)$,随机变量 $Y_1$ 的概率密度为 $f_{Y_1}(y)=\dfrac{1}{2}[f_1(y)+f_2(y)]$,随机变量 $Y_2=\dfrac{1}{2}(X_1+X_2)$,则（　　）.

A. $EY_1>EY_2,DY_1>DY_2$　　　　　　B. $EY_1=EY_2,DY_1=DY_2$

C. $EY_1=EY_2,DY_1<DY_2$　　　　　　D. $EY_1=EY_2,DY_1>DY_2$

52. （2015,4 分）　设随机变量 $X,Y$ 不相关,且 $EX=2$,$EY=1$,$DX=3$,则 $E[X(X+Y-2)]=$（　　）.

A. $-3$　　　　　B. $3$　　　　　C. $-5$　　　　　D. $5$

53. （2014,11 分）　设随机变量 $X$ 的概率分布为 $P\{X=1\}=P\{X=2\}=\dfrac{1}{2}$,在给定 $X=i$ 的条件下,随机变量 $Y$ 服从均匀分布 $U(0,i)(i=1,2)$.

（1）求 $Y$ 的分布函数 $F_Y(y)$;

（2）求 $EY$.

54. （2015,11 分）　设随机变量 $X$ 的概率密度为
$$f(x)=\begin{cases}2^{-x}\ln 2, & x>0,\\ 0, & x\leqslant 0.\end{cases}$$

对 $X$ 进行独立重复的观测,直到 $2$ 个大于 $3$ 的观测值出现停止.记 $Y$ 为观测次数.

（1）求 $Y$ 的概率分布;

（2）求 $EY$.

55. （2016,4 分）　随机试验 $E$ 有三种两两不相容的结果 $A_1,A_2,A_3$,且三种结果发生的概率均为 $\dfrac{1}{3}$,将试验 $E$ 独立重复做 $2$ 次,$X$ 表示 $2$ 次试验中结果 $A_1$ 发生的次数,$Y$ 表示 $2$ 次试验中结果 $A_2$ 发生的次数,则 $X$ 与 $Y$ 的相关系数为（　　）.

A. $-\dfrac{1}{2}$　　　　　B. $-\dfrac{1}{3}$　　　　　C. $\dfrac{1}{3}$　　　　　D. $\dfrac{1}{2}$

56. （2017,4 分）　设随机变量 $X$ 的分布函数为 $F(x)=0.5\Phi(x)+0.5\Phi\left(\dfrac{x-4}{2}\right)$,其中 $\Phi(x)$ 为标准正态分布函数,则 $E(X)=$ _____.

57. （2018,11 分）　设随机变量 $X$ 与 $Y$ 相互独立,$X$ 的概率分布为 $P\{X=1\}=P\{X=-1\}=$

$\frac{1}{2}$，$Y$ 服从参数为 $\lambda$ 的泊松分布，令 $Z = XY$．

（1）求 $\operatorname{cov}(X,Z)$；

（2）求 $Z$ 的概率分布．

58.（2019,4分）　设随机变量 $X$ 的概率密度为 $f(x) = \begin{cases} \dfrac{x}{2}, & 0 < x < 2, \\ 0, & 其他. \end{cases}$ $f(x)$ 为 $X$ 的分布函

数，$E(X)$ 为 $X$ 的数学期望，则 $P\{f(x) > E(X) - 1\} = $ _____．

59.（2020,4分）　设 $X$ 服从区间 $\left(-\dfrac{\pi}{2}, \dfrac{\pi}{2}\right)$ 上的均匀分布，$Y = \sin X$，则 $\operatorname{cov}(X,Y) = $
_____．

60.（2021,5分）　甲乙两个盒子中各装有 2 个红球和 2 个白球，先从甲盒中任取一球，观察颜色
后放入乙盒中，再从乙盒中任取一球．令 $X,Y$ 分别表示甲盒和乙盒中取到的红球个数，则 $X$
与 $Y$ 的相关系数为_____．

61.（2021,12分）　在区间 $(0,2)$ 上随机取一点，将该区间分成两段，较短的一段长度记为 $X$，较
长的一段长度记为 $Y$．记 $Z = \dfrac{Y}{X}$．

（1）求 $X$ 的概率密度；

（2）求 $Z$ 的概率密度；

（3）求 $E\left(\dfrac{X}{Y}\right)$．

62.（2022,5分）　设随机变量 $X \sim U(0,3)$，随机变量 $Y$ 服从参数为 2 的泊松分布，且 $X$ 与 $Y$ 的
协方差为 $-1$，则 $D(2X - Y + 1) = （\quad）$．

A. 1　　　　　　B. 5　　　　　　C. 9　　　　　　D. 12

63.（2022,5分）　设随机变量 $X_1, X_2, \cdots, X_n$ 独立同分布，且 $X_1$ 的 4 阶矩存在，记 $\mu_k = E(X_1^k)$，
$k = 1,2,3,4$，则由切比雪夫不等式，对任意 $\varepsilon > 0$，有 $P\left\{\left|\dfrac{1}{n}\sum\limits_{i=1}^{n}X_i^2 - \mu_2\right| \geqslant \varepsilon\right\} \leqslant （\quad）$．

A. $\dfrac{\mu_4 - \mu_2^2}{n\varepsilon^2}$　　　B. $\dfrac{\mu_4 - \mu_2^2}{\sqrt{n}\,\varepsilon^2}$　　　C. $\dfrac{\mu_2 - \mu_1^2}{n\varepsilon^2}$　　　D. $\dfrac{\mu_2 - \mu_1^2}{\sqrt{n}\,\varepsilon^2}$

64.（2022,5分）　设随机变量 $X \sim N(0,1)$，在 $X = x$ 条件下，随机变量 $Y \sim N(x,1)$，则 $X$ 与
$Y$ 的相关系数为（\quad）．

A. $\dfrac{1}{4}$　　　　　B. $\dfrac{1}{2}$　　　　　C. $\dfrac{\sqrt{3}}{3}$　　　　　D. $\dfrac{\sqrt{2}}{2}$

# 第四章 大数定律与中心极限定理

## 第一节 大 数 定 律

在第一章中我们曾说过,一个随机事件和区间[0,1]中的一个数对应,必然事件对应 1,且具有可列可加性,那么这个对应的数就定义为该事件的概率. 它是随机事件发生可能性大小的度量. 一个随机事件能和[0,1]中的一个数对应,这是人们在大量实践中发现事件频率具有稳定性的结果. 这恰恰也是随机现象的一个客观规律. 所谓随机事件频率具有稳定性,是指随着试验次数增多,事件的频率将逐渐稳定于某个常数,这个常数就是随机事件发生可能性大小的客观反映. 因而概率定义的基础是频率稳定性. 如果频率不稳定于某个常数,那么概率定义中一个随机事件和一个数对应这句话也就失去了客观背景,而完全变成了人们主观臆想的东西. 概率的基本理论已经建立起来了,现在要求我们从理论上证明频率确实具有稳定性,而且还要讲明"稳定"的含义. 在概率发展的初期,许多数学家作了深入的研究. 下面先叙述早期的大数定律.

**定理 1**(伯努利大数定律)  设 $n_A$ 是 $n$ 次独立试验中事件 $A$ 发生的次数, $p$ 是事件 $A$ 在每次试验中发生的概率,则对任意正数 $\varepsilon$,有

$$\lim_{n \to \infty} P\left( \left| \frac{n_A}{n} - p \right| < \varepsilon \right) = 1$$

或

$$\lim_{n \to \infty} P\left( \left| \frac{n_A}{n} - p \right| \geqslant \varepsilon \right) = 0.$$

在证明这个定理之前,先来看看定理的具体含义. 上式表明当试验次数很大时,事件 $A$ 的频率 $\frac{n_A}{n}$ 与事件 $A$ 的概率 $p$ 的偏差超过任意小的正数 $\varepsilon$ 的可能性很小,或者说基本上是不可能的. 这就是频率稳定性的含义. 而它稳定的常数就是事件 $A$ 的概率. 这也从理论上提供了用频率代替概率的依据.

**证**  引入随机变量

$$X_i = \begin{cases} 1, & \text{第 } i \text{ 次试验 } A \text{ 发生,} \\ 0, & \text{第 } i \text{ 次试验 } A \text{ 不发生,} \end{cases} \quad i = 1, 2, \cdots,$$

显然 $n_A = X_1 + X_2 + \cdots + X_n$. 由于 $X_i$ 只依赖于第 $i$ 次试验,而各次试验又是独立的,因而 $X_1, X_2, \cdots, X_n, \cdots$ 是相互独立的,又由于 $X_i$ 服从 $(0-1)$ 分布,故有

$$E(X_i) = p, \quad D(X_i) = p(1-p), \quad i = 1, 2, \cdots, n, \cdots,$$

又

$$E\left(\frac{n_A}{n}\right) = \frac{np}{n} = p,$$

$$D\left(\frac{n_A}{n}\right) = \frac{D(n_A)}{n^2} = \frac{np(1-p)}{n^2} = \frac{p(1-p)}{n},$$

由切比雪夫不等式有

$$P\left(\left|\frac{n_A}{n} - p\right| \geqslant \varepsilon\right) \leqslant \frac{D\left(\frac{n_A}{n}\right)}{\varepsilon^2} = \frac{p(1-p)}{n\varepsilon^2},$$

于是得

$$\lim_{n \to \infty} P\left(\left|\frac{n_A}{n} - p\right| \geqslant \varepsilon\right) = 0. \qquad \square$$

**定义 1** 设 $Y_1, Y_2, \cdots, Y_n, \cdots$ 是一个随机变量序列,$a$ 是一个常数,若对任意正数 $\varepsilon$,有

$$\lim_{n \to \infty} P(|Y_n - a| < \varepsilon) = 1,$$

则称序列 $Y_1, Y_2, \cdots, Y_n, \cdots$ **依概率收敛于** $a$.

伯努利大数定律也可以叙述为事件发生的频率依概率收敛于事件的概率.

人们在实践中还发现,除了频率具有稳定性外,大量的观察值的平均值也具有稳定性,即**平均稳定性**.

**定理 2**(切比雪夫大数定律) 设随机变量 $X_1, X_2, \cdots, X_n, \cdots$ 相互独立,具有相同的有限期望和方差:

$$E(X_k) = \mu, \quad D(X_k) = \sigma^2, \quad k = 1, 2, \cdots,$$

作前 $n$ 个随机变量的算术平均

$$Y_n = \frac{1}{n} \sum_{k=1}^{n} X_k,$$

则对任给的正数 $\varepsilon$,有

$$\lim_{n\to\infty}P(\mid Y_n-\mu\mid<\varepsilon)=\lim_{n\to\infty}P\Big(\Big|\frac{1}{n}\sum_{k=1}^{n}X_k-\mu\Big|<\varepsilon\Big)=1.$$

**证** 由于 $X_1$, $X_2$, $\cdots$, $X_n$, $\cdots$ 相互独立,故有

$$E\Big(\frac{1}{n}\sum_{k=1}^{n}X_k\Big)=\frac{1}{n}\sum_{k=1}^{n}E(X_k)=\frac{1}{n}n\mu=\mu,$$

$$D\Big(\frac{1}{n}\sum_{k=1}^{n}X_k\Big)=\frac{1}{n^2}\sum_{k=1}^{n}D(X_k)=\frac{1}{n^2}n\sigma^2=\frac{\sigma^2}{n}.$$

对随机变量 $\dfrac{1}{n}\sum_{k=1}^{n}X_k$ 使用切比雪夫不等式有

$$P\Big(\Big|\frac{1}{n}\sum_{k=1}^{n}X_k-\mu\Big|<\varepsilon\Big)\geqslant 1-\frac{\sigma^2/n}{\varepsilon^2}.$$

令 $n\to\infty$,概率不能大于 1,故得

$$\lim_{n\to\infty}P\Big(\Big|\frac{1}{n}\sum_{k=1}^{n}X_k-\mu\Big|<\varepsilon\Big)=1. \qquad\square$$

定理 2 说明算术平均 $\dfrac{1}{n}\sum_{k=1}^{n}X_k$ 依概率收敛于期望 $\mu$. 即当 $n$ 无限增大时,算术平均几乎成了一个常数. 这就说明了平均稳定性.

定理 2 也是我们常用的算术平均值法则的理论依据. 如我们要测量某一物理量 $a$,在相同的条件下重复进行 $n$ 次,得到 $n$ 个测量值 $X_1$, $X_2$, $\cdots$, $X_n$. 显然它们是相互独立的,分布也相同,且具有期望 $a$. 由于算术平均 $\dfrac{1}{n}\sum_{k=1}^{n}X_k$ 具有稳定性,故可用它近似代替 $a$,即

$$a\approx\frac{X_1+X_2+\cdots+X_n}{n}.$$

当 $n$ 较大时误差较小.

在切比雪夫大数定律中,若 $X_k$, $k=1,2,\cdots$ 均服从 $(0-1)$ 分布,就成了伯努利大数定律,所以伯努利大数定律可视为切比雪夫大数定律的特例.

## 第二节 中心极限定理

我们讲过的随机变量分布如 $(0-1)$ 分布、二项分布、均匀分布、指数分布等均

有其产生的实际背景,那么正态分布的实际背景又是什么呢? 在概率论的系统理论产生之前,许多数学家已认识到,很多实际问题中的随机变量都是由大量相互独立的因素综合影响形成的. 而其中每一个个别的因素在总的影响中的作用却都是很微小的,这样形成的随机变量往往近似服从正态分布. 但是要从理论上来证明这个事实,却是概率论的一个中心问题,可以说概率论就是围绕这个中心发展起来的. 因此人们把有关这方面的定理统称为中心极限定理,从这些定理中可以看到大量的随机变量都近似服从正态分布,从而正态分布成了概率论的中心.

下面给出两个常用的中心极限定理,由于独立同分布的中心极限定理要用较多的数学知识才能证明,所以这里只给出结论而不予证明.

**定理** 1(独立同分布的中心极限定理)　设随机变量 $X_1$, $X_2$, $\cdots$, $X_n$, $\cdots$ 相互独立,服从同一分布,具有有限的期望和方差:

$$E(X_k) = \mu, \quad D(X_k) = \sigma^2 \neq 0, \quad k = 1, 2, \cdots,$$

则随机变量

$$Y_n = \frac{\sum_{k=1}^{n} X_k - n\mu}{\sqrt{n}\sigma}$$

的分布函数 $F_n(x)$ 对于任意的 $x$,满足

$$\lim_{n \to \infty} F_n(x) = \lim_{n \to \infty} P\left( \frac{\sum_{k=1}^{n} X_k - n\mu}{\sqrt{n}\sigma} \leqslant x \right) = \frac{1}{\sqrt{2\pi}} \int_{-\infty}^{x} e^{-\frac{t^2}{2}} dt. \tag{4.1}$$

这表明不管 $X_k$, $k = 1, 2, \cdots$ 服从什么分布,当 $n$ 很大时,随机变量

$$Y_n = \frac{\sum_{k=1}^{n} X_k - n\mu}{\sqrt{n}\sigma}$$

近似地服从标准正态分布 $N(0, 1)$,而随机变量

$$\sum_{k=1}^{n} X_k = \sqrt{n}\sigma Y_n + n\mu$$

近似服从正态分布 $N(n\mu, (\sqrt{n}\sigma)^2)$. 其中期望 $n\mu = E\left( \sum_{k=1}^{n} X_k \right)$,方差 $(\sqrt{n}\sigma)^2 = D\left( \sum_{k=1}^{n} X_k \right)$. $Y_n$ 实际上就是 $\sum_{k=1}^{n} X_k$ 的标准化的随机变量.

**定理 2**(棣莫弗-拉普拉斯定理)　设随机变量 $\eta_n$，$n = 1, 2, \cdots$ 为具有参数 $n$，$p$，$0 < p < 1$ 的二项分布，则对于任意区间 $(a, b)$ 恒有

$$\lim_{n \to \infty} P\left(a < \frac{\eta_n - np}{\sqrt{npq}} \leqslant b\right) = \frac{1}{\sqrt{2\pi}} \int_a^b e^{-\frac{t^2}{2}} \, dt.$$

**证**　$\eta_n \sim B(n, p)$，由第三章可知，可将 $\eta_n$ 视为 $n$ 个相互独立的且服从同一参数为 $p$ 的 $(0-1)$ 分布随机变量 $X_1$，$X_2$，$\cdots$，$X_n$ 之和，即

$$\eta_n = X_1 + X_2 + \cdots + X_n,$$

其中，$E(X_k) = p$，$D(X_k) = pq$，$k = 1, 2, \cdots, n$.

由式 (4.1)　$n\mu = np$，$\sqrt{n}\sigma = \sqrt{n}\sqrt{pq}$，其中 $q = 1 - p$，得

$$\lim_{n \to \infty} P\left(\frac{\eta_n - np}{\sqrt{npq}} \leqslant x\right) = \lim_{n \to \infty} P\left(\frac{\sum\limits_{k=1}^n X_k - np}{\sqrt{npq}} \leqslant x\right) = \frac{1}{\sqrt{2\pi}} \int_{-\infty}^x e^{-\frac{t^2}{2}} \, dt.$$

于是对任意区间 $[a, b)$ 有

$$\lim_{n \to \infty} P\left(a < \frac{\eta_n - np}{\sqrt{npq}} \leqslant b\right) = \frac{1}{\sqrt{2\pi}} \int_a^b e^{-\frac{t^2}{2}} \, dt. \qquad \square$$

定理 2 表明，当 $n$ 较大时，二项分布的随机变量 $\eta_n$ 的概率计算可以转化为正态随机变量的概率计算，而后者是可以查表求得的. 如计算

$$P(a < \eta_n \leqslant b) = P\left(\frac{a - np}{\sqrt{npq}} < \frac{\eta_n - np}{\sqrt{npq}} \leqslant \frac{b - np}{\sqrt{npq}}\right)$$

$$= \Phi\left(\frac{b - np}{\sqrt{npq}}\right) - \Phi\left(\frac{a - np}{\sqrt{npq}}\right). \tag{4.2}$$

由于 $\eta_n$ 近似服从 $N(np, (\sqrt{npq})^2)$，故亦可直接写出

$$P(a < \eta_n \leqslant b) = \Phi\left(\frac{b - np}{\sqrt{npq}}\right) - \Phi\left(\frac{a - np}{\sqrt{npq}}\right). \tag{4.3}$$

大数定律只能从质的方面描述随机现象，而中心极限定理可以更进一步从量的方面描述随机现象. 所以中心极限定理比大数定律深刻得多，它是概率论和数理统计的理论基础.

**例1** 某炮兵部队对敌人防御地段进行炮击. 在每次炮击中, 命中目标的炮弹数的数学期望为2, 均方差为1.5, 求在100次炮击中, 有180颗到220颗炮弹命中目标的概率.

**解** 设 $X_k$ 为第 $k$ 次炮击炮弹命中目标的颗数, 那么

$$X = \sum_{k=1}^{100} X_k$$

为在100次炮击中, 炮弹命中目标的总颗数. 由于 $X_1, X_2, \cdots, X_{100}$ 相互独立地服从同一分布, 且

$$E(X_k) = 2, \quad D(X_k) = 1.5^2,$$

$k=1,2,\cdots,100$, 根据独立同分布中心极限定理, 随机变量

$$\frac{1}{\sqrt{100} \times 1.5} \sum_{k=1}^{100} (X_k - 2) = \frac{1}{15}(X - 200)$$

近似地服从标准正态分布. 于是

$$\begin{aligned}
P(180 \leqslant X \leqslant 220) &= P\left(\frac{180 - 200}{15} \leqslant \frac{X - 200}{15} \leqslant \frac{220 - 200}{15}\right) \\
&= P\left(-1.33 \leqslant \frac{X - 200}{15} \leqslant 1.33\right) \\
&= \Phi(1.33) - \Phi(-1.33) \\
&= \Phi(1.33) - (1 - \Phi(1.33)) \\
&= 2\Phi(1.33) - 1 \\
&= 2 \times 0.9082 - 1 \\
&= 0.8164.
\end{aligned}$$

故在100次炮击中, 有180颗到220颗炮弹命中目标的概率为0.8164.

**例2** 设某单位内有260台电话分机, 每台电话机大约有4%的时间要使用外线, 假定每台电话机是否使用外线是相互独立的. 问该单位总机至少需要多少条外线, 才能有95%以上的把握保证各电话机需要使用外线时不必等候.

**解** 设 $X$ 为260台电话分机同时需要用外线的台数, 每台电话分机是否使用外线可作为一次独立试验, 显然有 $X \sim B(260, 0.04)$.

依题意要求最小的正整数 $N$, 使得

$$P(0 \leqslant X \leqslant N) \geqslant 0.95,$$

$$E(X) = np = 260 \times 0.04 = 10.4,$$

$$D(X) = npq = 260 \times 0.04 \times 0.96 = 9.984,$$

$$\sqrt{D(X)} = \sqrt{9.984} \approx 3.16.$$

根据中心极限定理,可近似认为 $X$ 服从正态分布 $N(10.4,(3.16)^2)$,故得

$$P(0 \leqslant X \leqslant N) = \Phi\left(\frac{N-10.4}{3.16}\right) - \Phi\left(\frac{0-10.4}{3.16}\right) = \Phi\left(\frac{N-10.4}{3.16}\right) \geqslant 0.95,$$

查表得 $\Phi(1.65) = 0.9505 > 0.95$. 所以,

$$\frac{N-10.4}{3.16} \geqslant 1.65,$$

即

$$N \geqslant 1.65 \times 3.16 + 10.4 = 15.61.$$

故取 $N = 16$,即总机至少需要 16 条外线,才能有 95% 以上的把握保证各分机使用外线时不等候.

# 习　题　四

## (A 类)

1. 设 $X_i$, $i = 1,2,\cdots,50$ 是相互独立的随机变量,且它们都服从参数为 $\lambda = 0.02$ 的泊松分布. 记 $X = X_1 + X_2 + \cdots + X_{50}$,试利用中心极限定理计算 $P(X \geqslant 2)$.

2. 某计算机系统有 100 个终端,每个终端有 2% 的时间在使用,若各个终端使用与否是相互独立的,试分别用二项分布、泊松分布、中心极限定理,计算至少一个终端被使用的概率.

3. 一个部件包括 10 个部分,每部分的长度是一个随机变量,它们相互独立,服从同一分布,数学期望为 2 mm,均方差为 0.05 mm. 规定部件总长度为 $20 \pm 0.1$ mm 时为合格品,求该部件为合格产品的概率.

4. 计算机在进行加法时,对每个加数取整(取为最接近于它的整数),设所有的取整误差是相互独立的,且它们都在 $(-0.5, 0.5)$ 上服从均匀分布.
   (1) 若将 1500 个数相加,试求误差总和的绝对值超过 15 的概率;
   (2) 多少个数相加可使误差总和绝对值小于 10 的概率为 0.90?

5. 一个复杂系统由 10 000 个相互独立的部件组成,在系统运行期间,每个部件损坏的概率为 0.1,又知为使系统正常运行,至少有 89% 的部件工作.
   (1) 求系统的可靠度(系统正常运行的概率);
   (2) 上述系统由 $n$ 个相互独立的部件组成,而且要求至少有 87% 的部件工作,才能使系统正常运行,问 $n$ 至少为多大时,才能保证系统的可靠度达到 97.72%?

6. 某单位有 200 台电话分机,每台分机有 5% 的时间要使用外线通话. 假定每台分机是否使用

外线是相互独立的,问该单位总机要安装多少条外线才能以 90% 以上的概率保证分机使用外线时不等待?

7. 设 $\mu_n$ 为 $n$ 重伯努利试验中成功的次数,$p$ 为每次成功的概率,当 $n$ 充分大时,试用棣莫弗-拉普拉斯定律证明

$$P\left(\left|\frac{\mu_n}{n}-p\right|<\varepsilon\right)=2\Phi\left(\varepsilon\sqrt{\frac{n}{pq}}\right)-1.$$

式中,$p+q=1$;$\Phi(x)$ 是标准正态分布的分布函数.

8. 现有一大批种子,其中良种占 $\frac{1}{4}$,今在其中任选 4000 粒,试问在这些种子中,良种所占比例与 $\frac{1}{4}$ 之差小于 1% 的概率是多少?

9. 一批种子中良种占 $\frac{1}{6}$,从中任取 6000 粒,问能以 0.99 的概率保证其中良种的比例与 $\frac{1}{6}$ 相差多少? 这时相应的良种粒数落在哪个范围?

10. 设某电话交换台每秒钟平均被呼叫 2 次,求在 100 秒内被呼叫次数在 180 次至 220 次之间的概率.

## (B 类)

11. (2020,4 分)　设 $X_1,X_2,\cdots,X_{100}$ 为来自总体 $X$ 的简单随机样本,其中 $P(X=0)=P(X=1)=\frac{1}{2}$. $\Phi(x)$ 表示标准正态分布函数. 则利用中心极限定理可得 $P\left(\sum\limits_{i=1}^{100}X_i\leqslant 55\right)$ 的近似值为(　　).

　　A. $1-\Phi(1)$　　　　　B. $\Phi(1)$　　　　　C. $1-\Phi(0.2)$　　　　　D. $\Phi(0.2)$

# 第五章 数理统计的基本概念

数理统计是运用概率论的基本知识,研究如何有效地收集、整理和分析带随机性影响的数据,以对所研究的问题作出推断,为采取决策和行动提供依据和建议. 简单地说,数理统计是直接从随机现象的观察值去研究它的客观规律.

数理统计包括两方面的内容:一是怎样合理地搜集带有随机性影响的数据,包括抽样的方法与试验的设计;二是统计推断,由收集到的局部数据较正确地分析、推断整体的情况. 数理统计的内容是相当丰富的,但我们主要学习统计推断. 本章将介绍关于总体、样本与统计量等基本概念,着重介绍几个统计量的分布.

## 第一节 随机样本与统计量

### 一、总体与样本

在数理统计中,我们把研究对象的全体称为**总体**,而组成总体的每个基本单元叫做**个体**. 例如,一批灯泡寿命的全体是一个总体,而每个灯泡寿命则是一个个体;某地全年所有日平均气温的全体是一个总体,每一天的平均气温则是一个个体等. 值得注意的是,当把总体与一批产品或具体事物相联系时,"对象的全体"并非笼统地指这批产品,而是指这批产品某指标数值的全体. 例如,当研究一批灯泡的寿命时,这批灯泡寿命的全体就是总体,而灯泡的其他指标不在考虑之列.

任何一个总体,都可以用一个随机变量来描述它. 例如,就一批钢筋强度这个总体来说,具有各种强度值的钢筋的比例数是某一定规律分布的,即任抽一根钢筋其强度为某可能值是有一定概率的. 也就是说整批钢筋强度是一个随机变量. 因此,以后凡是提到总体就是指一个随机变量,说总体的概率分布是指随机变量的概率分布. 以后常用大写字母 $X, Y, Z$ 表示总体.

为了对总体 $X$ 的分布进行各种所需的研究,对每个个体逐个进行观察是不现实的. 一方面可能是人力、物力和时间等因素的限制;另一方面即使人力、物力和时间允许我们对产品等对象进行逐个测试,但由于对产品等对象的测试可能是破坏性的. 例如灯泡的寿命问题,如果我们把一大批灯泡的寿命全测出来了,其结果是虽然得到了灯泡寿命 $X$ 的分布情况,但是这批灯泡也全烧毁了,所以像灯泡寿命这一类指标就不允许我们进行逐个测试.因此,我们只能从总体中抽取一部分个体来进行试验.从总体中抽取一部分个体来进行观察或试验,称为**抽样**.被抽出的部分个体称为总体的一个**样本**,样本中所含个体的个数称为**样本容量**.

从总体中抽取样本的方法很多,称为**抽样设计**,在这里我们只讨论简单随机抽样.所谓"**随机抽样**",就是要使总体中每个个体都有同等的机会被抽出.如果抽样是放回抽样,那么抽取任何一个有限总体中的每个个体的机会都相等.当个体的总数 $N$ 与样本的容量 $n$ 的比 $\dfrac{N}{n}$ 很大($\geqslant 10$)时,可以把不放回抽样当作放回抽样来处理,即认为抽取每个个体的机会都相等.其次,从总体抽取一个个体就是对总体 $X$ 进行一次观察,取得一个观察值,抽取一个容量为 $n$ 的样本就要在相同条件下进行 $n$ 次重复的独立观察,这个相互独立的条件是必不可少的.抽取一个容量为 $n$ 的样本,按次序记录其观察值,得到数据 $X_1$,$X_2$,$\cdots$,$X_n$ 是一个**随机样本**.$X_i$ 是相互独立的,而且是与总体 $X$ 有相同分布的随机变量.一次具体的抽取记录 $x_1$,$x_2$,$\cdots$,$x_n$ 是样本 $X_1$,$X_2$,$\cdots$,$X_n$ 的一个**观察值(样本值)**.

**定义 1**　设 $X$ 是分布函数为 $F(x)$ 的随机变量,$X_1$,$X_2$,$\cdots$,$X_n$ 是与 $X$ 有同一分布函数 $F(x)$ 的、相互独立的随机变量,则称 $X_1$,$X_2$,$\cdots$,$X_n$ 为从总体 $X$ 得到的容量为 $n$ 的**简单随机样本**,简称**样本**.它的观察值 $x_1$,$x_2$,$\cdots$,$x_n$ 称为**样本值**(或 $X$ 的 $n$ 个独立**观察值**).

**定义 2**　若 $X_1$,$X_2$,$\cdots$,$X_n$ 是分布函数为 $F(x)$ 的总体 $X$ 的一个样本,则 $X_1$,$X_2$,$\cdots$,$X_n$ 的联合分布函数为

$$F^*(x_1,\ x_2,\ \cdots,\ x_n) = \prod_{i=1}^{n} F(x_i).$$

若 $X$ 有概率密度 $f(x)$,则 $X_1$,$X_2$,$\cdots$,$X_n$ 的联合概率密度为

$$f^*(x_1,\ x_2,\ \cdots,\ x_n) = \prod_{i=1}^{n} f(x_i).$$

简单随机抽样使样本具有了充分的代表性,使得用从样本得到的数据来推断总体有了理论的依据.而样本分布函数与样本概率密度又为后面引进统计量,将样本中的信息集中起来,从而更有效地揭示所研究问题的实质,进而为解决问题提供了途径.

## 二、统计量

样本是总体的一个反映,含有所研究问题的信息,但是它的信息是不集中的,直接用它来对总体 $X$ 进行统计推断与分析的效果不是很好的.为此,我们要针对

不同的问题构造样本的适当函数,把有用的信息集中起来,从而更有效地进行统计推断与分析.

**定义 3**　设 $X_1$,$X_2$,$\cdots$,$X_n$ 是来自总体 $X$ 的一个样本,$g(X_1$,$X_2$,$\cdots$,$X_n)$ 是 $X_1$,$X_2$,$\cdots$,$X_n$ 的一个函数.若 $g$ 是一个连续函数,且 $g$ 中不含任何未知参数,则称 $g(X_1$,$X_2$,$\cdots$,$X_n)$ 是一个**统计量**.

可以看出,统计量是对样本经过必要的加工和计算得到的结果.因为它不含任何未知参数,所以只与样本有关,而与总体无关.

对样本 $X_1$,$X_2$,$\cdots$,$X_n$ 的一组观察值 $x_1$,$x_2$,$\cdots$,$x_n$,$g(x_1$,$x_2$,$\cdots$,$x_n)$ 是 $g(X_1$,$X_2$,$\cdots$,$X_n)$ 的观察值.

下面介绍几个常用的统计量.

设 $X_1$,$X_2$,$\cdots$,$X_n$ 是总体 $X$ 的一个样本,$x_1$,$x_2$,$\cdots$,$x_n$ 是样本的一组观察值.定义

**样本均值**

$$\overline{X} = \frac{1}{n} \sum_{i=1}^{n} X_i;$$

**样本方差**

$$S^2 = \frac{1}{n-1} \sum_{i=1}^{n} (X_i - \overline{X})^2 = \frac{1}{n-1} \Big( \sum_{i=1}^{n} X_i^2 - n \overline{X}^2 \Big);$$

**样本标准差**

$$S = \sqrt{S^2} = \sqrt{\frac{1}{n-1} \sum_{i=1}^{n} (X_i - \overline{X})^2};$$

**样本 $k$ 阶原点矩**

$$A_k = \frac{1}{n} \sum_{i=1}^{n} X_i^k, \quad k = 1, 2, \cdots;$$

**样本 $k$ 阶中心矩**

$$B_k = \frac{1}{n} \sum_{i=1}^{n} (X_i - \overline{X})^k, \quad k = 1, 2, \cdots.$$

注意到,样本均值是样本的一阶原点矩,但样本方差却不是样本的二阶中心矩.这是因为样本方差比样本二阶中心矩更有实用意义.

上述统计量的观察值仍然使用同一名称,即

$$\overline{x} = \frac{1}{n} \sum_{i=1}^{n} x_i;$$

$$s^2 = \frac{1}{n-1} \sum_{i=1}^{n} (x_i - \overline{x})^2 = \frac{1}{n-1} \Big( \sum_{i=1}^{n} x_i^2 - n \overline{x}^2 \Big);$$

$$s = \sqrt{\frac{1}{n-1} \sum_{i=1}^{n} (x_i - \overline{x}_i)^2};$$

$$a_k = \frac{1}{n} \sum_{i=1}^{n} x_i^k, \quad k = 1, 2, \cdots;$$

$$b_k = \frac{1}{n} \sum_{i=1}^{n} (x_i - \overline{x}_i)^k, \quad k = 1, 2, \cdots.$$

观察值是统计量的值,也称**统计值**.

统计量是样本的函数,它作为一个随机变量,也有自己的分布,称为**抽样分布**.

当总体的分布确定时,因为样本 $X_1$, $X_2$, $\cdots$, $X_n$ 是来自总体 $X$,而简单随机抽样又具有独立同分布的特性,所以统计量本身是随机变量,又是随机变量的函数. 我们可以用概率论中求随机变量函数的概率分布的方法来求统计量的分布. 所以说,当总体分布函数已知时,抽样分布是确定的,然而要求出统计量的精确分布,因为种种原因,实际上是困难的.

我们将在下一节介绍几个常用统计量的分布,它们都来自正态总体.

## 三、总体分布的近似求法

在这里,我们介绍两种关于总体分布的近似求法:经验分布函数与直方图.

### 1. 经验分布函数

若总体为 $X$,求分布函数 $F(x)$.

设 $x_1$, $x_2$, $\cdots$, $x_n$ 为总体的一组样本观察值,将它们按由小到大的顺序排列,得到

$$x_1^* \leqslant x_2^* \leqslant \cdots \leqslant x_n^*.$$

**定义 4**  令

$$F_n(x) = \begin{cases} 0, & x < x_1^*, \\ \dfrac{1}{n}, & x_1^* \leqslant x < x_2^*, \\ \cdots\cdots \\ \dfrac{k}{n}, & x_k^* \leqslant x < x_{k+1}^*, \\ \cdots\cdots \\ 1, & x \geqslant x_n^*. \end{cases}$$

则称 $F_n(x)$ 为**经验分布函数**.

当样本 $X_1$，$X_2$，$\cdots$，$X_n$ 取定一组观察值后，$F_n(x)$ 就确定了. 它可视为一个概率分布为

$$P(X = x_k) = \frac{1}{n}, \quad k = 1, 2, \cdots, n,$$

的离散型随机变量 $X$ 的分布函数.

$F_n(x)$ 的图形是跳跃式上升的一条阶梯形曲线. 若观察值不重复，则每一跃度为 $\frac{1}{n}$；若有重复（相同）时，跃度为 $\frac{1}{n}$ 的倍数.

其次，经验分布函数 $F_n(x)$ 的值依赖于样本观察值. 所以是样本的函数. 又因为它不含未知参数，所以 $F_n(x)$ 是一个统计量. 格里汶科（W. Glivenko）在 1933 年证明了以下的结果：对于任一实数 $x$，当 $n \to \infty$ 时，$F_n(x)$ 以概率 1 一致收敛于分布函数 $F(x)$，即

$$P\Big( \lim_{n \to \infty} \sup_{-\infty < x < +\infty} \mid F_n(x) - F(x) \mid = 0 \Big) = 1.$$

因此，对于任一实数 $x$，当 $n$ 充分大时，经验分布函数的任一个观察值 $F_n(x)$ 与总体分布函数 $F(x)$ 只有微小的差别，从而在实际上可作 $F(x)$ 来使用.

**例 1**  随机地观察总体 $X$，得 10 个数据如下：

$$3.2, 2.5, -4, 2.5, 0, 3, 2, 2.5, 4, 2.$$

将它们由小到大排列为

$$-4, 0, 2, 2, 2.5, 2.5, 2.5, 3, 3.2, 4.$$

其经验分布函数是

$$F_{10}(x) = \begin{cases} 0, & x < -4, \\ \dfrac{1}{10}, & -4 \leqslant x < 0, \\ \dfrac{2}{10}, & 0 \leqslant x < 2, \\ \dfrac{4}{10}, & 2 \leqslant x < 2.5, \\ \dfrac{7}{10}, & 2.5 \leqslant x < 3, \\ \dfrac{8}{10}, & 3 \leqslant x < 3.2, \\ \dfrac{9}{10}, & 3.2 \leqslant x < 4, \\ 1, & x \geqslant 4. \end{cases}$$

### 2. 直方图

当总体 $X$ 为连续型随机变量时,总体分布可以用总体密度函数 $f(x)$ 来表示,而 $f(x)$ 需要我们用样本来推断.下面介绍的频率直方图是求 $f(x)$ 的最简单而有效的近似求法.

设 $x_1$,$x_2$,$\cdots$,$x_n$ 为 $X$ 的样本 $X_1$,$X_2$,$\cdots$,$X_n$ 的一组观察值.我们采用以下步骤作出直方图:

(1) 将总体 $X$ 的一组样本值 $x_1$,$x_2$,$\cdots$,$x_n$ 按大小次序排列,得

$$x_1^* \leqslant x_2^* \leqslant \cdots \leqslant x_n^*.$$

(2) 选取 $a$(略小于 $x_1^*$)和 $b$(略大于 $x_n^*$),则所有的样本值都落入区间 $(a,b]$ 中.在 $(a,b]$ 内插入 $k-1$ 个分点,

$$a = t_0 < t_1 < t_2 < \cdots < t_{k-1} < t_k = b,$$

将 $(a,b]$ 分成 $k$ 个小区间:

$$(t_0,t_1],(t_1,t_2],\cdots,(t_{k-1},t_k].$$

$\Delta t_i = t_i - t_{i-1}$ 是第 $i$ 个小区间的长度,称为第 $i$ 组组距.各组组距可以相等,也可以不等,但每个小区间都要包含若干个样本值.小区间的个数 $k$ 一般可取 8 至 15 个,太少或太多均不易显示分布特征.另外分点的值 $t_i$ 应比数据的有效数字多一位.

(3) 用唱票的办法,数出样本值落在区间 $(t_{i-1},t_i]$ 中的频数 $n_i$,并计算出频率

$$f_i = \frac{n_i}{n},\ i = 1,2,\cdots,k.$$

(4) 在 $x$ 轴上标出各分点,以 $(t_{i-1},t_i]$ 为底边,画出高度为 $f_i/\Delta t_i$ 的矩形,便得到直方图.其中第 $i$ 个小矩形的面积 $\Delta S_i$ 是样本落入区间 $(t_{i-1},t_i]$ 的频率,是概率的近似值,即

$$\Delta S_i = \frac{f_i}{\Delta t_i} \cdot \Delta t_i = f_i \approx \int_{t_{i-1}}^{t_i} f(x)\mathrm{d}x.$$

连接直方图矩形上边缘的曲线便是 $f(x)$ 的近似图形.

如果在步骤(4)中用组中间值 $\frac{1}{2}(t_{i-1}+t_i)$ 的频率分布代替样本观察值的频率分布,我们便可求出经验分布函数 $F_n(x)$.

**例2** 某洗涤剂厂为了保证质量,对某天生产的洗涤剂进行抽查,测得 100 瓶洗涤剂重量的数据如下:

| 341 | 342 | 346 | 348 | 342 | 346 | 343 | 341 | 344 | 343 |
| 344 | 346 | 341 | 342 | 346 | 344 | 340 | 345 | 344 | 345 |
| 342 | 343 | 344 | 343 | 342 | 350 | 345 | 339 | 337 | 344 |
| 332 | 336 | 344 | 345 | 348 | 349 | 341 | 342 | 343 | 350 |
| 342 | 339 | 343 | 350 | 341 | 346 | 341 | 344 | 345 | 342 |
| 346 | 343 | 339 | 343 | 338 | 346 | 344 | 345 | 350 | 341 |
| 340 | 338 | 349 | 345 | 345 | 342 | 336 | 343 | 338 | 343 |
| 341 | 341 | 347 | 344 | 347 | 339 | 348 | 343 | 347 | 347 |
| 341 | 340 | 358 | 353 | 344 | 346 | 340 | 347 | 345 | 346 |
| 339 | 342 | 341 | 342 | 352 | 348 | 350 | 335 | 350 | 344 |

试画出直方图及近似 $f(x)$ 曲线,并求出经验分布函数 $F_{100}(x)$.

**解**　因 $x_1^* = 332$, $x_{100}^* = 358$, 故可取 $(a, b)$ 为 $(331.5, 358.5]$, 把 $(a, b)$ 分成长度为 3 的 9 个小区间(组),列出频数与频率表如下:

| 序号 | 组 $(t_{i-1}, t_i]$ | 频数 $n_i$ | 频率 $f_i$ | 序号 | 组 $(t_{i-1}, t_i]$ | 频数 $n_i$ | 频率 $f_i$ |
|---|---|---|---|---|---|---|---|
| 1 | $(331.5, 334.5]$ | 1 | 0.01 | 6 | $(346.5, 349.5]$ | 12 | 0.12 |
| 2 | $(334.5, 337.5]$ | 4 | 0.04 | 7 | $(349.5, 352.5]$ | 7 | 0.07 |
| 3 | $(337.5, 340.5]$ | 12 | 0.12 | 8 | $(352.5, 355.5]$ | 1 | 0.01 |
| 4 | $(340.5, 343.5]$ | 32 | 0.32 | 9 | $(355.5, 358.5]$ | 1 | 0.01 |
| 5 | $(343.5, 346.5]$ | 30 | 0.30 | 合　计 | | 100 | 1 |

根据表上数据作出直方图,如图 5.1 所示.

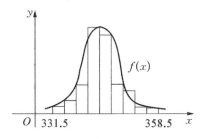

图 5.1

从直方图可以看出, $X$ 应服从正态分布 $N(\mu, \sigma^2)$, $\mu \approx 343.8$, $\sigma \approx 4.05$.
再用组中间值的频率分布

| 组中间值 | 333 | 336 | 339 | 342 | 345 | 348 | 351 | 354 | 357 |
|---|---|---|---|---|---|---|---|---|---|
| 频　率 | 0.01 | 0.04 | 0.12 | 0.32 | 0.30 | 0.12 | 0.07 | 0.01 | 0.01 |

可求出经验分布函数 $F_{100}(x)$.

$$F_{100}(x) = \begin{cases} 0, & x < 333, \\ 0.01, & 333 \leqslant x < 336, \\ 0.05, & 336 \leqslant x < 339, \\ 0.17, & 339 \leqslant x < 342, \\ 0.49, & 342 \leqslant x < 345, \\ 0.79, & 345 \leqslant x < 348, \\ 0.91, & 348 \leqslant x < 351, \\ 0.98, & 351 \leqslant x < 354, \\ 0.99, & 354 \leqslant x < 357, \\ 1, & x \geqslant 357. \end{cases}$$

# 第二节　正态总体下的抽样分布

当用统计量推断总体时,必须知道统计量的分布,统计量的分布也称为**抽样分布**. 如果总体的分布为正态分布,则该总体称为**正态总体**. 正态总体在数理统计中有特别重要的地位,一是因为其统计量的精确分布已经有了比较详尽的研究;另一个重要原因是,在许多领域中所遇到的总体,常常可以认为近似地服从正态分布. 下面介绍来自正态总体的几个常用统计量的分布.

## 一、$\chi^2$ 分布

设 $X_1$, $X_2$, $\cdots$, $X_n$ 是来自总体 $N(0, 1)$ 的样本,则称统计量

$$\chi^2 = X_1^2 + X_2^2 + \cdots + X_n^2 \tag{5.1}$$

服从**自由度为 $n$ 的 $\chi^2$ 分布**,记为 $\chi^2 \sim \chi^2(n)$.

此处,自由度是指式(5.1)右端包含的独立变量的个数.

$\chi^2(n)$ 分布的概率密度函数为

$$f(x) = \begin{cases} \dfrac{1}{2^{\frac{n}{2}} \Gamma\left(\dfrac{n}{2}\right)} x^{\frac{n}{2}-1} \mathrm{e}^{-\frac{x}{2}}, & x > 0, \\ 0, & \text{其他}. \end{cases}$$

式中,$\Gamma\left(\dfrac{n}{2}\right)$是 $\Gamma$ 函数,其定义为

$$\Gamma(m) = \int_0^{+\infty} x^{m-1} e^{-x} dx.$$

$\chi^2(n)$分布的密度函数如图 5.2 所示.

$\chi^2$ 分布具有以下性质:

(1) 可加性. 设 $\chi_1^2 \sim \chi^2(n_1)$,$\chi_2^2 \sim \chi^2(n_2)$,且 $\chi_1^2$ 与 $\chi_2^2$ 独立,则

$$\chi_1^2 + \chi_2^2 \sim \chi^2(n_1 + n_2).$$

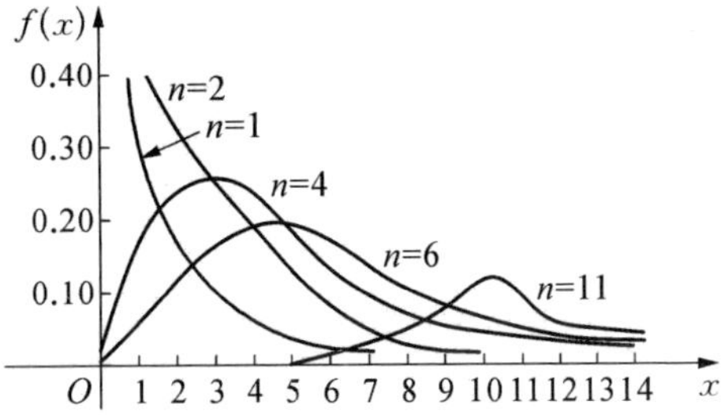

(2) 若 $\chi^2 \sim \chi^2(n)$,则 $E(\chi^2) = n$,$D(\chi^2) = 2n$.

**证** 因 $X_i \sim N(0, 1)$,故

$$E(X_i^2) = D(X_i) = 1,$$

$$D(X_i^2) = E(X_i^4) - (E(X_i^2))^2 = 3 - 1 = 2,\ i = 1,\ 2,\ \cdots,\ n.$$

图 5.2

于是

$$E(\chi^2) = E\left(\sum_{i=1}^n X_i^2\right) = \sum_{i=1}^n E(X_i^2) = n,$$

$$D(\chi^2) = D\left(\sum_{i=1}^n X_i^2\right) = \sum_{i=1}^n D(X_i^2) = 2n. \qquad \square$$

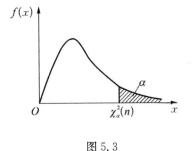

图 5.3

对于给定的正数 $\alpha$,$0 < \alpha < 1$,满足条件

$$P(\chi^2 > \chi_\alpha^2(n)) = \int_{\chi_\alpha^2(n)}^{+\infty} f(x) dx = \alpha$$

的数 $\chi_\alpha^2(n)$,称为 $\chi^2(n)$分布的**上 $\alpha$ 分位点**,如图 5.3 所示. 查 $\chi^2$ 分布表可得相应的分位点. 例如,查表可得 $\chi_{0.05}^2(25) = 37.652$,$\chi_{0.1}^2(25) = 34.382$.

## 二、$t$ 分布

设 $X \sim N(0, 1)$,$Y \sim \chi^2(n)$,且 $X,Y$ 相互独立,则称随机变量

$$T = \frac{X}{\sqrt{\dfrac{Y}{n}}}$$

所服从的分布是**自由度为 $n$ 的 $t$（Student）分布**，记为 $T \sim t(n)$.

$t(n)$分布的概率密度为

$$f(x) = \frac{\Gamma\left(\dfrac{n+1}{2}\right)}{\sqrt{n\pi}\,\Gamma\left(\dfrac{n}{2}\right)}\left(1+\frac{x^2}{n}\right)^{-\frac{n+1}{2}}, \quad -\infty < x < +\infty.$$

其图形如图 5.4 所示.

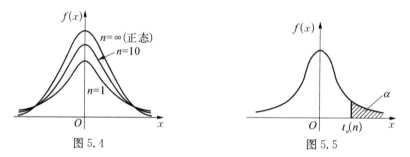

图 5.4　　　　　　　　　图 5.5

$t(n)$分布的概率密度是偶函数，其图形形状类似标准正态概率密度的图形. 可以证明，当 $n \to \infty$ 时，$t(n)$分布的极限分布就是标准正态分布.

对于给定的正数 $\alpha$，$0 < \alpha < 1$，满足

$$P(T > t_\alpha(n)) = \int_{t_\alpha(n)}^{+\infty} f(x)\mathrm{d}x = \alpha$$

的数 $t_\alpha(n)$ 称为 $t(n)$分布的**上 $\alpha$ 分位点**，如图 5.5 所示. 查 $t$ 分布表可得相应的分位点. 例如查表得 $t_{0.01}(12) = 2.6810$.

在今后的学习过程中，还会用到 $t(n)$分布的双侧 $\alpha$ 分位点. 对于给定的正数 $\alpha$（$0 < \alpha < 1$）. 满足

$$P(|T| < t^*) = 1 - \alpha$$

的数 $t^*$ 称为 $t(n)$分布的**双侧 $\alpha$ 分位点**. 由于 $t(n)$分布的密度函数是偶函数，所以 $P(T \leqslant -t^*) = P(T \geqslant t^*)$. 于是

$$\begin{aligned}P(|T| < t^*) &= P(-t^* < T < t^*)\\&= P(T < t^*) - P(T \leqslant -t^*)\\&= (1 - P(T \geqslant t^*)) - P(T \geqslant t^*)\\&= 1 - 2P(T \geqslant t^*)\\&= 1 - \alpha,\end{aligned}$$

因此

$$P(T \geqslant t^*) = \frac{\alpha}{2},$$

也即

$$P(T > t^*) = \frac{\alpha}{2}.$$

可以看到 $t(n)$ 分布的双侧 $\alpha$ 分位点 $t^*$ 就是其上 $\frac{\alpha}{2}$ 分位点 $t_{\frac{\alpha}{2}}(n)$. 而 $t_{\frac{\alpha}{2}}(n)$ 可以查 $t$ 分布表求得.

## 三、F 分布

设 $X \sim \chi^2(n_1)$, $Y \sim \chi^2(n_2)$, $X$ 与 $Y$ 独立, 则称随机变量

$$F = \frac{X/n_1}{Y/n_2}$$

所服从的分布是**自由度为 $(n_1, n_2)$ 的 F 分布**, 记为 $F \sim F(n_1, n_2)$. 其中 $n_1$ 称为**第一自由度**, $n_2$ 称为**第二自由度**.

$F(n_1, n_2)$ 分布的概率密度为

$$f(x) = \begin{cases} \dfrac{\Gamma\left(\dfrac{n_1+n_2}{2}\right)\left(\dfrac{n_1}{n_2}\right)^{\frac{n_1}{2}} x^{\frac{n_1}{2}-1}}{\Gamma\left(\dfrac{n_1}{2}\right)\Gamma\left(\dfrac{n_2}{2}\right)\left(1+\dfrac{n_1 x}{n_2}\right)^{\frac{n_1+n_2}{2}}}, & x > 0, \\ \qquad\qquad 0, & \text{其他}. \end{cases}$$

其图形如图 5.6 所示.

若 $F \sim F(n_1, n_2)$, 则根据定义可知 $\dfrac{1}{F} \sim F(n_2, n_1)$.

对于给定的正数 $\alpha$, $0 < \alpha < 1$, 满足

$$P(F > F_\alpha(n_1, n_2)) = \int_{F_\alpha(n_1, n_2)}^{+\infty} f(x)\mathrm{d}x = \alpha$$

的数 $F_\alpha(n_1, n_2)$ 称为 $F(n_1, n_2)$ 分布的**上 $\alpha$ 分位点**, 如图 5.7 所示. 查 $F$ 分布表可得相应的分位点. 例如查表得 $F_{0.05}(24, 30) = 1.89$. 关于 $F$ 分布的分位点, 有如下重要性质:

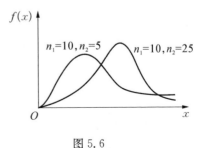

图 5.6

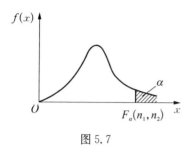

图 5.7

$$F_{1-\alpha}(n_1,\ n_2) = \frac{1}{F_\alpha(n_2,\ n_1)}.$$

利用上式,可以求出 $F$ 分布表中没有列出的上 $\alpha$ 分位点. 例如,

$$F_{0.95}(15,\ 12) = \frac{1}{F_{0.05}(12,\ 15)}$$

$$= \frac{1}{2.48} = 0.403.$$

## 四、正态总体的样本均值与样本方差的分布

设总体 $X$ 的均值为 $\mu$,方差为 $\sigma^2$,$X_1,\ X_2,\ \cdots,\ X_n$ 是来自 $X$ 的一个样本,$\overline{X}$,$S^2$ 是样本均值和样本方差,则总有

$$E(\overline{X}) = \mu,\ D(\overline{X}) = \frac{\sigma^2}{n}.$$

而

$$E(S^2) = E\Big(\frac{1}{n-1}\Big(\sum_{i=1}^{n} X_i^2 - n\overline{X}^2\Big)\Big)$$

$$= \frac{1}{n-1}\Big(\sum_{i=1}^{n} E(X_i^2) - nE(\overline{X}^2)\Big)$$

$$= \frac{1}{n-1}\Big(\sum_{i=1}^{n}(\sigma^2 + \mu^2) - n\Big(\frac{\sigma^2}{n} + \mu^2\Big)\Big)$$

$$= \sigma^2,$$

即 $E(S^2) = \sigma^2$.

下面介绍正态总体的抽样分布定理.

**定理 1**　设 $X_1, X_2, \cdots, X_n$ 是来自总体 $N(\mu,\ \sigma^2)$ 的样本,则

(1) $\dfrac{\overline{X} - \mu}{\sigma/\sqrt{n}} \sim N(0,\ 1)$;

(2) $\dfrac{(n-1)S^2}{\sigma^2} \sim \chi^2(n-1)$;

(3) $\overline{X}$ 与 $S^2$ 相互独立;

(4) $\dfrac{\overline{X}-\mu}{S/\sqrt{n}} \sim t(n-1)$;

(5) $\dfrac{1}{\sigma^2} \sum\limits_{i=1}^{n} (X_i-\mu)^2 \sim \chi^2(n)$.

**定理 2**　设 $X_1$, $X_2$, $\cdots$, $X_{n_1}$ 和 $Y_1$, $Y_2$, $\cdots$, $Y_{n_2}$ 分别是来自 $N(\mu_1, \sigma_1^2)$ 和 $N(\mu_2, \sigma_2^2)$ 的样本,且这两个样本相互独立,则

(1) $\dfrac{(\overline{X}-\overline{Y})-(\mu_1-\mu_2)}{\sqrt{\dfrac{\sigma_1^2}{n_1}+\dfrac{\sigma_2^2}{n_2}}} \sim N(0, 1)$;

(2) $\dfrac{S_1^2/S_2^2}{\sigma_1^2/\sigma_2^2} \sim F(n_1-1, n_2-1)$;

(3) 当 $\sigma_1^2 = \sigma_2^2 = \sigma^2$ 时,

$$\dfrac{(\overline{X}-\overline{Y})-(\mu_1-\mu_2)}{S_w\sqrt{\dfrac{1}{n_1}+\dfrac{1}{n_2}}} \sim t(n_1+n_2-2);$$

(4) $\dfrac{n_2\sigma_2^2 \sum\limits_{i=1}^{n_1} (X_i-\mu_1)^2}{n_1\sigma_1^2 \sum\limits_{i=1}^{n_2} (Y_i-\mu_2)^2} \sim F(n_1, n_2)$.

其中,$\overline{X}$ 和 $S_1^2$ 分别是 $X_1$, $X_2$, $\cdots$, $X_{n_1}$ 的样本均值和样本方差;$\overline{Y}$ 与 $S_2^2$ 分别是 $Y_1$, $Y_2$, $\cdots$, $Y_{n_2}$ 的样本均值和样本方差,且

$$S_w^2 = \dfrac{(n_1-1)S_1^2+(n_2-1)S_2^2}{n_1+n_2-2}, \ S_w = \sqrt{S_w^2}.$$

**例 1**　设总体 $X \sim N(\mu, 16)$,其中 $\mu$ 未知. $X_1$, $X_2$, $\cdots$, $X_9$ 是来自总体的样本.

(1) 求概率 $P(|\overline{X}-\mu| \leqslant 3)$;

(2) 记 $Y = \sum\limits_{i=1}^{9} (X_i-\overline{X})^2$,求概率 $P(Y \leqslant 248)$.

**解**　(1) 已知 $\sigma = 4$,$\overline{X} = \dfrac{1}{9} \sum\limits_{i=1}^{9} X_i$,则定理 1(1) 知

$$\dfrac{\overline{X}-\mu}{\dfrac{\sigma}{\sqrt{n}}} = \dfrac{\overline{X}-\mu}{\dfrac{4}{3}} = \dfrac{3}{4}(\overline{X}-\mu) \sim N(0, 1),$$

从而

$$P(|\overline{X}-\mu|\leqslant 3)=P\left(-\frac{9}{4}\leqslant\frac{3}{4}(\overline{X}-\mu)\leqslant\frac{9}{4}\right)$$

$$=\Phi(2.25)-\Phi(-2.25)$$

$$=2\Phi(2.25)-1$$

$$=2\times 0.9878-1$$

$$=0.9756.$$

（2）由定理 1(2)得

$$\chi^2=\frac{(n-1)S^2}{\sigma^2}=\frac{1}{\sigma^2}\sum_{i=1}^{9}(X_i-\overline{X})^2=\frac{Y}{16}\sim\chi^2(8),$$

于是

$$P(Y\leqslant 248)=1-P(Y>248)=1-P\left(\frac{Y}{16}>\frac{248}{16}\right)$$

$$=1-P(\chi^2>15.5).$$

查 $\chi^2$ 分布表知 $\chi_{0.05}^2(8)=15.5$. 故得

$$P(Y\leqslant 248)=1-0.05=0.95.$$

**例2** 设总体 $X$ 与 $Y$ 独立，且都服从 $N(0,16)$，$X_1$，$X_2$，…，$X_{16}$；$Y_1$，$Y_2$，…，$Y_{16}$ 分别是来自 $X$ 和 $Y$ 的样本.

（1）问统计量 $W=\dfrac{\sum\limits_{i=1}^{16}X_i}{\sqrt{\sum\limits_{i=1}^{16}Y_i^2}}$ 服从什么分布?

（2）计算概率 $P(|W|\leqslant 0.69)$.

**解** （1）由定理 1(1)知

$$U=\frac{\overline{X}-\mu}{\frac{\sigma}{\sqrt{n}}}=\frac{1}{16}\sum_{i=1}^{16}X_i\sim N(0,1),$$

又 $\dfrac{Y_i}{4}\sim N(0,1)$，$i=1,2,\cdots,16$，且相互独立，于是

$$V=\sum_{i=1}^{16}\left(\frac{Y_i}{4}\right)^2=\frac{1}{16}\sum_{i=1}^{16}Y_i^2\sim\chi^2(16).$$

由于总体 $X$ 和 $Y$ 相互独立,故 $U$ 与 $V$ 独立,从而

$$W = \frac{\sum\limits_{i=1}^{16} X_i}{\sqrt{\sum\limits_{i=1}^{16} Y_i^2}} = \frac{\frac{1}{16}\sum\limits_{i=1}^{16} X_i}{\sqrt{\frac{1}{16}\sum\limits_{i=1}^{16} \frac{Y_i^2}{16}}} = \frac{U}{\sqrt{\frac{V}{16}}} \sim t(16).$$

(2) $P(|W| \leqslant 0.69) = 1 - 2P(W > 0.69)$,查 $t$ 分布表知 $t_{0.25}(16) = 0.69$,故

$$P(|W| \leqslant 0.69) = 1 - 2 \times 0.25 = 0.5.$$

**例 3** 设两相互独立的总体 $X \sim N(\mu_1, 100), Y \sim N(\mu_2, 64)$,其中 $\mu_1, \mu_2$ 未知. $X_1, X_2, \cdots, X_{21}; Y_1, Y_2, \cdots, Y_{16}$ 是分别来自 $X$ 及 $Y$ 的样本,求两样本方差之比落入区间 $[0.71, 3]$ 之间的概率.

**解** 由定理 2(2) 知,样本方差之比服从 $F$ 分布. 由题设知 $\sigma_1^2 = 100, \sigma_2^2 = 64$, $n_1 = 21, n_2 = 16.$ 令

$$S_1^2 = \frac{1}{20} \sum_{i=1}^{21} (X_i - \overline{X})^2,$$

$$S_2^2 = \frac{1}{15} \sum_{i=1}^{16} (Y_i - \overline{Y})^2.$$

于是

$$F = \frac{S_1^2/S_2^2}{\sigma_1^2/\sigma_2^2} = \frac{S_1^2/S_2^2}{100/64} = \frac{0.64 S_1^2}{S_2^2} \sim F(20, 15),$$

因此

$$P\left(0.71 \leqslant \frac{S_1^2}{S_2^2} \leqslant 3\right) = P(0.71 \times 0.64 \leqslant F \leqslant 3 \times 0.64)$$

$$= P(F \leqslant 1.92) - P(F < 0.4544)$$

$$= 1 - P(F > 1.92) - P\left(\frac{1}{F} > 2.2\right),$$

这里 $F \sim F(20, 15), \dfrac{1}{F} \sim F(15, 20)$,查 $F$ 分布表得 $F_{0.1}(20, 15) = 1.92$, $F_{0.05}(15, 20) = 2.2.$ 所以

$$P\left(0.71 \leqslant \frac{S_1^2}{S_2^2} \leqslant 3\right) = 1 - 0.1 - 0.05 = 0.85.$$

# 习 题 五

## (A 类)

1. 在总体 $N(52, 6.3^2)$ 中随机抽取一容量为 36 的样本,求样本均值 $\overline{X}$ 落在 50.8 到 53.8 之间的概率.

2. 在总体 $N(80, 20^2)$ 中随机抽取一容量为 100 的样本,问样本均值与总体均值的绝对值大于 3 的概率是多少?

3. 求总体 $N(20, 3)$ 的容量分别为 10,15 的两独立样本均值差的绝对值小于 0.3 的概率.

4. 设总体 $X$ 的容量为 10 的样本观测值为 4.5,2.0,1.0,1.5,3.4,4.5,6.5,5.0,3.5,4.0. 试分别计算样本均值 $\overline{X}$ 与样本方差 $S^2$ 的值.

5. 样本均值与样本方差的简化计算如下:设样本值 $x_1$, $x_2$, $\cdots$, $x_n$ 的平均值为 $\overline{x}$ 和样本方差为 $S_x^2$,作变换 $y_i = \dfrac{x_i - a}{c}$,得到 $y_1$, $y_2$, $\cdots$, $y_n$,它的平均值为 $\overline{y}$,方差为 $S_y^2$,试证:$\overline{x} = a + c\,\overline{y}, S_x^2 = c^2 S_y^2$.

6. 对某种混凝土的抗压强度进行研究,得到它的样本值为

$$1939,1697,3030,2424,2020,2909,1815,2020,2310.$$

采用下面简化计算法计算样本均值和样本方差. 即先作变换 $y_i = x_i - 2000$,再计算 $\overline{y}$ 与 $S_y^2$,然后利用第 5 题中的公式获得 $\overline{x}$ 和 $S_x^2$ 的数值.

7. 某地抽样调查了 1995 年 6 月 30 个工人月工资的数据,试画出它们的直方图,然后利用组中间值给出经验分布函数.

|      |      |      |      |      |      |      |      |      |      |
|------|------|------|------|------|------|------|------|------|------|
| 440  | 444  | 556  | 430  | 380  | 420  | 500  | 430  | 420  | 384  |
| 420  | 404  | 424  | 340  | 424  | 412  | 388  | 472  | 360  | 476  |
| 376  | 396  | 428  | 444  | 366  | 436  | 364  | 440  | 330  | 426  |

8. 设 $X_1$, $X_2$, $\cdots$, $X_{10}$ 为 $N(0, 0.3^2)$ 的一个样本,求 $P\left( \sum\limits_{i=1}^{10} X_i^2 > 1.44 \right)$.

9. 查 $\chi^2$ 分布表求下列各式中 $\lambda$ 的值:

   (1) $P(\chi^2(8) < \lambda) = 0.01$;

   (2) $P(\chi^2(15) > \lambda) = 0.01$.

10. 看 $t$ 分布表求下列各式中 $\lambda$ 的值:

   (1) $P(t(5) < \lambda) = 0.95$;

   (2) $P(|t(5)| < \lambda) = 0.95$.

11. 查 $F$ 分布表求下列各式的值:

   (1) $F_{0.95}(10, 9)$;

   (2) $F_{0.05}(10, 9)$.

12. 已知 $X \sim t(n)$，求证 $X^2 \sim F(1, n)$.

13. 设 $X_1, X_2, \cdots, X_n$ 是来自 $\chi^2(n)$ 分布的样本，求样本均值 $\overline{X}$ 的数学期望和方差.

14. 设 $X_1, X_2, \cdots, X_n$ 为来自泊松分布 $\pi(\lambda)$ 的样本，$\overline{X}, S^2$ 分别为样本均值和样本方差，求 $E(\overline{X}), D(\overline{X}), E(S^2)$.

15. 设 $X_1, X_2, X_3, X_4$ 为来自总体 $N(0, 1)$ 的样本，$X = a(X_1 - 2X_2)^2 + b(X_3 + 3X_4)^2$，当 $a$, $b$ 为何值时，$X \sim \chi^2(n)$，且自由度 $n$ 是多少？

16. 设在总体 $N(\mu, \sigma^2)$ 中抽取一容量为 16 的样本，这里 $\mu, \sigma^2$ 均为未知，求：

(1) $P\left(\dfrac{S^2}{\sigma^2} \leqslant 2.041\right)$，其中 $S^2$ 为样本方差；

(2) $D(S^2)$.

17. 设 $X_1, X_2, \cdots, X_{16}$ 是来自总体 $X \sim N(\mu, \sigma^2)$ 的样本，$\overline{X}$ 和 $S^2$ 分别是样本均值和样本方差，求 $k$ 使得

$$P(\overline{X} > \mu + kS) = 0.95.$$

18. 设 $X_1, X_2, \cdots, X_n$ 是来自正态总体 $N(\mu, \sigma^2)$ 的样本，$\overline{X}$ 和 $S^2$ 分别是样本均值和样本方差. 又设 $X_{n+1} \sim N(\mu, \sigma^2)$，且与 $X_1, X_2, \cdots, X_n$ 独立. 试求统计量

$$\frac{X_{n+1} - \overline{X}}{S} \sqrt{\frac{n}{n+1}}$$

的抽样分布.

## (B 类)

19. (2003, 4 分)　设随机变量 $X \sim t(n)$，$n > 1$，$Y = \dfrac{1}{X^2}$，则（　　）.

A. $Y \sim \chi^2(n)$ 　　　　　　　　B. $Y \sim \chi^2(n-1)$

C. $Y \sim F(n, 1)$ 　　　　　　　　D. $Y \sim F(1, n)$

20. (2005, 4 分)　设 $X_1, X_2, \cdots, X_n$，$n \geqslant 2$ 为来自总体 $N(0, 1)$ 的简单随机样本，$\overline{X}$ 为样本均值，$S^2$ 为样本方差，则（　　）.

A. $n\overline{X} \sim N(0, 1)$ 　　　　　　B. $nS^2 \sim \chi^2(n)$

C. $\dfrac{(n-1)\overline{X}}{S} \sim t(n-1)$ 　　　　D. $\dfrac{(n-1)X_1^2}{\sum\limits_{i=2}^{n} X_i^2} \sim F(1, n-1)$

21. (2005, 9 分)　设 $X_1, X_2, \cdots, X_n$，$n > 2$ 为来自总体 $N(0, 1)$ 的简单随机样本，$\overline{X}$ 为样本均值，记 $Y_i = X_i - \overline{X}$，$i = 1, 2, \cdots, n$. 求：

(1) $Y_i$ 的方差 $DY_i$，$i = 1, 2, \cdots, n$；

(2) $Y_1$ 与 $Y_n$ 的协方差 $\mathrm{cov}(Y_1, Y_n)$.

22. (2017, 4 分)　设 $X_1, X_2, \cdots, X_n$ $(n \geqslant 2)$ 为来自总体 $N(\mu, 1)$ 的简单随机样本，记 $\overline{X} = \dfrac{1}{n} \sum\limits_{i=1}^{n} X_i$，则下列结论中不正确的是（　　）.

A. $\sum_{i=1}^{n}(X_i - \mu)^2$ 服从 $\chi^2$ 分布

B. $2(X_n - X_1)^2$ 服从 $\chi^2$ 分布

C. $\sum_{i=1}^{n}(X_i - \overline{X})^2$ 服从 $\chi^2$ 分布

D. $n(\overline{X} \quad \mu)^2$ 服从 $\chi^2$ 分布

23. (2021,5 分) 设 $(X_1, Y_1), (X_2, Y_2), \cdots, (X_n, Y_n)$ 为来自总体 $N(\mu_1, \mu_2; \sigma_1^2, \sigma_2^2; \rho)$ 的简单随机样本,令 $\theta = \mu_1 - \mu_2, \overline{X} = \dfrac{1}{n}\sum_{i=1}^{n}X_i, \overline{Y} = \dfrac{1}{n}\sum_{j=1}^{n}Y_j, \hat{\theta} = \overline{X} - \overline{Y}$,则(    ).

A. $\hat{\theta}$ 是 $\theta$ 的无偏估计,$D(\hat{\theta}) = \dfrac{\sigma_1^2 + \sigma_2^2}{n}$

B. $\hat{\theta}$ 不是 $\theta$ 的无偏估计,$D(\hat{\theta}) = \dfrac{\sigma_1^2 + \sigma_2^2}{n}$

C. $\hat{\theta}$ 是 $\theta$ 的无偏估计,$D(\hat{\theta}) = \dfrac{\sigma_1^2 + \sigma_2^2 - 2\rho\sigma_1\sigma_2}{n}$

D. $\hat{\theta}$ 不是 $\theta$ 的无偏估计,$D(\hat{\theta}) = \dfrac{\sigma_1^2 + \sigma_2^2 - 2\rho\sigma_1\sigma_2}{n}$

# 第六章　参数估计与假设检验

本章介绍数理统计的核心部分——统计推断. 所谓统计推断就是利用样本的资料对总体的某些性质进行估计或作出判断,从而认识该总体. 统计推断的内容包括参数估计和假设检验.

## 第一节　参 数 估 计

在实际问题中,经常遇到需要用样本来估计有关总体的某些未知参数. 例如,为了确定一批灯泡的质量,就要知道这批灯泡的使用寿命. 根据经验知道,它的使用寿命服从正态分布 $N(\mu, \sigma^2)$,但并不知道 $\mu$ 和 $\sigma^2$ 的具体数值. 为了判断这批灯泡的质量,只能通过样本估计出它的平均寿命及寿命长短的差异程度,也就是利用样本估计正态分布的两个未知参数 $\mu$ 和 $\sigma^2$. 这就是参数估计问题. 这个问题的一般提法是,设总体 $X$ 的分布中包含未知参数 $\theta$(可以是一个,也可以是几个). 由样本 $X_1$, $X_2$, $\cdots$, $X_n$ 构造适当的统计量 $\hat{\theta}(X_1, X_2, \cdots, X_n)$ 去估计未知参数 $\theta$(需估计几个未知参数,就构造几个统计量). 统计量 $\hat{\theta}(X_1, X_2, \cdots, X_n)$ 也称为参数 $\theta$ 的**估计量**.

进行参数估计的总体,不一定知其分布类型. 当总体分布类型已知时,可估计其中的未知参数. 而当总体分布类型未知时,可估计总体的数字特征. 参数估计有许多方法,主要是**点估计**和**区间估计**.

对参数 $\theta$ 的估计量 $\hat{\theta}(X_1, X_2, \cdots, X_n)$,用样本的一个观察值 $(x_1, x_2, \cdots, x_n)$ 代入,算出具体数值 $\hat{\theta}(x_1, x_2, \cdots, x_n)$ 来估计未知参数 $\theta$,称 $\hat{\theta}(x_1, x_2, \cdots, x_n)$ 为 $\theta$ 的**估计值**. 显然,估计量是样本的函数,是一个随机变量. 对样本的不同观察值,$\theta$ 的估计值往往是不同的. 在不至引起混淆的情况下,统称估计量和估计值为**估计**,并都简记为 $\hat{\theta}$. 这种关于参数 $\theta$ 的估计叫做参数 $\theta$ 的点估计. 根据构造估计量 $\hat{\theta}$ 方法的不同,点估计又分为**矩估计法**和**最大似然估计法**.

从总体 $X$ 中取得样本观测值后,由参数的点估计方法,我们可以求得未知参数 $\theta$ 的估计值. 但是,点估计对估计的精度与可靠性没有作出明确的回答,而在实际问题中,人们不仅需要求出未知参数的估计值,而且往往还需要了解这些估计值的精度与可靠性. 区间估计在一定程度上弥补了点估计的不足. 用样本对未知参数 $\theta$ 可能取值的范围作出估计, 并指出这个范围包含参数 $\theta$ 真值的概率. 这样的范围通常由样本 $X_1$, $X_2$, $\cdots$, $X_n$ 构造的两个估计量 $\hat{\theta}_1(X_1, X_2, \cdots, X_n)$ 和 $\hat{\theta}_2(X_1, X_2, \cdots, X_n)$ 为端点所组成的区间 $(\hat{\theta}_1, \hat{\theta}_2)$ 表示. 这种关于参数 $\theta$ 的估计称为区间估计.

## 一、矩估计法

我们知道, 矩是描写随机变量的最简单的数字特征, 而总体分布中的未知参数和总体矩之间往往有一定关系. 例如, $N(\mu, \sigma^2)$ 中的未知参数 $\mu$ 和 $\sigma^2$ 就是总体的一阶原点矩和二阶中心矩. 估计总体中未知参数可以通过估计总体矩得到, 而样本来自总体, 在一定程度上反映了总体的特征, 又根据样本矩依概率收敛于相应总体矩的结论, 很自然地想到用样本矩作为总体相应矩的估计. 由此得出的未知参数估计量的方法叫**矩估计法**, 简称**矩法**, 所得估计量称为**矩估计量**.

**例 1** 设总体 $X$ 服从均匀分布, 其密度函数为

$$f(x, \theta) = \begin{cases} \dfrac{1}{\theta}, & 0 < x < \theta, \\ 0, & \text{其他.} \end{cases}$$

式中, $\theta$ 为未知参数. $X_1$, $X_2$, $\cdots$, $X_n$ 是一个样本, 求 $\theta$ 的矩估计量 $\hat{\theta}(X_1, X_2, \cdots, X_n)$.

**解** 总体 $X$ 的一阶原点矩

$$\mu = E(X) = \int_{-\infty}^{+\infty} x f(x, \theta) \mathrm{d}x = \int_0^\theta x \cdot \frac{1}{\theta} \mathrm{d}x$$

$$= \frac{1}{\theta} \cdot \frac{x^2}{2}\bigg|_0^\theta = \frac{\theta}{2}.$$

样本一阶原点矩

$$A_1 = \frac{1}{n} \sum_{i=1}^n X_i = \overline{X}.$$

由矩估计法, 得

$$\hat{\mu} = A_1 = \overline{X}.$$

于是有

$$\frac{\hat{\theta}}{2} = \overline{X}.$$

解之,得 $\hat{\theta} = 2\overline{X}$. 所以,均匀分布参数 $\theta$ 的矩估计量为 $\hat{\theta} = 2\overline{X}$.

**例 2**　灯泡厂从某天生产的一大批 40 瓦的灯泡中抽取 10 个进行寿命试验,测得的寿命分别为(单位:小时)1050,1100,1080,1120,1200,1250,1040,1130,1300,1200,试估计该日生产的整批灯泡的平均寿命及寿命分布的均方差.

**解**　我们以 $\overline{X} = \dfrac{1}{n}\sum\limits_{i=1}^{n}X_i$ 作为总体均值 $\mu = E(X)$ 的估计量,以

$S^2 = \dfrac{1}{n-1}\sum\limits_{i=1}^{n}(X_i - \overline{X})^2$ 作为总体方差 $\sigma^2 = D(X)$ 的估计量,则有

$$\overline{x} = \frac{1}{10}(1050 + 1100 + \cdots + 1300 + 1200) = 1147,$$

$$s^2 = \frac{1}{9}((1050 - 1147)^2 + (1100 - 1147)^2 + \cdots$$

$$+ (1200 - 1147)^2) = 7579,$$

$$s \approx 87.0,$$

即 $\hat{\mu} = \overline{x} = 1147$, $\hat{\sigma} = s = 87.0$. 也就是说,该日生产的灯泡的平均寿命的估计值为 1147 小时,均方差约为 87.0 小时.

## 二、最大似然估计法

当总体分布类型已知时,对未知参数点估计的另一种理论上较优良、适用范围较广的是最大似然估计法. 这种估计方法是利用总体的密度函数表达式和样本所提供的信息,建立未知参数 $\theta$ 的估计量.

最大似然估计法的理论依据是**最大似然原理**. 大家知道,概率大的事件比概率小的事件易于发生. 例如,在一只口袋内有黑白两种颜色的球共 100 只,只知道它们数目之比为 99:1. 今从袋内摸出一球,结果为白球. 我们自然更多地相信袋内白球为 99 只,黑球为 1 只. 这就是"最大似然"的想法. 现在我们根据样本情况估计参数时也应用这一想法. 如果一次随机试验的结果得到样本观察值 $x_1$, $x_2$, $\cdots$, $x_n$,它是已经发生的随机事件,可以设想样本取到这个值的事件是以最大概率使其发生,因而就取使这一概率达到最大的参数值作为未知参数的估计值.

下面根据这个想法来估计总体的未知参数. 设总体 $X$ 的密度函数(或分布律)为 $f(x, \theta)$,其中 $\theta$ 为未知函数. $x_1$, $x_2$, $\cdots$, $x_n$ 是样本 $X_1$, $X_2$, $\cdots$, $X_n$ 的一个观察值. 因为样本 $X_1$, $X_2$, $\cdots$, $X_n$ 的联合分布密度为 $\prod\limits_{i=1}^{n}f(x_i, \theta)$,所以对给定的样

本值 $x_1$，$x_2$，$\cdots$，$x_n$，$\prod\limits_{i=1}^{n} f(x_i,\theta)$ 是 $\theta$ 的函数，记为 $L(\theta)$，即

$$L(\theta) = \prod_{i=1}^{n} f(x_i,\theta) = f(x_1,\theta)f(x_2,\theta)\cdots f(x_n,\theta).$$

我们把 $L(\theta)$ 称为样本的**似然函数**. 它反映了样本 $X_1$，$X_2$，$\cdots$，$X_n$ 取观察值 $x_1$，$x_2$，$\cdots$，$x_n$ 的概率大小. 又因为 $\theta$ 取值的不同直接影响 $L(\theta)$ 大小的变化，而我们又认为样本取这一观察值的概率最大，所以选取使似然函数 $L(\theta)$ 达到最大的参数值 $\hat{\theta}$ 作为 $\theta$ 的估计值，这就是最大似然估计法. 而把使 $L(\theta)$ 达到最大值的 $\hat{\theta}$ 称为参数 $\theta$ 的**最大似然估计值**. 显然，$\hat{\theta}$ 与样本值 $x_1$，$x_2$，$\cdots$，$x_n$ 有关，记做 $\hat{\theta}(x_1,x_2,\cdots,x_n)$，而相应的统计量 $\hat{\theta}(X_1,X_2,\cdots,X_n)$ 称为参数 $\theta$ 的**最大似然估计量**.

对于求总体参数 $\theta$ 的最大似然估计值（或估计量）的方法可由高等数学求函数极值的方法得到. 当似然函数 $L(\theta)$ 在参数 $\theta$ 取值区间上只有一个驻点时，这个驻点 $\hat{\theta}$ 就是 $L(\theta)$ 的最大值点，$\hat{\theta}$ 即为参数 $\theta$ 的最大似然估计值. 因为 $L(\theta)$ 往往以乘积形式出现，而 $L(\theta)$ 和 $\ln L(\theta)$ 在同一 $\theta$ 处取得最值，所以求参数 $\theta$ 的最大似然估计值可用求 $\ln L(\theta)$ 的最大值点来实现. 这样做往往更为简便.

**例3**　设总体 $X$ 服从指数分布，其密度函数为

$$f(x,\theta) = \begin{cases} \dfrac{1}{\theta}\mathrm{e}^{-\frac{x}{\theta}}, & x \geqslant 0, \\ 0, & x < 0. \end{cases}$$

式中，未知参数 $\theta > 0$. $X_1$，$X_2$，$\cdots$，$X_n$ 是来自总体 $X$ 的一个样本. 求参数 $\theta$ 的最大似然估计量.

**解**　似然函数为

$$L(\theta) = \prod_{i=1}^{n}\left(\frac{1}{\theta}\mathrm{e}^{-\frac{x_i}{\theta}}\right) = \left(\frac{1}{\theta}\right)^n \prod_{i=1}^{n}\mathrm{e}^{-\frac{x_i}{\theta}} = \left(\frac{1}{\theta}\right)^n \mathrm{e}^{-\frac{1}{\theta}\sum\limits_{i=1}^{n}x_i},$$

式中，$x_1$，$x_2$，$\cdots$，$x_n$ 是相应于样本 $X_1$，$X_2$，$\cdots$，$X_n$ 的一个样本值. 取对数得

$$\ln L(\theta) = -n\ln\theta - \frac{1}{\theta}\sum_{i=1}^{n}x_i.$$

令 $\dfrac{\mathrm{d}}{\mathrm{d}\lambda}(\ln L(\theta)) = 0$，得

$$-\frac{n}{\theta} + \frac{1}{\theta^2}\sum_{i=1}^{n}x_i = 0.$$

解得 $\theta$ 的最大似然估计值为

$$\hat{\theta} = \frac{1}{n} \sum_{i=1}^{n} x_i = \overline{x}.$$

所以 $\theta$ 的最大似然估计量为

$$\hat{\theta} = \overline{X}.$$

**例 4** 设总体服从正态分布 $N(\mu, \sigma^2)$,其中 $\mu$ 和 $\sigma^2$ 为未知参数. $X_1$, $X_2$, $\cdots$, $X_n$ 是来自 $X$ 的一个样本. 求 $\mu$, $\sigma^2$ 的最大似然估计量.

**解** $X$ 的密度函数为

$$f(x, \mu, \sigma^2) = \frac{1}{\sqrt{2\pi}\sigma} \mathrm{e}^{-\frac{(x-\mu)^2}{2\sigma^2}}.$$

似然函数为

$$L(\mu, \sigma^2) = \prod_{i=1}^{n} \left( \frac{1}{\sqrt{2\pi}\sigma} \mathrm{e}^{-\frac{(x_i-\mu)^2}{2\sigma^2}} \right) = \left( \frac{1}{\sqrt{2\pi}\sigma} \right)^n \mathrm{e}^{-\frac{1}{2\sigma^2}\sum_{i=1}^{n}(x_i-\mu)^2}.$$

取对数得

$$\ln L(\mu, \sigma^2) = -\frac{n}{2}\ln(2\pi) - \frac{n}{2}\ln\sigma^2 - \frac{1}{2\sigma^2} \sum_{i=1}^{n} (x_i - \mu)^2.$$

令

$$\frac{\partial}{\partial \mu}\ln L(\mu, \sigma^2) = \frac{1}{\sigma^2} \sum_{i=1}^{n} (x_i - \mu) = \frac{1}{\sigma^2} \left( \sum_{i=1}^{n} x_i - n\mu \right) = 0,$$

$$\frac{\partial}{\partial \sigma^2}\ln L(\mu, \sigma^2) = -\frac{n}{2\sigma^2} + \frac{1}{2(\sigma^2)^2} \sum_{i=1}^{n} (x_i - \mu)^2 = 0.$$

联立得

$$\hat{\mu} = \frac{1}{n} \sum_{i=1}^{n} x_i = \overline{x},$$

$$\hat{\sigma}^2 = \frac{1}{n} \sum_{i=1}^{n} (x_i - \overline{x})^2.$$

从而 $\mu$ 和 $\sigma^2$ 的最大似然估计量分别为

$$\hat{\mu} = \overline{X}, \quad \hat{\sigma}^2 = \frac{1}{n} \sum_{i=1}^{n} (X_i - \overline{X})^2.$$

## 三、估计量的评价标准

上面所介绍的方法说明,对总体 $X$ 的一个参数,我们可以用不同的方法求得它的估计量.那么,在同一参数的许多可能的估计量中,哪一个是最好的估计量呢?对此,我们有下面三个最一般的标准.

### 1. 无偏性

如果 $x_1$,$x_2$,$\cdots$,$x_n$ 是样本的一个观察值,$\hat{\theta}(x_1,x_2,\cdots,x_n)$ 作为 $\theta$ 的估计值,它与真值之间总有偏差,或大于真值,或小于真值,但希望多次估计值的理论平均值应等于真值 $\theta$.这一性质称之为**无偏性**.

**定义**　设 $\hat{\theta}(X_1,X_2,\cdots,X_n)$ 为未知参数 $\theta$ 的估计量,且满足

$$E(\hat{\theta})=\theta,$$

则称 $\hat{\theta}$ 是 $\theta$ 的**无偏估计量**.

**例5**　设 $X_1$,$X_2$,$\cdots$,$X_n$ 是总体 $X$ 的一个样本,总体 $X$ 的期望为 $E(X)=\mu$,求证:$\sum_{i=1}^{n}C_iX_i$(其中 $C_i \geqslant 0$,且 $\sum_{i=1}^{n}C_i=1$)是总体期望 $\mu$ 的无偏估计量.

**证**　由于 $X_1$,$X_2$,$\cdots$,$X_n$ 与 $X$ 同分布,故有

$$E(X_i)=E(X)=\mu,\quad i=1,2,\cdots,n.$$

又由期望的性质

$$E\left(\sum_{i=1}^{n}C_iX_i\right)=\sum_{i=1}^{n}(C_iE(X_i))=\sum_{i=1}^{n}(C_iE(X))$$

$$=E(X)\sum_{i=1}^{n}C_i=E(X)=\mu.$$

因而 $\sum_{i=1}^{n}C_iX_i$ 是 $\mu$ 的无偏估计量.　　　□

特别地,当 $C_i=\dfrac{1}{n}$ 时,即对样本均值 $\overline{X}=\dfrac{1}{n}\sum_{i=1}^{n}X_i$ 也有 $E(\overline{X})=\mu$,所以不论总体 $X$ 服从什么分布,只要 $E(X)$ 存在,就可用 $\overline{X}$ 作为它的无偏估计.

由这个例子还可以看出,同一个参数可以有很多无偏估计量.

**例6**　设 $X_1$,$X_2$,$\cdots$,$X_n$ 是总体 $X$ 的一个样本,总体 $X$ 的期望 $E(X)=\mu$,方差 $D(X)=\sigma^2$,且 $\mu$,$\sigma^2$ 均为未知,求证:样本方差 $S^2=\dfrac{1}{n-1}\sum_{i=1}^{n}(X_i-\overline{X})^2$ 是 $\sigma^2$

的无偏估计量.

　　**证**　由于

$$\sum_{i=1}^{n}(X_i-\overline{X})^2=\sum_{i=1}^{n}(X_i^2-2X_i\overline{X}+\overline{X}^2)=\sum_{i=1}^{n}X_i^2-n\overline{X}^2,$$

从而有

$$E\Big(\sum_{i=1}^{n}(X_i-\overline{X})^2\Big)=\sum_{i=1}^{n}E(X_i^2)-nE(\overline{X}^2).$$

又由

$$E(\overline{X})=E(X)=\mu,$$

$$D(\overline{X})=\frac{1}{n^2}(D(X_1)+\cdots+D(X_n))=\frac{1}{n^2}\cdot n\sigma^2=\frac{\sigma^2}{n},$$

$$E(X_i^2)=D(X_i)+(E(X_i))^2=\sigma^2+\mu^2,$$

$$E(\overline{X}^2)=D(\overline{X})+(E(\overline{X}))^2=\frac{\sigma^2}{n}+\mu^2,$$

故

$$E\Big(\sum_{i=1}^{n}(X_i-\overline{X})^2\Big)=\sum_{i=1}^{n}(D(X_i)+(E(X_i))^2)-n(D(\overline{X})+(E(\overline{X}))^2)$$

$$=\sum_{i=1}^{n}(\sigma^2+\mu^2)-n\Big(\frac{\sigma^2}{n}+\mu^2\Big)$$

$$=(n-1)\sigma^2.$$

于是

$$E(S^2)-E\Big(\frac{1}{n-1}\sum_{i=1}^{n}(X_i-\overline{X})^2\Big)$$

$$=\frac{1}{n-1}E\Big(\sum_{i=1}^{n}(X_i-\overline{X})^2\Big)$$

$$=\sigma^2.$$

由此可见,样本方差是总体方差的无偏估计量,而 $\frac{1}{n}\sum_{i=1}^{n}(X_i-\overline{X})^2$ 就不是总体方差 $\sigma^2$ 的无偏估计.　　□

## 2. 有效性

大家知道,同一参数可能有许多无偏估计量,在这些估计量中哪一个更好呢? 自然地认为应以对真值的平均偏差较小者为好. 由于方差是刻画偏离程度的量,在样本容量相同的情况下,方差愈小表示估计值与真值的偏离愈小,估计量取值愈稳定,所以无偏估计以方差小者为好. 由此得估计量的**有效性**.

**定义 1**　设 $\hat{\theta}_1(X_1, X_2, \cdots, X_n)$ 和 $\hat{\theta}_2(X_1, X_2, \cdots, X_n)$ 都是 $\theta$ 的无偏估计量,如果

$$D\hat{\theta}_1 < D\hat{\theta}_2,$$

则称 $\hat{\theta}_1$ 比 $\hat{\theta}_2$ **有效**.

**例 7**　求证: 当样本容量 $n \geqslant 3$ 时,用样本均值 $\overline{X} = \dfrac{1}{n} \sum\limits_{i=1}^{n} X_i$ 作为 $E(X)$ 的无偏估计量,比用 $X_1$, $\dfrac{1}{2}(X_1 + X_2)$, $\dfrac{1}{3}X_1 + \dfrac{1}{4}X_2 + \dfrac{5}{12}X_3$ 作估计量有效.

**证**　由例 5 知,题设中给出的 $E(X)$ 的 4 个估计量均是无偏估计量. 又因为

$$D(\overline{X}) = D\left(\frac{1}{n} \sum_{i=1}^{n} X_i\right) = \frac{1}{n^2} \sum_{i=1}^{n} D(X_i) = \frac{1}{n}D(X),$$

$$D(X_1) = D(X),$$

$$D\left(\frac{1}{2}(X_1 + X_2)\right) = \frac{1}{4}(D(X_1) + D(X_2)) = \frac{1}{2}D(X),$$

$$D\left(\frac{1}{3}X_1 + \frac{1}{4}X_2 + \frac{5}{12}X_3\right) = \frac{1}{9}D(X_1) + \frac{1}{16}D(X_2) + \frac{25}{144}D(X_3)$$

$$= \frac{50}{144}D(X).$$

当 $n \geqslant 3$ 时,有

$$D(\overline{X}) < D(X), \quad D(\overline{X}) < \frac{1}{2}D(X), \quad D(\overline{X}) < \frac{50}{144}D(X),$$

所以 $\overline{X}$ 比 $X_1$, $\dfrac{1}{2}(X_1 + X_2)$, $\dfrac{1}{3}X_1 + \dfrac{1}{4}X_2 + \dfrac{5}{12}X_3$ 有效.　　　　□

## 3. 一致性

估计量是样本的函数,估计值与参数的真值不一定相等,自然希望当样本容量

$n$ 充分大时,估计值稳定于参数的真值,这就是估计量的**一致性**.

**定义 2** 设 $\hat{\theta}(X_1, X_2, \cdots, X_n)$ 是参数 $\theta$ 的估计量,若当 $n \to \infty$ 时 $\hat{\theta}$ 依概率收敛于 $\theta$,即对任意 $\varepsilon > 0$,有

$$\lim_{n \to \infty} P(|\hat{\theta} - \theta| > \varepsilon) = 0,$$

则称 $\hat{\theta}$ 是 $\theta$ 的**一致估计量**.

可以证明,样本均值 $\overline{X}$ 是总体均值 $\mu$ 的一致估计量,样本方差 $S^2$ 是总体方差 $\sigma^2$ 的一致估计量,样本 $k$ 阶矩 $A_k$ 是总体 $k$ 阶矩的一致估计量.另外,由最大似然法得到的估计量,在一定条件下也具有一致性.

## 四、区间估计

上面我们讨论了参数的点估计,如果用样本观察值 $x_1, x_2, \cdots, x_n$ 代入估计量 $\hat{\theta}(X_1, X_2, \cdots, X_n)$ 中,就得到一个数值 $\hat{\theta}(x_1, x_2, \cdots, x_n)$ 作为真值 $\theta$ 的近似值,结果简单明确;但作为一个近似值,它与真值间总有偏差,在点估计中没有反映出近似值的精确度,又不知它的偏差范围,也就是说,它不能表示出估计值的精确程度和可靠程度.在实际问题中往往需要由样本估计出未知参数的一个范围,并且能指出有多大把握预言未知参数不超过这个范围.这个范围通常以区间形式给出,就是用区间作为未知参数的估计,并且说明这个区间包含参数真值的概率.这样的区间称为置信区间,这种估计称为参数的**区间估计**.

**定义 3** 设总体 $X$ 的分布中含有未知参数 $\theta$,对于给定值 $\alpha$,$0 < \alpha < 1$,若由样本 $X_1, X_2, \cdots, X_n$ 确定的两个统计量 $\theta_1(X_1, X_2, \cdots, X_n)$ 和 $\theta_2(X_1, X_2, \cdots, X_n)$ 满足

$$P(\theta_1(X_1, \cdots, X_n) < \theta < \theta_2(X_1, \cdots, X_n)) = 1 - \alpha, \tag{6.1}$$

则称区间 $(\theta_1, \theta_2)$ 是参数 $\theta$ 的**置信度**为 $1-\alpha$ 的**置信区间**.其中 $\theta_1$,$\theta_2$ 分别称为**置信下限**和**置信上限**.$1-\alpha$ 称为**置信度**.

置信区间不同于一般的区间,它是随机区间.对于样本的每个观察值相应确定一个区间.式(6.1)的意义是,反复抽样多次(各次的样本容量都为 $n$),得到众多的区间,在这些区间中有的包含参数 $\theta$ 的真值,有的不包含 $\theta$ 的真值,当置信度为 $1-\alpha$ 时,包含 $\theta$ 真值的约占 $100(1-\alpha)\%$,不包含 $\theta$ 真值的仅占 $100\alpha\%$;但要注意的是,这里不说 $\theta$ 的真值以 $100(1-\alpha)\%$ 的概率落入该区间,这是因为 $\theta$ 真值客观上是确定值,不是随机变量.

由于正态随机变量的广泛存在,讨论正态总体中参数的区间估计有重要的意义.

### 1. 单个正态总体 $N(\mu,\sigma^2)$ 数学期望 $\mu$ 的区间估计

（1）已知总体方差 $D(X)=\sigma^2$，求 $\mu$ 的置信区间. 我们知道样本均值 $\overline{X}=\dfrac{1}{n}\sum\limits_{i=1}^{n}X_i$ 是总体均值 $\mu=E(X)$ 的一个点估计. 由第五章定理 1 知 $\overline{X}\sim N\left(\mu,\dfrac{\sigma^2}{n}\right)$，所以随机变量 $U=\dfrac{\overline{X}-\mu}{\sigma/\sqrt{n}}$ 服从标准正态分布，即

$$U=\frac{\overline{X}-\mu}{\sigma/\sqrt{n}}\sim N(0,1).$$

在随机变量 $U$ 中只含待估参数 $\mu$，而不含其他未知参数，并且它服从与任何未知参数无关的已知分布. 对于给定的置信度 $1-\alpha$，在标准正态分布表中查得 $u_{1-\frac{\alpha}{2}}$，使得

$$P(\,|\,U\,|<u_{1-\frac{\alpha}{2}})=1-\alpha,$$

亦即

$$P\left(\left|\frac{\overline{X}-\mu}{\sigma/\sqrt{n}}\right|<u_{1-\frac{\alpha}{2}}\right)=1-\alpha.$$

由于不等式

$$\left|\frac{\overline{X}-\mu}{\sigma/\sqrt{n}}\right|<u_{1-\frac{\alpha}{2}}$$

等价于不等式

$$\overline{X}-u_{1-\frac{\alpha}{2}}\frac{\sigma}{\sqrt{n}}<\mu<\overline{X}+u_{1-\frac{\alpha}{2}}\frac{\sigma}{\sqrt{n}},$$

从而有

$$P\left(\overline{X}-u_{1-\frac{\alpha}{2}}\frac{\sigma}{\sqrt{n}}<\mu<\overline{X}+u_{1-\frac{\alpha}{2}}\frac{\sigma}{\sqrt{n}}\right)=1-\alpha.$$

因此，我们得到 $\mu$ 的一个置信度为 $1-\alpha$ 的置信区间

$$\left(\overline{X}-u_{1-\frac{\alpha}{2}}\frac{\sigma}{\sqrt{n}},\ \overline{X}+u_{1-\frac{\alpha}{2}}\frac{\sigma}{\sqrt{n}}\right). \tag{6.2}$$

这里要说明的是 $u_{1-\frac{\alpha}{2}}$ 是使服从标准正态分布的随机变量 $U$ 满足 $P(|U|<u_{1-\frac{\alpha}{2}})=1-\alpha$ 的值. 由于

$$P(|U|<u_{1-\frac{\alpha}{2}})=P(-u_{1-\frac{\alpha}{2}}<U<u_{1-\frac{\alpha}{2}})$$
$$=P(U<u_{1-\frac{\alpha}{2}})-P(U\leqslant u_{1-\frac{\alpha}{2}})$$
$$=\Phi(u_{1-\frac{\alpha}{2}})-\Phi(-u_{1-\frac{\alpha}{2}})$$
$$=\Phi(u_{1-\frac{\alpha}{2}})-(1-\Phi(u_{1-\frac{\alpha}{2}}))$$
$$=2\Phi(u_{1-\frac{\alpha}{2}})-1=1-\alpha,$$

所以

$$2\Phi(u_{1-\frac{\alpha}{2}})=2-\alpha, \quad \Phi(u_{1-\frac{\alpha}{2}})=1-\frac{\alpha}{2}.$$

查附表 2 可得 $u_{1-\frac{\alpha}{2}}$. $u_{1-\frac{\alpha}{2}}$ 也称为正态分布的**双侧 $\alpha$ 分位点**.

**例 8** 已知某炼铁厂的铁水含碳量在正常情况下服从正态分布 $N(\mu, 0.108^2)$. 现测量 5 炉铁水,其含碳量分别是

$$4.28, 4.40, 4.42, 4.35, 4.37 \quad (\%)$$

试求总体均值 $\mu$ 的置信区间($\alpha=0.05$).

**解** 由样本值算得样本均值

$$\bar{x}=\frac{1}{5}(4.28+4.40+4.42+4.35+4.37)=4.364.$$

又由 $\alpha=0.05$ 得 $1-\frac{\alpha}{2}=0.975$,查正态分布表得 $u_{1-\frac{\alpha}{2}}=u_{0.975}=1.96$. 代入式 (6.2)计算

$$\bar{x}-u_{1-\frac{\alpha}{2}}\frac{\sigma}{\sqrt{n}}=4.364-1.96\times\frac{0.108}{\sqrt{5}}=4.269,$$

$$\bar{x}+u_{1-\frac{\alpha}{2}}\frac{\sigma}{\sqrt{n}}=4.364+1.96\times\frac{0.108}{\sqrt{5}}=4.459,$$

即得 $\mu$ 的置信度为 0.95 的置信区间是(4.269, 4.459).

(2) 未知方差,求 $\mu$ 的置信区间. 因为样本方差 $S^2$ 是总体方差 $\sigma^2$ 的无偏估计, 所以 $\sigma^2$ 未知时,可用 $S^2$ 来估计 $\sigma^2$. 又

$$\frac{\overline{X}-\mu}{S/\sqrt{n}}\sim t(n-1),$$

由 $t$ 分布的双侧 $\alpha$ 分位点,有

$$P\left(\left|\frac{\overline{X}-\mu}{S/\sqrt{n}}\right|<t_{\frac{\alpha}{2}}(n-1)\right)=1-\alpha,$$

$$P\left(\overline{X}-\frac{S}{\sqrt{n}}\,t_{\frac{\alpha}{2}}(n-1)<\mu<\overline{X}+\frac{S}{\sqrt{n}}\,t_{\frac{\alpha}{2}}(n-1)\right)=1-\alpha,$$

于是得 $\mu$ 的置信度为 $1-\alpha$ 的置信区间为

$$\left(\overline{X}-\frac{S}{\sqrt{n}}\,t_{\frac{\alpha}{2}}(n-1),\ \overline{X}+\frac{S}{\sqrt{n}}\,t_{\frac{\alpha}{2}}(n-1)\right).$$

**例9**　设某种油漆的 9 个样品,其干燥时间(以小时计)分别为

6.0, 5.7, 5.8, 6.5, 7.0, 6.3, 5.6, 6.1, 5.0.

设干燥时间服从正态分布 $N(\mu,\sigma^2)$. 求 $\mu$ 的置信度为 0.95 的置信区间.

**解**　由样本值算得 $\overline{x}=6$, $s=0.5745$. 由 $\frac{\alpha}{2}=0.025$, 查表可得 $t_{\frac{\alpha}{2}}(n-1)=$ $t_{0.025}(8)=2.306$. 于是可得

$$\overline{x}-\frac{s}{\sqrt{n}}\,t_{\frac{\alpha}{2}}(n-1)=6-\frac{0.5745}{\sqrt{9}}\times 2.306=5.558,$$

$$\overline{x}+\frac{s}{\sqrt{n}}\,t_{\frac{\alpha}{2}}(n-1)=6+\frac{0.5745}{\sqrt{9}}\times 2.306=6.442,$$

故 $\mu$ 的置信度为 0.95 的置信区间是 $(5.558,6.442)$.

**2. 单个正态总体方差 $\sigma^2$ 的区间估计**

在 $\mu$ 未知的情形下, 样本方差 $S^2$ 是 $\sigma^2$ 的无偏估计量, 考虑随机变量 $\chi^2=$ $\dfrac{(n-1)S^2}{\sigma^2}$ 是由样本确定的只含待估参数 $\sigma^2$ 的函数, 并且由第五章定理 1 知它服从自由度为 $n-1$ 的 $\chi^2$ 分布, 即

$$\chi^2=\frac{(n-1)S^2}{\sigma^2}\sim\chi^2(n-1).$$

对于给定的置信度 $1-\alpha$, 利用 $\chi^2$ 分布表, 可确定两数 $\lambda_1$ 和 $\lambda_2$, 使得

$$P(\lambda_1<\chi^2<\lambda_2)=1-\alpha.$$

因为 $\chi^2$ 分布的密度函数图形不对称, 所以不能得到对称的置信区间, 这时习惯上由

$$P(\chi^2<\lambda_1)=P(\chi^2>\lambda_2)=\frac{\alpha}{2}$$

来确定 $\lambda_1$ 和 $\lambda_2$. 查 $\chi^2$ 分布表得 $\lambda_1=\chi^2_{1-\frac{\alpha}{2}}(n-1)$, $\lambda_2=\chi^2_{\frac{\alpha}{2}}(n-1)$ 满足

$$P\left(\chi^2_{1-\frac{\alpha}{2}}(n-1) < \frac{(n-1)S^2}{\sigma^2} < \chi^2_{\frac{\alpha}{2}}(n-1)\right) = 1-\alpha,$$

即

$$P\left(\frac{(n-1)S^2}{\chi^2_{\frac{\alpha}{2}}(n-1)} < \sigma^2 < \frac{(n-1)S^2}{\chi^2_{1-\frac{\alpha}{2}}(n-1)}\right) = 1-\alpha,$$

如图 6.1 所示,从而得到 $\sigma^2$ 的置信度为 $1-\alpha$ 的置信区间

$$\left(\frac{(n-1)S^2}{\chi^2_{\frac{\alpha}{2}}(n-1)}, \frac{(n-1)S^2}{\chi^2_{1-\frac{\alpha}{2}}(n-1)}\right).$$

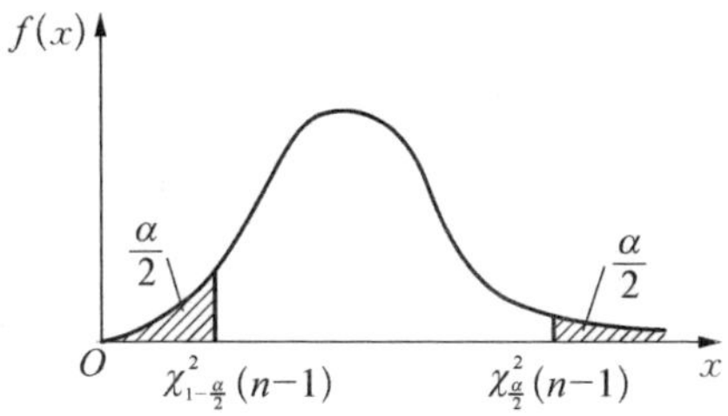

图 6.1

**例 10**　常用投资的回收利润率来衡量投资的风险.随机地调查了 26 项年回收利润率(%)得样本标准差 $S = 15(\%)$.设回收利润率服从正态分布,试求方差 $\sigma^2$ 的置信度为 0.95 的置信区间.

**解**　$n = 26$,$S = 15$,$\chi^2_{0.025}(25) = 40.646$,$\chi^2_{0.975}(25) = 13.120$,故

$$\frac{(n-1)S^2}{\chi^2_{\frac{\alpha}{2}}(n-1)} = \frac{25 \times 15^2}{40.646} = 138.39,$$

$$\frac{(n-1)S^2}{\chi^2_{1-\frac{\alpha}{2}}(n-1)} = \frac{25 \times 15^2}{13.120} = 428.73,$$

所以 $\sigma^2$ 的置信度为 0.95 的置信区间为 (138.39,428.73).

### 3. 两个正态总体均值差的区间估计

设总体 $X \sim N(\mu_1, \sigma_1^2)$,$Y \sim N(\mu_2, \sigma_2^2)$.$X_1$,$X_2$,$\cdots$,$X_{n_1}$ 是 $X$ 的一个样本,$Y_1$,$Y_2$,$\cdots$,$Y_{n_2}$ 是 $Y$ 的一个样本,而 $\overline{X}$,$\overline{Y}$ 和 $S_1^2$,$S_2^2$ 分别是 $X$,$Y$ 的样本均值和样本方差.

(1) 当 $\sigma_1^2$,$\sigma_2^2$ 均为已知时,求均值差 $\mu_1 - \mu_2$ 的置信区间.因为 $\overline{X}$,$\overline{Y}$ 是 $\mu_1$ 和 $\mu_2$ 的无偏估计,所以 $\overline{X} - \overline{Y}$ 是 $\mu_1 - \mu_2$ 的无偏估计,且知

$$U = \frac{(\overline{X} - \overline{Y}) - (\mu_1 - \mu_2)}{\sqrt{\dfrac{\sigma_1^2}{n_1} + \dfrac{\sigma_2^2}{n_2}}} \sim N(0, 1).$$

在给定置信度 $1-\alpha$ 时,应有

$$P(|U| < u_{1-\frac{\alpha}{2}}) = 1-\alpha,$$

从而得到 $\mu_1 - \mu_2$ 的置信度为 $1-\alpha$ 的置信区间为

$$\left(\overline{X} - \overline{Y} - u_{1-\frac{\alpha}{2}}\sqrt{\frac{\sigma_1^2}{n_1} + \frac{\sigma_2^2}{n_2}},\ \overline{X} - \overline{Y} + u_{1-\frac{\alpha}{2}}\sqrt{\frac{\sigma_1^2}{n_1} + \frac{\sigma_2^2}{n_2}}\right).$$

(2) 当 $\sigma_1^2 = \sigma_2^2 = \sigma^2$,但 $\sigma^2$ 未知时,求均值差 $\mu_1 - \mu_2$ 的置信区间. 由于随机变量

$$T = \frac{(\overline{X} - \overline{Y}) - (\mu_1 - \mu_2)}{S_w\sqrt{\dfrac{1}{n_1} + \dfrac{1}{n_2}}} \sim t(n_1 + n_2 - 2).$$

在随机变量 $T$ 中只含待估参数 $\mu_1 - \mu_2$,与单个正态总体 $\sigma^2$ 未知求 $\mu$ 的置信区间类似,对于给定的置信度 $1-\alpha$,立即可得 $\mu_1 - \mu_2$ 的置信区间为

$$\left(\overline{X} - \overline{Y} - S_w\sqrt{\frac{1}{n_1} + \frac{1}{n_2}}\,t_{\frac{\alpha}{2}}(n_1 + n_2 - 2),\, \overline{X} - \overline{Y} + S_w\sqrt{\frac{1}{n_1} + \frac{1}{n_2}}\,t_{\frac{\alpha}{2}}(n_1 + n_2 - 2)\right).$$

(3) 当 $\sigma_1^2$,$\sigma_2^2$ 均未知,此时只要 $n_1$,$n_2$ 都很大(实际应用上一般大于 50 即可),则可用

$$\left(\overline{X} - \overline{Y} - u_{1-\frac{\alpha}{2}}\sqrt{\frac{S_1^2}{n_1} + \frac{S_2^2}{n_2}},\ \overline{X} - \overline{Y} + u_{1-\frac{\alpha}{2}}\sqrt{\frac{S_1^2}{n_1} + \frac{S_2^2}{n_2}}\right)$$

作为 $\mu_1 - \mu_2$ 的置信度为 $1-\alpha$ 的近似的置信区间.

**例 11** 为了比较甲、乙两种灯泡的使用寿命,随机地从甲种灯泡中抽取 6 只,测得 $\overline{x} = 1021$ 小时, $S_1^2 = 26^2$;随机地从乙种灯泡中抽得 8 只,测得 $\overline{y} = 985$ 小时, $S_2^2 = 30^2$. 假定两种灯泡寿命都服从正态分布,且方差相等. 试求甲、乙两种灯泡平均寿命之差的置信度为 0.95 的置信区间.

**解** 因为

$$n_1 = 6,\quad n_2 = 8,\quad \sqrt{\frac{1}{n_1} + \frac{1}{n_2}} = \sqrt{\frac{1}{6} + \frac{1}{8}} = 0.540,$$

$$S_w = \sqrt{\frac{(n_1-1)S_1^2 + (n_2-1)S_2^2}{n_1 + n_2 - 2}} = \sqrt{\frac{5 \times 26^2 + 7 \times 30^2}{12}} = 28.402,$$

$$\overline{x} - \overline{y} = 36,$$

所以甲、乙两种灯泡平均寿命之差的置信度为 0.95 的置信区间是

$$(36 - t_{0.025}(12) \times 28.402 \times 0.540,\ 36 + t_{0.025}(12) \times 28.402 \times 0.540),$$

即 $(2.56,69.44)$.

### 4. 两个正态总体方差比的区间估计

设总体 $X \sim N(\mu_1, \sigma_1^2)$, 总体 $Y \sim N(\mu_2, \sigma_2^2)$, $X_1$, $X_2$, $\cdots$, $X_{n_1}$ 是来自总体 $X$ 的样本, $Y_1$, $Y_2$, $\cdots$, $Y_{n_2}$ 是来自总体 $Y$ 的样本, 且两个样本相互独立. 我们仅讨论总体均值 $\mu_1$, $\mu_2$ 为未知的情况.

由于样本方差 $S_1^2$ 和 $S_2^2$ 分别是总体方差 $\sigma_1^2$ 和 $\sigma_2^2$ 的无偏估计, 由于

$$\frac{(n_1-1)S_1^2}{\sigma_1^2}, \quad \frac{(n_2-1)S_2^2}{\sigma_2^2}$$

分别服从自由度为 $n_1-1$ 和 $n_2-1$ 的 $\chi^2$ 分布, 注意到 $S_1^2$ 和 $S_2^2$ 相互独立, 由 $F$ 分布定义知

$$F = \frac{\dfrac{(n_2-1)S_2^2}{\sigma_2^2} \Big/ (n_2-1)}{\dfrac{(n_1-1)S_1^2}{\sigma_1^2} \Big/ (n_1-1)} = \frac{\dfrac{\sigma_1^2}{\sigma_2^2}}{\dfrac{S_1^2}{S_2^2}} \sim F(n_2-1, n_1-1).$$

对于给定的置信度 $1-\alpha$, 容易得到 $\dfrac{\sigma_1^2}{\sigma_2^2}$ 的置信区间为

$$\left( F_{1-\frac{\alpha}{2}}(n_2-1, n_1-1)\frac{S_1^2}{S_2^2}, \ F_{\frac{\alpha}{2}}(n_2-1, n_1-1)\frac{S_1^2}{S_2^2} \right).$$

方差比的置信区间的含意是, 若 $\dfrac{\sigma_1^2}{\sigma_2^2}$ 的置信上限小于 1, 则说明总体 $X$ 的波动性较小; 若 $\dfrac{\sigma_1^2}{\sigma_2^2}$ 的置信下限大于 1, 则说明总体 $X$ 的波动性较大. 若置信区间包含数 1, 则不能从这次试验中判定两个总体波动性的大小.

**例 12** 设两位化验员各自独立地对某种聚合物含氯量用相同的方法各作 10 次测定, 其测定值的样本方差依次为 $s_1^2 = 0.5149$, $s_2^2 = 0.6065$, 设 $\sigma_1^2$, $\sigma_2^2$ 分别为两位化验员所测定的总体的方差, 总体均为正态的, 求方差比 $\sigma_1^2/\sigma_2^2$ 的置信度为 0.95 的置信区间.

**解** 由于总体期望未知, 故应选用随机变量

$$F = \frac{\dfrac{\sigma_1^2}{\sigma_2^2}}{\dfrac{S_1^2}{S_2^2}} \sim F(n_2-1, n_1-1).$$

由于 $n_1 = n_2 = 10$，$\alpha = 0.05$，故查 $F$ 分布表得

$$F_{\frac{\alpha}{2}}(n_2 - 1,\ n_1 - 1) = F_{0.025}(9,\ 9) = 4.03,$$

$$F_{1-\frac{\alpha}{2}}(n_2 - 1,\ n_1 - 1) = F_{0.975}(9,\ 9) = \frac{1}{F_{0.025}(9,\ 9)} = 0.248.$$

将 $s_1^2 = 0.5419$，$s_2^2 = 0.6065$ 代入

$$\left( F_{1-\frac{\alpha}{2}}(n_2 - 1,\ n_1 - 1)\ \frac{s_1^2}{s_2^2},\ F_{\frac{\alpha}{2}}(n_2 - 1,\ n_1 - 1)\ \frac{s_1^2}{s_2^2} \right)$$

中，得 $\dfrac{\sigma_1^2}{\sigma_2^2}$ 置信度为 0.95 的置信区间为 (0.221，3.59)．

# 第二节　假　设　检　验

在实际问题中，我们有时还会遇到另一类问题，即为了推断总体的某些性质，提出某些关于总体的假设．例如，对于某正态总体提出数学期望等于 $\mu_0$ 的假设 $H_0$ 等．假设检验就是根据样本对所提出的假设作出判断——是接受还是拒绝．

与参数估计一样，假设检验也是通过样本来进行分析推断的．在假设成立的前提下，首先找出一个与样本有关的统计量，并求出它的分布；其次是给定显著性水平 $\alpha$，并由此找出使统计量落在某一区域的概率等于 $\alpha$ 的拒绝域，以及统计量落在某另一区域的概率等于 $1-\alpha$ 的接受域；然后，根据一次抽样所得的样本值计算出统计量的值，如果此值落在拒绝域，就否定假设 $H_0$，如果落在接受域，就接受假设 $H_0$．

在上述假设检验的过程中，我们采取拒绝或接受假设 $H_0$ 的根据是**小概率原理**，即"小概率事件在一次抽样中实际上是不会发生的"．由于给定的 $\alpha$（一般取0.1、0.05、0.01 等）很小，根据小概率原理，概率很小的事件在一次试验中几乎是不可能发生的，现在既然发生了，因此有理由否定待检假设 $H_0$．如果小概率事件不发生，则接受假设 $H_0$．这种判断的方法是先假设 $H_0$ 成立，然后运用反证的方法来推断 $H_0$ 是否为真，所以有人把这种方法称为概率的反证法．

由于检验法则是根据样本作出的，难免作出错误的判断．如果原假设 $H_0$ 实际为真，而作出拒绝 $H_0$ 的结论，这种错误称为第一类错误．又叫**弃真错误**．显然犯这类错误的概率为 $\alpha$．如果原假设 $H_0$ 实际不真，而作出接受 $H_0$ 的结论，这种错误称为第二类错误，又叫**取伪错误**．人们当然希望犯这两类错误的概率越小越好．但对于一定的样本容量 $n$，一般说来，不能同时做到犯这两类错误的概率都很小，往往

是先固定"犯第一类错误"的概率,再考虑如何减小"犯第二类错误"的概率.

综上所述,可得假设检验的步骤如下:

(1) 根据实际问题要求,提出原假设 $H_0$ 和备择假设 $H_1$;

(2) 给定显著性水平 $\alpha$;

(3) 选择检验统计量,要求此统计量有确定的分布,并能查分位数表;

(4) 确定拒绝域,由 $H_0$ 的内容确定拒绝域的形式,由给定的 $\alpha$ 值,查统计量所服从的分布的分位数表,定出临界值,从而确定拒绝域;

(5) 取样,根据样本观察值作出拒绝还是接受 $H_0$ 的判断.

## 一、单个正态总体参数的假设检验

### 1. 已知 $\sigma^2$ 时,关于 $\mu$ 的检验

设 $X_1$, $X_2$, $\cdots$, $X_n$ 是从正态总体 $N(\mu, \sigma^2)$ 中抽取的样本,其中 $\sigma^2$ 是已知常数,欲检验假设

$$H_0: \mu = \mu_0.$$

可选择统计量 $U = \dfrac{\overline{X} - \mu_0}{\sigma / \sqrt{n}}$,当 $H_0$ 成立时,$U \sim N(0, 1)$.给定显著性水平 $\alpha$,查标准正态分布表求出 $u_{1-\frac{\alpha}{2}}$,使

$$P(|U| \geqslant u_{1-\frac{\alpha}{2}}) = \alpha,$$

得检验的拒绝域为

$$|u| \geqslant u_{1-\frac{\alpha}{2}}.$$

即

$$u \leqslant -u_{1-\frac{\alpha}{2}} \quad \text{或} \quad u \geqslant u_{1-\frac{\alpha}{2}}.$$

由样本观察值算出统计值 $u$,如果 $|u| \geqslant u_{1-\frac{\alpha}{2}}$ 则拒绝原假设 $H_0$,否则就接受假设 $H_0$.

**例1** 某冶炼厂高炉的铁水含碳量在正常情况下服从正态分布 $N(4.55, 0.108^2)$,今测得 5 炉铁水含碳量分别为 4.475, 4.561, 4.509, 4.496, 4.557,问:如果方差不变,现在生产是否正常($\alpha = 0.05$)?

**解** 依题设,假设

$$H_0: \mu = 4.55,$$

利用统计量 $U = \dfrac{\overline{X} - \mu_0}{\sigma_0 / \sqrt{n}}$ 做检验. 当 $H_0$ 成立时,$U \sim N(0, 1)$. 由样本可算得 $\overline{x} = 4.52$,代入统计量得

$$u = \frac{\overline{x} - \mu_0}{\sigma_0 / \sqrt{n}} = \frac{4.52 - 4.55}{0.108 / \sqrt{5}} = -0.621.$$

又由 $\alpha = 0.05$,查标准正态分布表,得 $u_{1-\frac{\alpha}{2}} = 1.96$. 因为 $|u| = |-0.621| < 1.96$,即 $u$ 落在接受域内,所以接受 $H_0$,即可以认为现在的生产是正常的.

### 2. $\sigma^2$ 未知时,关于 $\mu$ 的检验

**例 2**  某食品厂用自动装罐机装水果罐头,每罐标准重量为 500 克. 为了保证质量,每隔一定时间需要检查机器工作情况. 这天抽得 10 罐,测得其重量如下(单位:克)

$$495, 510, 505, 498, 503, 492, 502, 512, 497, 506.$$

假定产品重量服从正态分布,试问这天机器工作是否正常($\alpha = 0.05$)?

**解**  依题意,待检验假设为 $H_0 : \mu = 500$.

$$\overline{x} = \frac{1}{10}(495 + 510 + 505 + 498 + 503 + 492$$

$$+ 502 + 512 + 497 + 506) = 502.$$

$$s^2 = \frac{1}{9} \sum_{i=1}^{10} (x_i - \overline{x})^2 = \frac{1}{9} \times 380 = 42.22,$$

$$s = 6.4978.$$

由于总体方差 $\sigma^2$ 未知,故可用样本方差 $S^2$ 来代替 $\sigma^2$,选择统计量

$$T = \frac{\overline{X} - \mu_0}{S / \sqrt{n}},$$

因为 $H_0$ 为真时,$T \sim t(n-1)$. 于是

$$t = \frac{\overline{x} - \mu_0}{s / \sqrt{n}} = \frac{502 - 500}{6.4978 / \sqrt{10}} = 0.9733.$$

对给定的 $\alpha = 0.05$,查 $t$ 分布表,得 $t_{0.025}(9) = 2.2622$. 因为

$$|t| = 0.9733 < 2.2622 = t_{0.025}(9),$$

所以接受 $H_0$，即认为该天机器工作正常.

### 3. $\mu$ 未知时，关于 $\sigma^2$ 的检验

设 $X_1$，$X_2$，$\cdots$，$X_n$ 是来自正态总体 $N(\mu, \sigma^2)$ 的样本，欲检验假设

$$H_0 : \sigma^2 = \sigma_0^2, \text{备择假设} \ H_1 : \sigma^2 \neq \sigma_0^2.$$

由于当 $H_0$ 为真时，

$$\frac{(n-1)S^2}{\sigma_0^2} \sim \chi^2(n-1),$$

故可取 $\chi^2 = \dfrac{(n-1)S^2}{\sigma_0^2}$ 作为检验统计量. 由

$$P\left(\frac{(n-1)S^2}{\sigma_0^2} \leqslant \chi_{1-\frac{\alpha}{2}}^2(n-1)\right) = \frac{\alpha}{2},$$

$$P\left(\frac{(n-1)S^2}{\sigma_0^2} \geqslant \chi_{\frac{\alpha}{2}}^2(n-1)\right) = \frac{\alpha}{2},$$

得拒绝域为

$$\frac{(n-1)s^2}{\sigma_0^2} \leqslant \chi_{1-\frac{\alpha}{2}}^2(n-1) \quad \text{或} \quad \frac{(n-1)s^2}{\sigma_0^2} \geqslant \chi_{\frac{\alpha}{2}}^2(n-1).$$

**例 3**　某冶炼厂的铁水含碳量在正常情况下服从正态分布. 现对操作工艺进行了某些改进，从中抽取 5 炉铁水测得含碳量数据如下：

$$4.421, \ 4.052, \ 4.357, \ 4.287, \ 4.683.$$

据此是否可以认为新工艺炼出的铁水含碳量的方差仍为 $0.108^2(\alpha = 0.05)$？

**解**　依题意，待检假设为 $H_0 : \sigma^2 = 0.108^2$. 选取 $\chi^2 = \dfrac{(n-1)S^2}{0.108^2}$ 为检验统计量. 在 $H_0$ 成立时，

$$\chi^2 = \frac{(n-1)S^2}{0.108^2} \sim \chi^2(n-1).$$

对于给定的 $\alpha = 0.05$，查表得 $\chi_{0.975}^2(4) = 0.484$，$\chi_{0.025}^2(4) = 11.143$. 具体计算统计量 $\chi^2$ 的值

$$\chi^2 = \frac{4 \times 0.228^2}{0.108^2} = 17.827 > 11.1.$$

因而应拒绝 $H_0$,即认为方差不能认为是 $0.108^2$.

## 二、两个正态总体的假设检验

设总体 $X \cdot N(\mu_1, \sigma_1^2)$,$Y \sim N(\mu_2, \sigma_2^2)$,$X_1$,$X_2$,$\cdots$,$X_{n_1}$ 和 $Y_1$,$Y_2$,$\cdots$,$Y_{n_2}$ 分别是来自总体 $X$ 和 $Y$ 的样本且相互独立.它们的样本均值和样本方差分别为 $\overline{X}$,$S_1^2$ 和 $\overline{Y}$,$S_2^2$.

### 1. 已知 $\sigma_1^2$,$\sigma_2^2$,检验假设 $H_0: \mu_1 = \mu_2$

检验假设 $H_0: \mu_1 = \mu_2$ 等价于检验 $H_0: \mu_1 - \mu_2 = 0$,由于 $\overline{X} \sim N\left(\mu_1, \dfrac{\sigma_1^2}{n_1}\right)$,

$\overline{Y} \sim N\left(\mu_2, \dfrac{\sigma_2^2}{n_2}\right)$ 及 $X_1$,$X_2$,$\cdots$,$X_{n_1}$ 与 $Y_1$,$Y_2$,$\cdots$,$Y_{n_2}$ 的独立性,可知

$$\overline{X} - \overline{Y} \sim N\left(\mu_1 - \mu_2, \frac{\sigma_1^2}{n_1} + \frac{\sigma_2^2}{n_2}\right).$$

因此,当 $H_0$ 成立时,统计量

$$U = \frac{\overline{X} - \overline{Y}}{\sqrt{\dfrac{\sigma_1^2}{n_1} + \dfrac{\sigma_2^2}{n_2}}} \sim N(0, 1).$$

由

$$P(|U| \geqslant u_{1-\frac{\alpha}{2}}) = \alpha,$$

得拒绝域为

$$|u| = \left|\frac{\overline{x} - \overline{y}}{\sqrt{\dfrac{\sigma_1^2}{n_1} + \dfrac{\sigma_2^2}{n_2}}}\right| \geqslant u_{1-\frac{\alpha}{2}}.$$

**例 4**　一药厂从某药材中提取某种有效成分,为了提高得率 $\left(\dfrac{\text{有效成分量}}{\text{药材总量}} \times 100\%\right)$,改进提炼方法.现对同一质量的药材,用新、旧两种方法各做了 10 次试验,其得率分别为

旧方法　76.2, 76.0, 77.3, 72.4, 74.3, 78.4, 76.7, 75.5, 78.1, 77.4.

新方法　77.3, 80.0, 79.1, 77.3, 80.2, 81.0, 79.1, 82.1, 79.1, 79.1.

设两个样本相互独立,都来自正态总体, $X \sim N(\mu_1, 3)$, $Y \sim N(\mu_2, 3)$. 试问: 新旧两种方法相比,得率有否提高( $\alpha = 0.1$ )?

**解** 依题意,检验假设 $H_0: \mu_1 = \mu_2$,备择假设 $H_1: \mu_1 < \mu_2$. 我们选择统计量

$$U = \frac{\overline{X} - \overline{Y}}{\sqrt{\dfrac{\sigma_1^2}{n_1} + \dfrac{\sigma_2^2}{n_2}}}$$

作为检验统计量. 当 $H_0$ 为真时, $U \sim N(0, 1)$,由样本值求得 $\overline{x} = 76.23$, $\overline{y} = 79.43$,于是统计量

$$u = \frac{76.23 - 79.43}{\sqrt{\dfrac{3}{10} + \dfrac{3}{10}}} = -4.13.$$

由 $\alpha = 0.1$,查标准正态分布表得 $u_{1-\frac{\alpha}{2}} = 1.645$. 因为 $|u| = 4.13 > 1.645$,落在拒绝域内,即应拒绝假设 $H_0$. 又因为统计量 $u = -4.13 < -u_{0.01} = -2.33$,故接受备择假设 $H_1: \mu_1 < \mu_2$,即表明新提炼方法的得率比旧方法有显著提高.

**2. 已知 $\sigma_1^2 = \sigma_2^2 = \sigma^2$,但其值未知,检验假设 $H_0: \mu_1 = \mu_2$**

引用下述统计量 $T$ 作为检验统计量:

$$T = \frac{\overline{X} - \overline{Y}}{S_w \sqrt{\dfrac{1}{n_1} + \dfrac{1}{n_2}}},$$

式中, $S_w^2 = \dfrac{(n_1 - 1)S_1^2 + (n_2 - 1)S_2^2}{n_1 + n_2 - 2}$. 当 $H_0$ 为真时, $T \sim t(n_1 + n_2 - 2)$,由

$$P(|T| \geqslant t_{\frac{\alpha}{2}}(n_1 + n_2 - 2)) = \alpha,$$

得拒绝域为

$$|t| = \left| \frac{\overline{x} - \overline{y}}{s_w \sqrt{\dfrac{1}{n_1} + \dfrac{1}{n_2}}} \right| \geqslant t_{\frac{\alpha}{2}}(n_1 + n_2 - 2).$$

**例5** 某种物品在处理前后分别取样分析其含脂率,得到数据如下:

处理前　0.29, 0.18, 0.31, 0.30, 0.36, 0.32, 0.28, 0.12, 0.30, 0.27.

处理后　0.15, 0.13, 0.09, 0.07, 0.24, 0.19, 0.04, 0.08, 0.20, 0.12, 0.24,

假定处理前后含脂率都服从正态分布且方差不变,问处理后含脂率的均值比处理前是否显著减少($\alpha=0.05$)?

**解** 设处理前后含脂率的均值分别为 $\mu_1$ 和 $\mu_2$. 依题意,需要检验假设

$$H_0: \mu_1 = \mu_2,\text{备择假设 } H_1: \mu_1 > \mu_2.$$

分别求出处理前后样本均值和样本方差如下:

$$n_1 = 10, \quad \bar{x} = 0.273, \quad s_1^2 = 0.005,$$

$$n_2 = 11, \quad \bar{y} = 0.141, \quad s_2^2 = 0.00477,$$

$$s_w^2 = 0.00488.$$

由 $\alpha = 0.05$,查表得 $t_{0.05}(19) = 1.7291$. 由于

$$t = \frac{\bar{x} - \bar{y}}{s_w\sqrt{\dfrac{1}{n_1} + \dfrac{1}{n_2}}} = \frac{0.273 - 0.141}{\sqrt{0.00488\left(\dfrac{1}{10} + \dfrac{1}{11}\right)}} = 4.3 > 1.7291,$$

所以拒绝 $H_0$,即认为处理后含脂率的均值比处理前显著减少.

本题所做的是所谓单边检验,即当 $H_0$ 为真时,$T \sim t(n_1 + n_2 - 2)$,由

$$P(T \geqslant t_\alpha(n_1 + n_2 - 2)) = \alpha$$

得拒绝域为

$$t = \frac{\bar{x} - \bar{y}}{s_w\sqrt{\dfrac{1}{n_1} + \dfrac{1}{n_2}}} \geqslant t_\alpha(n_1 + n_2 - 2).$$

这类检验在前面提到的各种检验中也普遍存在,可类似地进行讨论.

### 3. 两个正态总体方差的假设检验

设 $X_1$, $X_2$, $\cdots$, $X_{n_1}$ 与 $Y_1$, $Y_2$, $\cdots$, $Y_{n_2}$ 分别为来自总体 $N(\mu_1, \sigma_1^2)$ 和 $N(\mu_2, \sigma_2^2)$ 的样本,且相互独立. 现在需要检验假设 $H_0: \sigma_1^2 = \sigma_2^2$.

我们只讨论 $\mu_1$、$\mu_2$ 未知的情况. 因为样本方差 $S_1^2$、$S_2^2$ 是 $\sigma_1^2$、$\sigma_2^2$ 的无偏估计量,在 $H_0$ 成立时,它们不应相差太多,即比值

$$F = \frac{S_1^2}{S_2^2}$$

应接近于 1,否则当 $\sigma_1^2 > \sigma_2^2$ 时,$F$ 有偏大的趋势;在 $\sigma_1^2 < \sigma_2^2$ 时,$F$ 有偏小的趋势. 由于 $F \sim F(n_1 - 1, n_2 - 1)$. 所以可取 $F = S_1^2/S_2^2$ 作为检验统计量.

**例 6** 试对例 5 中的数据检验假设($\alpha = 0.05$)

$$H_0: \sigma_1^2 = \sigma_2^2, \; H_1: \sigma_1^2 \neq \sigma_2^2$$

**解** $n_1 = 10$, $n_2 = 11$, $\alpha = 0.05$,
拒绝域为

$$F_{0.975}(9, 10) = \frac{1}{F_{0.025}(10, 9)} = \frac{1}{3.96} = 0.2525 \geqslant \frac{s_1^2}{s_2^2}$$

或

$$\frac{s_1^2}{s_2^2} \geqslant F_{0.025}(9, 10) = 3.78.$$

现在 $s_1^2 = 0.005$, $s_2^2 = 0.00477$, $\frac{s_1^2}{s_2^2} = 1.048$,即有

$$0.2525 < \frac{s_1^2}{s_2^2} < 3.78.$$

故接受 $H_0$,即认为两总体方差相等. 这也表明例 5 中假设两总体方差相等是合理的.

# 习 题 六

## (A 类)

1. 使用一测量仪器对同一量进行 12 次独立测量,其结果为(单位:毫米)

232.50, 232.48, 232.15, 232.53, 232.45, 232.30,
232.48, 232.05, 232.45, 232.60, 232.47, 232.30.

试用矩法估计测量值的均值和方差(设仪器无系统误差).

2. 设样本值(1.3 0.6 1.7 2.2 0.3 1.1)来自具有密度 $f(x) = \frac{1}{\beta}, 0 \leqslant x \leqslant \beta$ 的总体,试用矩法估计总体均值、总体方差以及参数 $\beta$.

3. 随机地取 8 只活塞环,测得它们的直径为(单位:毫米)

74.001, 74.005, 74.003, 74.001,
74.000, 73.998, 74.006, 74.002.

试求总体均值 $\mu$ 及方差 $\sigma^2$ 的矩估计值,并求样本方差 $S^2$.

4. 设样本 $X_1, X_2, \cdots, X_n$ 来自指数分布

$$X \sim f(x; a, \theta) = \frac{1}{\theta} e^{-\frac{x-a}{\theta}}, \; x \geqslant a, \theta > 0.$$

求参数 $a$, $\theta$ 的矩估计量.

5. 对容量为 $n$ 的样本,求密度函数

$$f(x;a) = \begin{cases} \dfrac{2}{a^2}(a-x), & 0 < x < a, \\ 0, & \text{其他.} \end{cases}$$

中参数 $a$ 的矩估计量.

6. 设 $X \sim B(1, p)$,$X_1$, $X_2$, $\cdots$, $X_n$ 是来自 $X$ 的一个样本,试求参数 $p$ 的最大似然估计量.

7. 设总体 $X$ 服从几何分布,它的分布律为

$$P(X = k) = p(1-p)^{k-1}, \quad k = 1, 2, \cdots,$$

$X_1$, $X_2$, $\cdots$, $X_n$ 为 $X$ 的一个样本.求参数 $p$ 的矩估计量和最大似然估计量.

8. 设总体 $X$ 在 $[a, b]$ 上服从均匀分布,$a$,$b$ 未知,$x_1$, $x_2$, $\cdots$, $x_n$ 是一个样本值,试求 $a$,$b$ 的最大似然估计量.

9. 设总体 $X$ 服从参数为 $\theta$ 的指数分布,概率密度为

$$f(x;\theta) = \begin{cases} \dfrac{1}{\theta} \mathrm{e}^{-\frac{x}{\theta}}, & x > 0, \\ 0, & \text{其他.} \end{cases}$$

其中,参数 $\theta > 0$ 为未知. 又设 $X_1$, $X_2$, $\cdots$, $X_n$ 是来自 $X$ 的样本,试证:$nZ = n(\min(X_1, X_2, \cdots, X_n)$ 是 $\theta$ 的无偏估计量.

10. 设从均值为 $\mu$,方差为 $\sigma^2 > 0$ 的总体中分别抽取容量为 $n_1$, $n_2$ 的两个独立样本,$\overline{X}_1$ 和 $\overline{X}_2$ 分别是两样本的均值.试证:对于任意常数 $a$, $b$ $(a+b=1)$,$Y = a\overline{X}_1 + b\overline{X}_2$ 都是 $\mu$ 的无偏估计,并确定常数 $a$, $b$,使 $D(Y)$ 达到最小.

11. 设分别自总体 $N(\mu_1, \sigma^2)$ 和 $N(\mu_2, \sigma^2)$ 中抽取容量为 $n_1$, $n_2$ 的两个独立样本,其样本方差分别为 $S_1^2$, $S_2^2$.试证:对于任意常数 $a$, $b$ $(a+b=1)$,$Z = aS_1^2 + bS_2^2$ 都是 $\sigma^2$ 的无偏估计,并确定常数 $a$, $b$,使 $D(Z)$ 达到最小.

12. 从一大批电子管中随机抽取 100 只,抽取的电子管的平均寿命为 1000 小时. 设电子管寿命服从正态分布,已知均方差 $\sigma = 40$ 小时. 以置信度 0.95 求出整批电子管平均寿命 $\mu$ 的置信区间.

13. 灯泡厂从某天生产的一批灯泡中随机抽取 10 只进行寿命试验,测得数据如下(单位:小时)

$$1050, \quad 1100, \quad 1080, \quad 1120, \quad 1200,$$
$$1040, \quad 1130, \quad 1300, \quad 1200, \quad 1250,$$

设灯泡寿命服从正态分布,试求出该天生产的整批灯泡寿命的置信区间($\alpha = 0.05$).

14. 从自动机床加工的同类零件中抽取 10 件,测得零件长度为(单位:毫米)

$$12.15, \quad 12.12, \quad 12.01, \quad 12.28, \quad 12.09,$$
$$12.03, \quad 12.01, \quad 12.11, \quad 12.06, \quad 12.14,$$

设零件长度服从正态分布.求:(1) 方差 $\sigma^2$ 的估计值;(2) 方差 $\sigma^2$ 的置信区间($\alpha = 0.05$).

15. 冷抽铜丝的折断力服从正态分布. 现从一批铜丝中任取 10 根, 试验折断力, 得数据为(单位:牛顿)

$$584,\quad 578,\quad 572,\quad 570,\quad 568,\quad 572,\quad 570,\quad 570,\quad 572,\quad 596.$$

求折断力均方差 $\sigma$ 的置信区间($\alpha=0.02$).

16. 随机地从 A 批导线中抽取 4 根, 又从 B 批导线中抽取 5 根, 测得电阻数据为(单位:欧姆)

$$\text{A 批}\quad 0.143,\quad 0.142,\quad 0.143,\quad 0.137.$$
$$\text{B 批}\quad 0.140,\quad 0.142,\quad 0.136,\quad 0.138,\quad 0.140.$$

设 A 批电阻服从 $N(\mu_1,\sigma^2)$ 分布, B 批电阻服从 $N(\mu_2,\sigma^2)$. 两个样本相互独立, 又 $\mu_1$, $\mu_2$, $\sigma^2$ 均未知, 试求 $\mu_1-\mu_2$ 的置信度为 0.95 的置信区间.

17. 两台机床加工同一种零件, 现分别抽取 6 个和 9 个零件, 测其长度. 经计算得样本方差分别为 $S_1^2=0.245$, $S_2^2=0.357$. 设各机床生产零件长度服从正态分布, 试求两个总体方差比 $\dfrac{\sigma_1^2}{\sigma_2^2}$ 的置信区间($\alpha=0.05$).

18. 为了研究磷肥的增产作用, 选 20 块条件基本相同的土地, 10 块施磷肥, 10 块不施磷肥, 所得产量(单位:斤)如下:

$$\text{不施磷肥}\quad 560,\quad 590,\quad 560,\quad 570,\quad 580,\quad 570,\quad 600,\quad 550,\quad 550,\quad 570.$$
$$\text{施磷肥}\quad 650,\quad 600,\quad 570,\quad 620,\quad 580,\quad 630,\quad 600,\quad 570,\quad 580,\quad 600.$$

设两种情况下亩产量都是正态分布, 且方差相同, 试求 $\mu_2-\mu_1$ 的置信度为 0.95 的置信区间.

19. 机器 A 和机器 B 生产同一种规格内径的钢管, 随机抽取 A 生产的 18 根钢管, 测得样本方差 $S_1^2=0.34(\mathrm{mm}^2)$, B 生产的 13 根钢管的样本方差 $S_2^2=0.29(\mathrm{mm}^2)$. 设两样本相互独立, 两总体分别服从正态分布 $N(\mu_1,\sigma_1^2)$ 和 $N(\mu_2,\sigma_2^2)$, $\mu_1$, $\mu_2$, $\sigma_1^2$, $\sigma_2^2$ 均未知, 试求两个内径总体方差比 $\dfrac{\sigma_1^2}{\sigma_2^2}$ 的置信度为 0.90 的置信区间.

20. 某电器零件的平均电阻一直保持在 $2.64\,\Omega$, 改变加工工艺后, 测得 100 个零件的平均电阻为 $2.62\,\Omega$. 如改变前后电阻的均方差保持在 $0.06\,\Omega$, 问新工艺对此零件的电阻有无显著影响($\alpha=0.01$)?

21. 从某种试验物中取出 24 个样品, 测量其发热量, 计算得 $\overline{x}=11958$, 样本均方差 $s=316$. 若发热量是服从正态分布的, 试问可否认为发热量的期望值为 $12100$($\alpha=0.05$)?

22. 某厂生产的铜丝折断力(牛顿)服从 $N(576,64)$. 某天抽取 10 根铜丝进行折断试验, 测得结果为

$$578,\quad 572,\quad 570,\quad 568,\quad 572,\quad 570,\quad 572,\quad 596,\quad 586,\quad 584.$$

是否可以认为该天生产的铜丝折断力的方差也是 $64$($\alpha=0.05$)?

23. 已知某种电子元件的寿命服从 $N(\mu,150^2)$, 其中 $\mu$ 未知. 现在从一批产品中随机地抽取 26 个样品进行测试, 测得它们的平均寿命为 1637 小时. 试问: 消费者能否认为这批产品的平均寿命 $\mu$ 至少达到 1600 小时($\alpha=0.05$)?

24. 一台自动车床加工零件的长度服从正态分布 $N(\mu,\sigma^2)$, 原来的加工精度 $\sigma_0^2=0.18$. 工作一

段时间后,抽取 31 件加工完的零件,测得样本方差 $s^2 = 0.267$. 问这台车床是否保持原来的加工精度($\alpha = 0.05$)?

25. 某种羊毛在处理前后各抽取一个样本,测得含脂率如下:

处理前 0.19, 0.18, 0.21, 0.30, 0.66, 0.42, 0.08, 0.12, 0.30, 0.27.

处理后 0.15, 0.13, 0.07, 0.24, 0.19, 0.04, 0.08, 0.20.

问经过处理后含脂率(假定含脂率服从正态分布且方差相等)有无显著减少($\alpha = 0.05$)?

26. 两台机床加工同一零件,分别取 6 个和 9 个零件测量其长度.计算得 $S_1^2 = 0.345$,$S_2^2 = 0.357$. 假定零件长度服从正态分布,问是否可认为两台机床加工的零件长度的方差显著差异?

27. 使用 A(电学法)与 B(混合法)两种方法来研究冰的潜热,样本都是 $-0.72℃$ 的冰.下列数据是每克冰从 $-0.72℃$ 变为 $0℃$ 水的过程中的热量变化(卡/克):

方法 A 79.98, 80.04, 80.02, 80.04, 80.03, 80.03, 80.04, 80.03,

79.97, 80.02, 80.00, 80.02, 80.05.

方法 B 80.02, 79.94, 79.97, 79.98, 79.97, 80.03, 79.95, 79.97.

假定用每种方法测得的数据都具有正态分布,试问这两种方法的平均性能有无显著差异($\alpha = 0.05$)?

28. 今用两种不同的仪器,测量某一物体的长度,得数据如下:

第一种仪器 97, 102, 103, 96, 100, 101, 100.

第二种仪器 100, 101, 103, 98, 97, 99, 102, 101, 98, 101.

能否认为第二种仪器比第一种仪器的精度高($\alpha = 0.05$)?

29. 从两处煤矿的抽样中,分析其含灰率(%)如下:

甲矿 24.3, 20.8, 23.7, 21.3, 17.4.

乙矿 18.2, 16.9, 20.2, 16.7.

假定两矿含灰率都服从正态分布,问两矿含灰率有无显著差异($\alpha = 0.05$)?

30. 对两批同类无线电元件的电阻 $X$,$Y$ 进行测试,测得结果为(单位:欧姆)

$X$ 0.140, 0.138, 0.143, 0.141, 0.144, 0.137.

$Y$ 0.135, 0.140, 0.142, 0.136, 0.138, 0.140, 0.141.

假定两批元件的电阻 $X$,$Y$ 都服从正态分布,检验两批无线电元件的电阻的方差是否相等($\alpha = 0.05$).

## (B 类)

31. (1997,5 分)  设总体 $X$ 的概率密度为

$$f(x) = \begin{cases} (\theta+1)x^\theta, & 0 < x < 1, \\ 0, & \text{其他}. \end{cases}$$

式中,$\theta > -1$ 是未知参数.$X_1, X_2, \cdots, X_n$ 是来自总体 $X$ 的一个容量为 $n$ 的简单随机样

本,分别用矩估计法和最大似然估计法求 $\theta$ 的估计量.

32. (1999,6 分) 设总体 $X$ 的概率密度为

$$f(x) = \begin{cases} \dfrac{6x}{\theta^3}(\theta - x), & 0 < x < \theta, \\ 0, & \text{其他.} \end{cases}$$

$X_1$, $X_2$, $\cdots$, $X_n$ 是取自总体 $X$ 的简单随机样本.
(1) 求 $\theta$ 的矩估计量 $\hat{\theta}$;
(2) 求 $\hat{\theta}$ 的方差 $D(\hat{\theta})$.

33. (2000,6 分) 设某种元件的寿命 $X$ 的概率密度为

$$f(x;\theta) = \begin{cases} 2e^{-2(x-\theta)}, & x > \theta, \\ 0, & x \leqslant \theta. \end{cases}$$

式中,$\theta > 0$ 为未知参数. 又设 $x_1$, $x_2$, $\cdots$, $x_n$ 是 $X$ 的一组样本观测值,求参数 $\theta$ 的最大似然估计值.

34. (2001,7 分) 设总体 $X$ 服从正态分布 $N(\mu, \sigma^2)$, $\sigma > 0$,从该总体中抽取简单随机样本 $X_1$, $X_2$, $\cdots$, $X_{2n}$, $n \geqslant 2$.其样本均值为 $\overline{X} = \dfrac{1}{2n}\sum\limits_{i=1}^{2n} X_i$,求统计量 $Y = \sum\limits_{i=1}^{n}(X_i + X_{n+i} - 2\overline{X})^2$ 的数学期望 $E(Y)$.

35. (2002,7 分) 设总体的概率分布为

| $X$ | 0 | 1 | 2 | 3 |
|---|---|---|---|---|
| $P$ | $\theta^2$ | $2\theta(1-\theta)$ | $\theta^2$ | $1-2\theta$ |

其中,$\theta\left(0 < \theta < \dfrac{1}{2}\right)$ 是未知参数.利用总体如下样本值

$$3, \quad 1, \quad 3, \quad 0, \quad 3, \quad 1, \quad 2, \quad 3.$$

求 $\theta$ 的矩估计值和最大似然估计值.

36. (2003,8 分) 设总体 $X$ 的概率密度为

$$f(x) = \begin{cases} 2e^{-2(x-\theta)}, & x > 0, \\ 0, & x \leqslant 0. \end{cases}$$

式中,$\theta > 0$ 是未知参数.从总体 $X$ 中抽取简单随机样本 $X_1$, $X_2$, $\cdots$, $X_n$,记 $\hat{\theta} = \min(X_1, X_2, \cdots, X_n)$.
(1) 求总体 $X$ 的分布函数 $F(x)$;
(2) 求统计量 $\hat{\theta}$ 的分布函数 $F_{\hat{\theta}}(x)$;
(3) 如果用 $\hat{\theta}$ 作为 $\theta$ 的估计量,讨论它是否具有无偏性.

37. (2004,9 分) 设总体 $X$ 的分布函数为

$$F(X;\beta) = \begin{cases} 1 - \dfrac{1}{x^{\beta}}, & x > 1, \\ 0, & x \leqslant 1. \end{cases}$$

式中,未知参数 $\beta > 1$. $X_1$, $X_2$, $\cdots$, $X_n$ 为来自总体 $X$ 的简单随机样本,求:

(1) $\beta$ 的矩估计量;

(2) $\beta$ 的最大似然估计量.

38. (1998,4 分)  从正态总体 $N(3.4, 6^2)$ 中抽取容量为 $n$ 的样本,如果要求其样本均值位于区间 $(1.4, 5.4)$ 内的概率不小于 $0.95$,问样本容量 $n$ 至少应取多大?

39. (1998,4 分)  设某次考试的考生成绩服从正态分布,从中随机地抽取 36 位考生的成绩,算得平均成绩为 66.5 分,标准差为 15 分.问在显著性水平 0.05 下,是否可以认为这次考试全体考生的平均成绩为 70 分? 并给出检验过程.

40. (2003,4 分)  已知一批零件的长度 $X$(单位:cm)服从正态分布 $N(\mu, 1)$,从中随机地抽取 16 个零件,得到长度的平均值为 $40$(cm),则 $\mu$ 的置信度为 0.95 的置信区间是_____.

41. (2006,9 分)  设总体 $X$ 的概率密度为

$$f(x;\theta) = \begin{cases} \theta, & 0 < x < 1, \\ 1 - \theta, & 1 \leqslant x < 2, \\ 0, & \text{其他}. \end{cases}$$

式中,$\theta$ 是未知参数,$0 < \theta < 1$. $X_1$, $X_2$, $\cdots$, $X_n$ 为来自总体 $X$ 的简单随机样本,记 $N$ 为样本值 $x_1$, $x_2$, $\cdots$, $x_n$ 中小于 1 的个数,求 $\theta$ 的最大似然估计.

42. (2007,11 分)  设总体 $X$ 的概率密度为

$$f(x;\theta) = \begin{cases} \dfrac{1}{2\theta}, & 0 < x < \theta, \\ \dfrac{1}{2(1-\theta)}, & \theta \leqslant x < 1, \\ 0, & \text{其他}. \end{cases}$$

式中,参数 $\theta$ 未知,$0 < \theta < 1$. $X_1$, $X_2$, $\cdots$, $X_n$ 是来自总体 $X$ 的简单随机样本,$\overline{X}$ 是样本均值.

(1) 求参数 $\theta$ 的矩估计量;

(2) 判断 $4\overline{X}^2$ 是否为 $\theta^2$ 的无偏估计量,并说明理由.

43. (2008,11 分)  设 $X_1$, $X_2$, $\cdots$, $X_n$ 是总体 $N(\mu, \sigma^2)$ 的简单随机样本,记

$$\overline{X} = \frac{1}{n} \sum_{i=1}^{n} X_i,$$

$$S^2 = \frac{1}{n-1} \sum_{i=1}^{n} (X_i - \overline{X})^2,$$

$$T = \overline{X} - \frac{1}{n} S^2.$$

(1) 证明 $T$ 是 $\mu^2$ 的无偏估计量;

(2) 当 $\mu = 0$,$\sigma = 1$ 时,求 $D(T)$.

44. (2009,4 分) 设 $X_1, X_2, \cdots, X_n$ 为来自二项分布总体 $B(n,p)$ 的简单随机样本,$\overline{X}$ 和 $S^2$ 分别为样本均值和样本方差. 若 $\overline{X} + kS^2$ 为 $np^2$ 的无偏估计量,则 $k=$ _____.

45. (2009,11 分) 设总体 $X$ 的概率密度为

$$f(x)=\begin{cases} \lambda^2 x e^{-\lambda x}, & x>0, \\ 0, & \text{其他}. \end{cases}$$

其中参数 $\lambda(\lambda>0)$ 未知,$X_1, X_2, \cdots, X_n$ 是来自总体 $X$ 的简单随机样本.

(1) 求参数 $\lambda$ 的矩估计量;

(2) 求参数 $\lambda$ 的最大似然估计量.

46. (2010,11 分) 设总体的分布律 $X \sim \begin{pmatrix} 1 & 2 & 3 \\ 1-\theta & \theta-\theta^2 & \theta^2 \end{pmatrix}$,其中 $\theta \in (0,1)$ 为未知参数,以 $N_i$ 表示来自总体 $X$ 的简单随机样本(样本容量为 $n$)中等于 $i(i=1,2,3)$ 的个数. 求常数 $a_1, a_2, a_3$,使 $T=\sum_{i=1}^{3} a_i N_i$ 为 $\theta$ 的无偏估计量,并求 $T$ 的方差.

47. (2012,11 分) 设随机变量 $X$ 与 $Y$ 相互独立且分别服从正态分布 $N(\mu,\sigma^2)$ 与 $N(\mu,2\sigma^2)$,其中 $\sigma$ 是未知参数且 $\sigma>0$,设 $Z=X-Y$.

(1) 求 $Z$ 的概率密度 $f(z,\sigma^2)$;

(2) 设 $z_1, z_2, \cdots, z_n$ 为来自总体 $Z$ 的简单随机样本,求 $\sigma^2$ 的最大似然估计量 $\hat{\sigma}^2$;

(3) 证明 $\hat{\sigma}^2$ 为 $\sigma^2$ 的无偏估计量.

48. (2011,11 分) 设 $X_1, X_2, \cdots, X_n$ 为来自正态总体 $N(\mu_0,\sigma^2)$ 的简单随机样本,其中 $\mu_0$ 已知,$\sigma^2>0$ 未知,$\overline{X}$ 和 $S^2$ 分别表示样本均值和样本方差.

(1) 求参数 $\sigma^2$ 的最大似然估计量 $\hat{\sigma}^2$;

(2) 计算 $E\hat{\sigma}^2$ 和 $D\hat{\sigma}^2$.

49. (2013,11 分) 设总体 $X$ 的概率密度

$$f(x)=\begin{cases} \dfrac{\theta^2}{x^3} e^{-\frac{\theta}{x}}, & x>0, \\ 0, & \text{其他}. \end{cases}$$

其中 $\theta$ 为未知参数且大于零,$X_1, X_2, \cdots, X_n$ 为来自总体 $X$ 的简单随机样本.

(1) 求 $\theta$ 的矩估计量;

(2) 求 $\theta$ 的最大似然估计量.

50. (2014,4 分) 设总体 $X$ 的概率密度为

$$f(x,\theta)=\begin{cases} \dfrac{2x}{3\theta^2}, & \theta<x<2\theta, \\ 0, & \text{其他}. \end{cases}$$

其中 $\theta$ 是未知数,$X_1, X_2, \cdots, X_n$ 为来自总体 $X$ 的简单样本,若 $c\sum_{i=1}^{n} X_i^2$ 是 $\theta$ 的无偏估计,则 $c=$ _____.

51. (2014,11 分) 设总体 $X$ 的分布函数

$$F(x) = \begin{cases} 0, & x < 0, \\ 1 - e^{\frac{x^2}{\theta}}, & x \geqslant 0. \end{cases}$$

其中 $\theta > 0$ 为未知参数，$X_1, X_2, \cdots, X_n$ 为来自总体 $X$ 的简单随机样本.

(1) 求 $EX$ 及 $EX^2$；

(2) 求 $\theta$ 的最大似然估计量 $\hat{\theta}$；

(3) 是否存在实数 $a$，使得对任意的 $\varepsilon > 0$，都有

$$\lim_{n \to \infty} P\{|\hat{\theta} - a| \geqslant \varepsilon\} = 0?$$

52. (2015，11 分)　设总体 $X$ 的概率密度为

$$f(x, \theta) = \begin{cases} \dfrac{1}{1-\theta}, & \theta \leqslant x < 1, \\ 0, & \text{其他}. \end{cases}$$

其中 $\theta$ 为未知参数，$X_1, X_2, \cdots, X_n$ 为来自该总体的简单随机样本.

(1) 求 $\theta$ 的矩估计量；

(2) 求 $\theta$ 的最大似然估计量.

53. (2016，4 分)　设 $X_1, X_2, \cdots, X_n$ 为来自总体 $N(\mu, \sigma^2)$ 的简单随机样本，样本均值 $\bar{x} = 95$，参数 $\mu$ 的置信度为 0.95 的双侧置信区间的置信上限为 10.8，则 $\mu$ 的置信度为 0.95 的双侧置信区间为_____.

54. (2016，11 分)　设总体 $X$ 的概率密度为

$$f(x, \theta) = \begin{cases} \dfrac{3x^2}{\theta^3}, & 0 < x < \theta, \\ 0, & \text{其他}, \end{cases}$$

其中 $\theta \in (0, +\infty)$ 为未知参数，$X_1, X_2, X_3$ 为来自总体的简单随机样本，令 $T = \max(X_1, X_2, X_3)$.

(1) 求 $T$ 的概率密度；

(2) 确定 $a$，使得 $aT$ 为 $\theta$ 的无偏估计.

55. (2017,11 分)　某工程师为了解一台天平的精度，用该天平对一物体的质量做 $n$ 次测量，该物体的质量 $\mu$ 是已知的，记 $n$ 次测量的结果 $X_1, X_2, \cdots X_n$ 相互独立且均服从正态分布 $N(\mu, \sigma^2)$. 该工程师记录的是 $n$ 次测量的绝对误差 $Z_i = |X_i - \mu|$ $(i = 1, 2, \cdots, n)$，利用 $Z_1, Z_2, \cdots, Z_n$ 估计 $\sigma$.

(1) 求 $Z_1$ 的概率密度；

(2) 利用一阶矩求 $\sigma$ 的矩估计量；

(3) 求 $\sigma$ 的最大似然估计量.

56. (2018,4 分)　设总体 $X \sim N(\mu, \sigma^2)$，$X_1, X_2, \cdots, X_n$ 为来自总体 $X$ 的简单随机样本，据此样本检验假设：$H_0: \mu = \mu_0$，$H_1: \mu \neq \mu_0$，则（　　）.

A. 如果在检验水平 $\alpha = 0.05$ 下拒绝 $H_0$，那么在检验水平 $\alpha = 0.01$ 下必拒绝假设 $H_0$

B. 如果在检验水平 $\alpha = 0.05$ 下拒绝 $H_0$，那么在检验水平 $\alpha = 0.01$ 下必接受假设 $H_0$

C. 如果在检验水平 $\alpha = 0.05$ 下接受 $H_0$，那么在检验水平 $\alpha = 0.01$ 下必拒绝假设 $H_0$

D. 如果在检验水平 $\alpha = 0.05$ 下接受 $H_0$，那么在检验水平 $\alpha = 0.01$ 下必接受假设 $H_0$

57. (2018,11分)　设总体 $X$ 的概率密度为 $f(x;\sigma)=\dfrac{1}{2\sigma}e^{-\frac{|x|}{\sigma}}$，$-\infty<x<+\infty$，其中 $\sigma\in(0,+\infty)$ 为未知参数. $X_1,X_2,\cdots,X_n$ 为来自总体 $X$ 的简单随机样本. 记 $\sigma$ 的最大似然估计量为 $\hat{\sigma}$.

(1) 求 $\hat{\sigma}$；

(2) 求 $E(\hat{\sigma})$ 和 $D(\hat{\sigma})$.

58. (2019,11分)　设总体 $X$ 的概率密度为 $f(x;\sigma^2)=\begin{cases}\dfrac{A}{\sigma}e^{-\frac{(x-\mu)^2}{2\sigma^2}}, & x\geqslant\mu,\\ 0, & x<\mu.\end{cases}$ 其中 $\mu$ 是已知参

数，$\sigma>0$ 是未知参数，$A$ 是常数，$X_1,X_2,\cdots,X_n$ 为来自总体 $X$ 的简单随机样本.

(1) 求 $A$ 的值；

(2) 求 $\sigma^2$ 的最大似然估计量.

59. (2020,11分)　设某种元件的使用寿命 $T$ 的分布函数 $F(t)=\begin{cases}1-e^{-(\frac{t}{\theta})^m}, & t\geqslant0,\\ 0, & \text{其他.}\end{cases}$ 其中 $\theta$，

$m$ 为参数且大于零.

(1) 求概率 $P(T>t)$ 与 $P\{T>s+t\mid T>s\}$，其中 $s>0,t>0$；

(2) 任取 $n$ 个这样的元件做寿命实验,测得它们的寿命分别为 $t_1,t_2,\cdots,t_n$,若 $m$ 已知,求 $\theta$ 的

最大似然估计量.

60. (2021,5分)　设 $X_1,X_2,\cdots,X_{16}$ 为来自总体 $N(\mu,4)$ 的简单随机样本,考虑假设检验问题:

$H_0:\mu\leqslant10$，$H_1:\mu>10$，$\Phi(x)$ 表示标准正态分布函数. 若该检验问题的拒绝域为 $W=$

$\{\overline{X}>11\}$，其中 $\overline{X}=\dfrac{1}{16}\sum_{i=1}^{16}X_i$,则 $\mu=11.5$ 时,该检验犯第二类错误的概率为(　　).

A. $1-\Phi(0.5)$　　　　B. $1-\Phi(1)$　　　　C. $1-\Phi(1.5)$　　　　D. $1-\Phi(2)$

61. (2022,12分)　设 $X_1,X_2,\cdots,X_n$ 为来自均值为 $\theta$ 的指数分布总体的简单随机样本,为来自

均值为 $2\theta$ 的指数分布总体的简单随机样本,且两样本相互独立,其中 $\theta(\theta>0)$ 是未知参数,

利用样本 $X_1,X_2,\cdots,X_n,Y_1,Y_2,\cdots,Y_m$ 求 $\theta$ 的最大似然估计量 $\hat{\theta}$,并求 $D(\hat{\theta})$.

# 第七章 数学实验

实验是科学研究的基本方法之一,数学作为科学的基础,也需借助实验方法来获得新知.数学实验是在典型环境或特定条件下所进行的一种发现或验证数学理论的探索活动.在数学学习中适当开展数学实验对于形成做数学、用数学的能力大有好处.

本章将介绍常用的统计分析软件 SPSS 的基本知识及一些结合教材本身内容的数学实验.目的是使同学们通过亲自动手做数学,进一步了解数学的意义并掌握统计分析软件 SPSS 的使用方法.

## 第一节 统计分析软件 SPSS 简介

### 一、SPSS 软件的安装、启动与退出

SPSS 软件是当今世界上应用最广泛的专业统计软件之一.SPSS 具有强大的统计分析与数据准备功能、方便的图表展示功能、良好的兼容性和界面的友好性,同时也是一款非常简单易用的软件.本章以 IBM SPSS Statistics 20 版为例,简单介绍其功能和使用方法.

SPSS 软件在 Windows 系统下的安装与其他软件的安装基本相同,即将安装光盘插入光驱,启动安装程序,然后按界面提示依次进行即可完成软件的安装.安装结束后,鼠标双击"SPSS"图标即可启动 SPSS,桌面上会弹出如图 7.1(a)所示的窗口及随后出现的使用向导(图 7.1(b)).这样就进入了 SPSS.如果要关闭该软件,则选择"文件"菜单中的"退出"命令,或者直接关闭窗口即可.

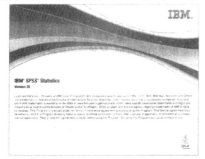

(a)

(b)

图 7.1

## 二、SPSS 软件的窗口、菜单和结果输出

SPSS 是多窗口软件,运用时使用的窗口种类有数据窗口、输出窗口、语法窗口和脚本窗口 4 种. 如图 7.1 所示的数据窗口和输出窗口是最常用的两个.

数据窗口也称为数据编辑器,此窗口类似于 Excel 窗口,SPSS 处理数据的主要工作全在此窗口中进行.

输出窗口也称为结果查看器,此窗口用于输出分析结果. 在窗口中进行的操作非常类似于 Windows 资源管理器. 整个窗口分两个区:左边为目录区,是 SPSS 分析结果的一个目录;右边是内容区,是与目录一一对应的内容.

启动 SPSS 时,默认打开数据窗口. 其他窗口可以通过选择"文件"→"新建"/"打开"→相应的窗口名称而打开.

SPSS 的每种窗口都有 10 个以上的菜单,以数据窗口为例,主菜单有"文件"、"编辑"、"视图"、"数据与转换"、"分析"、"直销"、"图形"、"实用程序"、"窗口"及"帮助"等. 每个主菜单下又有若干子菜单,与 Word 或 Excel 软件十分类似.

作为功能强大的统计分析工具,为了使得分析结果能更好地满足客户的需求,SPSS 一共提供了 4 种格式的统计分析结果:枢轴表、文本格式、统计图表和模型.分析结果可以保存为 SPSS 自身的格式,即"∗.spv"格式,也可以保存为 HTML 格式、Word 格式、Excel 格式或者 Text 格式. 除了可以保存结果之外,还可以将分析结果直接通过"复制"、"粘贴"命令应用到其他软件中.

## 三、SPSS 软件的帮助系统

SPSS 提供了无处不在的"帮助"功能,可以随时随地为不同层次的用户提供帮助. 其帮助功能主要包括学习向导、帮助菜单和高级用户相关的帮助功能三大类.

学习向导相当于一个手把手的教练. 可以浅显易懂地告诉用户各种基本的统计分析问题在 SPSS 中是如何实现的. 学习向导有统计辅导、教程和个案研究三种,都是为初学者提供的最基础的入门知识.

帮助菜单主要通过目录树和索引两种方式提供相关主题的详细解释. 高级用户相关的帮助功能主要内容有指令语法参考、算法及 SPSS 社区等,对 SPSS 想作深入了解的用户可以使用这一功能.

# 第二节　数据文件的建立与统计描述

## 一、数据文件的建立

数据是统计研究的基础,没有数据,分析就无从谈起. 在 SPSS 中建立数据文件大致有两种情况:一种是根据非电子化的原始数据资料(如调查问卷、各种报表等),将数据录入进 SPSS 软件,建立数据文件;另一种是将已经录入为其他格式的资料读入 SPSS 中.

数据文件的建立在数据窗口进行,在录入数据时,大致可归纳为以下三个步骤:首先定义各变量名,即给每个指标起个名字;其次是指定每个变量的各种属性,即对每个指标的统计特性做出指定;最后录入数据,即把原始数据资料中的各指标值录入为电子格式.

在 SPSS 中,新建一个数据文件非常容易. 数据窗口是一个典型的 Windows 软件界面,如图 7.2 所示. 在数据窗口的左下角可以看到"数据视图"和"变量视图"标签。如果单击"变量视图"标签,就会切换到变量视图,这时可以完成前面提到的第一、第二两个步骤,而第三步骤即数据录入则应当在数据视图中直接通过键盘完成.

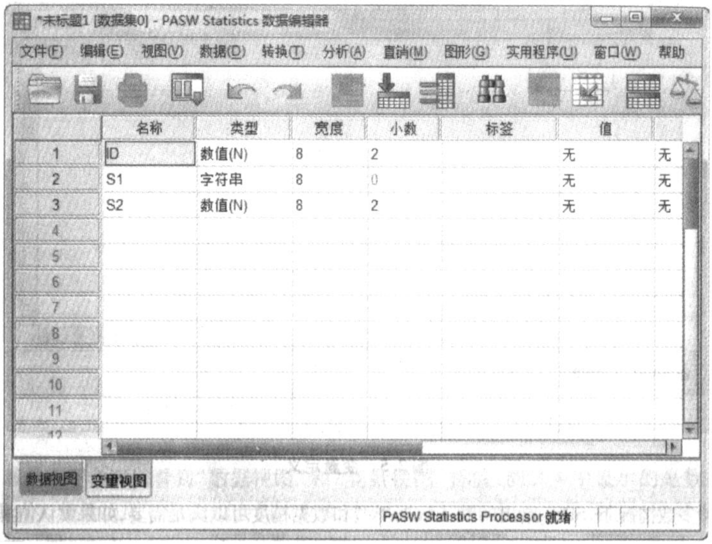

图 7.2

SPSS 也可以读入许多非 SPSS 默认类型的数据文件. 主要包括直接打开,利用文本向导读入文本数据,以及利用数据库 ODBC 接口读取数据.

**实验 1** 试根据第五章第一节例 2 提供的数据建立数据文件"detergent. sav".

**实验 2** 试根据习题五第 7 题所提供的数据建立数据文件"salary. sav".

**实验 3** 尝试打开 IBM SPSS Statistics 20 安装目录下的 Samples 子目录中的各种类型的数据文件,并读入 SPSS 中.

## 二、统计描述的指标体系简介

在统计学中用于描述集中趋势或者数据分布的中心位置的统计量称为**位置统计量**(location statistic),其中算术均数(arithmetic mean)和中位数(median)是最常用的统计量.

**算术均数**是最常用的集中趋势描述指标,简称均数,用希腊字母 $\mu$ 表示. 样本均数常用 $\overline{X}$ 表示. 对一组数据是 $X_1, X_2, \cdots, X_n$ 而言,均数

$$\overline{X} = \frac{1}{n} \sum_{i=1}^{n} X_i.$$

**中位数**是指将全体数据按大小顺序排列,在整个数列中处于中间位置的那个值. 中位数把全部数据分成两部分,比它小和比它大的数值个数正好相等. 具体而言,当 $n$ 为奇数时,中位数 $M = X_{\frac{n+1}{2}}$;当 $n$ 为偶数时,$M = \frac{1}{2}(X_{\frac{n}{2}} + X_{\frac{n}{2}+1})$. 由于中位数是位置平均数,不受极端值的影响,因此有时比算术均数更具有代表性.

当然还有其他描述集中趋势的统计量,如截尾均数、几何均数、众数等,这里就不一一介绍了.

在统计描述中,仅仅反映数据的集中趋势是远远不够的,我们还需要了解数据的离散趋势. 描述该趋势的统计量称为**尺度统计量**(scale statistic). 常用的尺度统计量有全距、方差、标准差、百分位数、四分位数与四分位间距等.

**全距**(range)又称为**极差**,是指一组数据中最大值与最小值之差. 全距是最简单的反映数据离散程度的统计量. 方差与标准差在第三章中已经介绍了.

**百分位数**(percentile)常用 $P_x$ 表示,一个百分位数 $P_x$ 将一组观察值分为两部分,它使得至少有 $x\%$ 的数据小于或等于这个值,且至少有 $(100-x)\%$ 的数据大于或等于这个值. 例如,某位同学在一门功课考试中的成绩为 54 分. 如果我们想知道他的水平相对其他同学如何,通过百分位数就可以了解了. 如果原始分数 54 分恰好对应的是第 70 百分位数,那么我们就知道大约 70% 的学生考分比他低,而只有 30% 的学生考分比他高.

由此可知,前面提到的中位数实际上就是第 50 百分位数. 在统计学中,还常把第 25 百分位数称为第 1 个四分位数,用 $Q1$ 表示;第 50 百分位数称为第 2 个四分位数,用 $Q2$ 表示;第 75 百分位数称为第 3 个四分位数,用 $Q3$ 表示.

　　除了以上两大基本趋势指标外,随着对数据特征了解的逐渐深入,常常还会对分布特征(distribution tendency)及其描述指标进行研究,并采用一系列指标来描述数据偏离分布的程度. 例如对于正态分布而言,偏度系数、峰度系数就可以用来反映当前数据偏离正态分布的程度. 相对而言这类分布指标使用较少,这里就不作介绍了.

# 三、统计描述

　　SPSS 软件中的许多模块均可完成统计描述的任务,除了各种用于统计推断的过程会附带进行相关的统计描述外,还专门提供了几个用于连续变量统计描述的过程,它们均集中在"描述统计"(descriptive statistics)子菜单中,具体如下:

## 1. 频率过程

　　频率过程的特色是产生原始数据的频率表,并能计算各种百分数. 由图 7.3 可见,它所提供的统计描述功能非常全面,且对话框的布置基本上按照数据的集中趋势、离散趋势、百分位数和分布指标四大块将各描述指标进行了归类.

(a)

(b)

图 7.3

　　除了统计指标外,频率过程还可以为数据直接绘制相应的统计图,如用于连续型变量的直方图,用于分类变量的饼图和条图等.

## 2. 描述过程

　　描述过程用于进行一般性的统计描述,相对于频率过程而言,它不能绘制统计图,所能计算的统计量也较少,但由于该过程适用于对服从正态分布的连续型随机变量进行描述而使用频率很高.

### 3. 探索过程

探索过程用于在连续性资料分布状况不清时进行探索性分析,它可以计算许多描述统计量,还可以给出截尾均数、极端值列表等,并绘制各种统计图,是功能最为强大的一个描述过程.下一节我们要介绍的参数估计的有关数学实验就是利用这个过程.

### 4. 比率过程

比率过程用于对两个连续变量计算相对比指标,这里就不作介绍了.

在实际工作中所接触到的数据量往往很大,为了便于理解和分析,往往将原始数据按照其大小分组汇总,计算各组段的频数大小,然后汇总成相应的分组频数表,并绘制直方图,以反映数据的大致趋势. 这就是所谓的**频数分析**.

下面我们利用 SPSS 来进行频数分析. 利用数据输入窗口的"文件"菜单打开数据文件"detergent. sav". 然后选择"分析"菜单中的"描述统计"子菜单的"频率",得到如图 7.4(a)所示的对话框. 从左侧变量列表中选入需要描述的变量,然后单击对话框右上方的"统计量"按钮,打开如图 7.3 所示的对话框定义需要计算的描述统计量.

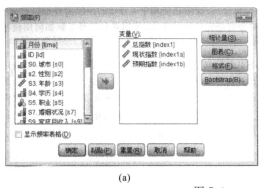

(a)　　　　　　　　　　　　　　(b)

图 7.4

在图 7.4(a)所示的对话框中,单击"图表"按钮,绘制直方图,如图 7.4(b)所示. 如果需要进一步使用 SPSS 的统计绘图功能,可以在数据输入窗口的"图形"菜单中选择"图表构建程序"选项,通过弹出的对话框来进行选择.

如果我们还想进一步考察变量是否服从某一分布,如正态分布,可以通过双击正在编辑的统计图,打开一个独立的"图形编辑器"窗口及与之配套的"属性"窗口. 选择适当的分布曲线,并单击"应用"按钮,就可以在图形编辑器窗口观察图形的相应变化,从而找到最适合变量的分布曲线.并了解变量的分布及其参数.

　　**实验 4**　对"detergent. sav"中的数据进行频数分析,并绘制直方图及分布曲线.

　　**实验 5**　对"salary. sav"中的数据进行频数分析,并绘制直方图及分布曲线.

　　**实验 6**　从 SPSS 软件的 Samples 子菜单中读入数据文件,进行频数分析,并绘制直方图及分布曲线.

# 第三节　应用 SPSS 进行统计推断

　　上一节我们介绍了如何利用 SPSS 软件进行统计描述.如果我们能够掌握被研究总体的全部数据,那么只需要采用统计描述就可以基本上了解总体了.但在现实中,很多情况导致我们不可能去调查总体的所有个体,从而不能掌握总体的全部数据.因此就需要从总体中抽取一部分个体来进行调查,进而利用样本提供的信息来推断总体的特征.

## 一、参数估计

　　参数估计是总体分布已知的情况下,在抽样和抽样分布的基础上,根据样本统计量来推断反映总体特征的某些参数的统计推断方法.

　　这里我们只介绍对总体均值 $\mu$ 与总体方差 $\sigma^2$ 的参数估计.根据第六章的内容可知,我们是用样本均值 $\overline{X}$ 作为总体均值 $\mu$ 的参数估计值,用样本方差 $S^2$ 作为总体方差 $\sigma^2$ 的参数估计值.

　　在 SPSS 中,首先创建样本数据文件,如"sample1. sav",在该文件中变量假设为"variable1".打开这个文件,选择数据输入窗口中的"分析"菜单,选择"描述统计"子菜单中的"探索"选项.把需要估计的变量"variable1"选入"因变量列表"中,在窗口下方的"输出"选项中选择"统计量",然后单击窗口右上方的"统计量"按钮,设置置信区间,如 95%.然后依提示继续操作,SPSS 就会给出一个分析结果表格,其中显示了我们需要的各种估计值.

　　**实验 7**　对已录入的数据文件"detergent. sav"估计总体的均值与方差.

　　**实验 8**　对已录入的数据文件"salary. sav"估计总体的均值与方差.

## 二、假设检验

　　假设检验的基本思想是首先对总体参数值提出假设,然后再利用样本验证先前提出的假设是否成立.如果样本数据不能够充分证明和支持假设的成立,则在一定的概率条件下,应拒绝该假设.反之,如果样本数据不能够充分证明和支持假设是不成立的,则必须接受假设为真.

在 SPSS 中假设检验的基本步骤与本书第六章第二节略有不同,具体如下:

(1) 提出原假设 $H_0$ 和备择假设 $H_1$.

(2) 选择检验统计量.

(3) 计算检验统计量观察值的发生概率.

(4) 给定显著性水平,作出统计决策.

这里的(2)、(3)步骤由 SPSS 来完成,统计决策由人工完成.

下面以单个正态总体参数的假设检验为例来说明该实验的做法.

首先将本书第六章第二节例 2 中提供的数据输入 SPSS,建立名称为"tinweight. sav"的数据文件,变量设置为"weight". 在数据输入窗口中选择"分析"菜单中的"比较均值"子菜单,选择"单样本 $t$ 检验"选项. 将变量"weight"移入"检验变量"栏,在窗口下方填入假设的总体均值:"500". 然后单击右上方"选择"按钮,设定置信水平(默认值为 95%). 依窗口提示继续操作,得到 SPSS 输出的两个报表.

第一个报表给出的是对当前样本进行的统计描述,第二个报表是单样本 $t$ 检验的分析结果. 我们根据报表中双层检验概率 sig(2-tailed)的值大于 0.05 与否来做出接受或拒绝原假设的决定.

**实验 9**　将第六章习题六第 21 题利用 SPSS 来加以完成.

**实验 10**　用一仪器间接测量某高炉内温度 5 次,所得数据为(℃):

$$1250, \quad 1265, \quad 1245, \quad 1260, \quad 1275.$$

而用另一种精密仪器测得炉内温度为 1277 ℃. 设测量的温度服从正态分布,问此仪器测量温度有无系统偏差(取 $\alpha = 0.05$)?

# 习题参考答案

## 习 题 一

1. (1) $\Omega=\{2, 3, 4, 5, 6, 7, 8, 9, 10, 11, 12\}$. (2) $\Omega=\{(x, y) \mid x^2+y^2<1\}$. (3) $\Omega=\{3, 4, 5, 6, 7, 8, 9, 10\}$. (4) $\Omega=\{v \mid v>0\}$.

2. (1) $A\bar{B}\bar{C}$; (2) $AB\bar{C}$; (3) $ABC$; (4) $\bar{A}\,\bar{B}\bar{C}$; (5) $\overline{ABC}$; (6) $A\cup B\cup C$; (7) $\bar{A}\,\bar{B}\cup\bar{B}\bar{C}\cup\bar{C}\bar{A}$ 或 $A\bar{B}\bar{C}\cup\bar{A}B\bar{C}\cup\bar{A}\bar{B}C\cup\bar{A}\bar{B}\bar{C}$; (8) $AB\cup BC\cup CA$.

3. (1) 事件 $AB\bar{C}$ 表示该生是三年级男生,但不是运动员; (2) 全校运动员都是三年级男生; (3) 全校运动员都是三年级学生; (4) 全校女生都在三年级,并且三年级学生都是女生.

4. 0.6.  5. $\dfrac{5}{8}$.

6. $\dfrac{a(a-1)+b(b-1)}{(a+b)(a+b-1)}$; $\dfrac{2ab}{(a+b)(a+b-1)}$.

7. 0.0083; 0.027.  8. (1) $\dfrac{23}{100}$; (2) $\dfrac{27}{50}$.

9. (1) 0.255; (2) 0.509; (3) 0.745; (4) 0.273.

10. (1) 0.746; (2) 0.0073.

11. 0.000794.  12. $\dfrac{8}{21}$.

13. $\dfrac{11}{24}$.  14. 0.588.

15. 0.588.  16. 2%.

17. (1) 0.96; (2) 0.83.  18. (1) 0.0729; (2) 0.00856.

19. 五局三胜制.  20. $\dfrac{1}{3}$.

21. $\dfrac{53}{120}$; $\dfrac{20}{53}$.  22. 0.7.

23. 0.3.  24. $\dfrac{3}{8}$.

25. $\dfrac{1}{6}$.  26. $1-p$.

27. C.  28. $\dfrac{13}{48}$.

29. $\dfrac{3}{7}$.

30. $\dfrac{2}{5}$.

31. $1-(1-p)^n$；$(1-p)^n+np(1-p)^{n-1}$.

32. $\dfrac{1}{3}$.

33. $0.75$.

34. C.

35. $\dfrac{1}{4}$.

36. $\dfrac{2}{3}$.

37. C.

38. $\dfrac{17}{25}$.

39. $\dfrac{1}{2}+\dfrac{1}{\pi}$.

40. $\dfrac{3}{4}$.

41. $\dfrac{3}{4}$.

42. B.

43. C.

44. A.

45. $\dfrac{1}{4}$.

46. C.

47. D.

48. D.

49. $\dfrac{5}{8}$.

# 习　题　二

1.

| $X$ | 0 | 1 | 2 |
|---|---|---|---|
| $P$ | $\dfrac{28}{45}$ | $\dfrac{16}{45}$ | $\dfrac{1}{45}$ |

2. $\dfrac{1}{5}$.

3. (1)

| $X$ | 3 | 4 | 5 |
|---|---|---|---|
| $P$ | 0.1 | 0.3 | 0.6 |

, 0.4;　　(2)

| $Y$ | 1 | 2 | 3 |
|---|---|---|---|
| $P$ | 0.6 | 0.3 | 0.1 |

, 0.

4. $C=\dfrac{1}{e^\lambda-1}$.

5. $F(x)=\begin{cases}0, & x<1,\\0.2, & -1\leqslant x<2,\\0.3, & 2\leqslant x<3,\\1, & x\geqslant 3.\end{cases}$

6. $F(x)=\begin{cases}0, & x<0,\\0.6, & 0\leqslant x<1,\\1, & x\geqslant 1.\end{cases}$

7. (1) $3p^2(1-p)$;　(2) $p^2(3-2p)$.

8. (1) 0.104;　(2) 0.997.

9. 0.09.

10. (1) 0.224；(2) 0.1992；(3) 0.5768；(4) 0.95.

11. (1) $k=1$；(2) 0.5； (3) $f(x)=\begin{cases} 2x, & 0 \leqslant x < 1, \\ 0, & \text{其他.} \end{cases}$ (4) 0.25.

12. (1) $k=\dfrac{1}{\pi}$；(2) $\dfrac{1}{3}$；(3) $F(x)=\begin{cases} 0, & x < 1 \\ \dfrac{1}{2}+\dfrac{1}{\pi}\arcsin x, & -1 \leqslant x < 1, \\ 1, & x \geqslant 1. \end{cases}$

13. 0.0272；0.0037.

14. $1-\mathrm{e}^{-\frac{1}{3}}$.

15. 0.2.

16. $a=3.290$.

17. 0.0455.

18. $x_1=57.975$；$x_2=60.63$.

19. 5.

20. (1)

| $2X$ | $-4$ | $0$ | $4$ | $6$ |
|---|---|---|---|---|
| $P$ | $\dfrac{1}{7}$ | $\dfrac{1}{7}$ | $\dfrac{3}{7}$ | $\dfrac{2}{7}$ |

(2)

| $X^2$ | $0$ | $4$ | $9$ |
|---|---|---|---|
| $P$ | $\dfrac{1}{7}$ | $\dfrac{4}{7}$ | $\dfrac{2}{7}$ |

21. $f_Y(y)=\begin{cases} \sqrt{\dfrac{2}{\pi}}\mathrm{e}^{-\frac{y^2}{2}}, & y > 0, \\ 0, & y \leqslant 0. \end{cases}$

22. $F_Y(y)=\begin{cases} 1-\dfrac{1}{y^3}, & y > 1, \\ 0, & \text{其他.} \end{cases}$    $f_Y(y)=\begin{cases} \dfrac{3}{y^4}, & y > 1, \\ 0, & \text{其他.} \end{cases}$

23. $f_Y(y)=\dfrac{2}{\pi(\mathrm{e}^{-y}+\mathrm{e}^{y})}$, $-\infty < y < \infty$.

24. $f_Y(y)=\begin{cases} \dfrac{1}{\sqrt{2\pi}\sigma y}\times\exp\left(-\dfrac{1}{2\sigma^2}(\ln y-\mu)^2\right), & y > 0, \\ 0, & y \leqslant 0. \end{cases}$

26.

| Y | X | | | |
|---|---|---|---|---|
| | 0 | 1 | 2 | 3 |
| 1 | 0 | $\dfrac{3}{8}$ | $\dfrac{3}{8}$ | 0 |
| 3 | $\dfrac{1}{8}$ | 0 | 0 | $\dfrac{1}{8}$ |

27. (1)

| X | Y | | | |
|---|---|---|---|---|
| | 0 | 1 | 2 | 3 |
| 0 | 0 | 0 | $\dfrac{21}{120}$ | $\dfrac{35}{120}$ |
| 1 | 0 | $\dfrac{14}{120}$ | $\dfrac{42}{120}$ | 0 |
| 2 | $\dfrac{1}{120}$ | $\dfrac{7}{120}$ | 0 | 0 |

(2)

| $X$ | 0 | 1 | 2 |
|---|---|---|---|
| $P$ | $\dfrac{56}{120}$ | $\dfrac{56}{120}$ | $\dfrac{8}{120}$ |

| $Y$ | 0 | 1 | 2 | 3 |
|---|---|---|---|---|
| $P$ | $\dfrac{1}{120}$ | $\dfrac{21}{120}$ | $\dfrac{63}{120}$ | $\dfrac{35}{120}$ |

(3) 不相互独立.

28.

| $Y$ | $X$ | | |
|---|---|---|---|
| | 2 | 3 | 4 |
| 2 | $\dfrac{1}{36}$ | $\dfrac{1}{12}$ | $\dfrac{1}{9}$ |
| 3 | $\dfrac{1}{12}$ | $\dfrac{1}{12}$ | $\dfrac{1}{6}$ |
| 4 | $\dfrac{1}{9}$ | $\dfrac{1}{6}$ | $\dfrac{1}{6}$ |

$P(X+Y>6)=\dfrac{1}{2}$.

29. (1) $A=\dfrac{1}{\pi^2}$, $B=\dfrac{\pi}{2}$, $C=\dfrac{\pi}{2}$;　(2) $f(x,y)=\dfrac{6}{\pi^2(4+x^2)(9+y^2)}$;

(3) $F_X(x)=\dfrac{1}{\pi}\left(\dfrac{\pi}{2}+\arctan\dfrac{x}{2}\right)$; $F_Y(y)=\dfrac{1}{\pi}\left(\dfrac{\pi}{2}+\arctan\dfrac{y}{3}\right)$;　(4) 相互独立.

30. (1) $F(x,y)=\begin{cases}(1-\mathrm{e}^x)(1-\mathrm{e}^y), & 0<x<+\infty,\ 0<y<+\infty,\\ 0, & \text{其他};\end{cases}$　(2) 0.264.

31. (1) $A=12$;　(2) $f_X(x)=\begin{cases}3\mathrm{e}^{-3x}, & x>0,\\ 0, & \text{其他}.\end{cases}$　$f_Y(y)=\begin{cases}4\mathrm{e}^{-4y}, & y>0,\\ 0, & \text{其他}.\end{cases}$

(3) $(1-\mathrm{e}^{-3})(1-\mathrm{e}^{-8})$.

32. $\dfrac{65}{72}$.

33. $f(x,y)=\begin{cases}6, & 0\leqslant x\leqslant1,\ x^2\leqslant y\leqslant x,\\ 0, & \text{其他}.\end{cases}$　$f_X(x)=\begin{cases}6(x-x^2), & 0\leqslant x\leqslant1,\\ 0, & \text{其他}.\end{cases}$

$f_Y(y)=\begin{cases}6(\sqrt{y}-y), & 0\leqslant y\leqslant1,\\ 0, & \text{其他}.\end{cases}$

34. (1) $f(x,y)=\begin{cases}25\mathrm{e}^{-5y}, & 0<x<0.2,\ y>0,\\ 0, & \text{其他}.\end{cases}$　(2) $\dfrac{1}{\mathrm{e}}$.

35. $\dfrac{5}{8}$.

36.

| $Y$ | $X$ | | |
|---|---|---|---|
| | $-1$ | 1 | 3 |
| $-3$ | $\dfrac{1}{8}$ | $\dfrac{1}{20}$ | $\dfrac{3}{40}$ |
| 1 | $\dfrac{3}{8}$ | $\dfrac{3}{20}$ | $\dfrac{9}{40}$ |

37. (1) $a+b+c=\dfrac{2}{3}$;　(2) $a=\dfrac{1}{3}$, $b=\dfrac{2}{9}$, $c=\dfrac{1}{9}$.

38. $F_X(x) = \begin{cases} \dfrac{x^2}{1+x^2}, & x \geqslant 0, \\ 0, & x < 0; \end{cases}$ $F_Y(y) = \begin{cases} 0, & y < 0, \\ y^3, & 0 \leqslant y < 1, \\ 1, & y \geqslant 1; \end{cases}$ 相互独立.

39. $f_X(x) = \begin{cases} 0, & x < 1, \\ \dfrac{2}{x^3}, & x \geqslant 1; \end{cases}$ $f_Y(y) = \begin{cases} 0, & y < 1, \\ e^{1-y}, & y \geqslant 1; \end{cases}$ 相互独立.

40. $f_X(x) = \begin{cases} 0, & x < 0 \text{ 或 } x > 1, \\ x + \dfrac{1}{2}, & 0 \leqslant x \leqslant 1; \end{cases}$ $f_Y(y) = \begin{cases} 0, & y < 0 \text{ 或 } y > 1, \\ y + \dfrac{1}{2}, & 0 \leqslant y \leqslant 1; \end{cases}$ 不相互独立.

41. $f(z) = \begin{cases} \dfrac{1}{2}e^z, & z < 0, \\ \dfrac{1}{2}e^{-z}, & z \geqslant 0. \end{cases}$

42. $f_Z(z) = \dfrac{1}{2b}\left(\Phi\left(\dfrac{z+b-a}{\sigma}\right) - \Phi\left(\dfrac{z-b-a}{\sigma}\right)\right).$

43. $f_Z(z) = \begin{cases} e^{-\frac{z}{3}}(1 - e^{-\frac{z}{6}}), & z > 0, \\ 0, & z \leqslant 0. \end{cases}$

44. (1)

| $Z$ | 0 | 1 | 2 | 3 | 4 | 5 |
|---|---|---|---|---|---|---|
| $P$ | 0 | 0.06 | 0.19 | 0.35 | 0.28 | 0.12 |

(2)

| $U$ | 0 | 1 | 2 | 3 |
|---|---|---|---|---|
| $P$ | 0 | 0.15 | 0.46 | 0.39 |

(3)

| $V$ | 0 | 1 | 2 |
|---|---|---|---|
| $P$ | 0.28 | 0.47 | 0.25 |

45. $F(x) = \begin{cases} \dfrac{1}{2}e^x, & x < 0. \\ 1 - \dfrac{1}{2}e^{-x}, & x \geqslant 0. \end{cases}$

46.

| $X$ | 0 | 1 | 2 | 3 |
|---|---|---|---|---|
| $P$ | $\dfrac{27}{125}$ | $\dfrac{54}{125}$ | $\dfrac{36}{125}$ | $\dfrac{8}{125}$ |

$F(x) = \begin{cases} 0, & x < 0, \\ \dfrac{27}{125}, & 0 \leqslant x < 1, \\ \dfrac{81}{125}, & 1 \leqslant x < 2, \\ \dfrac{117}{125}, & 2 \leqslant x < 3, \\ 1, & x \geqslant 3. \end{cases}$ $E(X) = 1.2.$

47. D.

48. 0.9876.

49. 0.8.

50. 0.2.

51. A.

52. (1) $\dfrac{1}{2}$；(2) $f_Z(z) = \begin{cases} \dfrac{1}{3}, & -1 \leqslant z \leqslant 2, \\ 0, & \text{其他}. \end{cases}$

53. C.                                     54. $\dfrac{1}{9}$.

55. $f_Y(y) = \dfrac{3(1-y)^2}{\pi(1+(1-y)^6)}$.

56. $f_Y(y) = \begin{cases} \dfrac{1}{4\sqrt{y}}, & 0 < y < 4, \\ 0, & \text{其他}. \end{cases}$

57. $f_Y(y) = \begin{cases} \dfrac{1}{y^2}, & y > 1, \\ 0, & y \leqslant 1. \end{cases}$

58. $\dfrac{1}{4}$.

59.

| $X$ | $Y$ | | | $P(X=x_i)=p_i.$ |
|---|---|---|---|---|
| | $y_1$ | $y_2$ | $y_3$ | |
| $x_1$ | $\dfrac{1}{24}$ | $\dfrac{1}{8}$ | $\dfrac{1}{12}$ | $\dfrac{1}{4}$ |
| $x_2$ | $\dfrac{1}{8}$ | $\dfrac{3}{8}$ | $\dfrac{1}{4}$ | $\dfrac{3}{4}$ |
| $P(Y=y_j)=p._j$ | $\dfrac{1}{6}$ | $\dfrac{1}{2}$ | $\dfrac{1}{3}$ | $1$ |

60. (1) $P(Y = m \mid X = n) = C_n^m p^m (1-p)^{n-m}$, $m = 0, 1, 2, \cdots, n$, $n = 1, 2, \cdots$;

(2) $\dfrac{\lambda^n}{n!} e^{-\lambda} \cdot C_n^m p (1-p)^{n-m}$, $n = 0, 1, 2, \cdots$, $m = 0, 1, 2, \cdots, n$.

61. $\dfrac{1}{4}$.

62. $f_Z(z) = \begin{cases} 0, & z < 0, \\ \dfrac{1}{2}(1-e^{-z}), & 0 \leqslant z < 2, \\ \dfrac{1}{2}e^{-z}(e^2-1), & z \geqslant 2. \end{cases}$

63. $f_Z(z) = \dfrac{1}{3\sqrt{2\pi}} e^{-\frac{(z-5)^2}{18}}$.

64. $F(z) = \begin{cases} 0, & z < 0, \\ 1 - e^{-z} - ze^{-z}, & z \geqslant 0. \end{cases}$

65. $f_Z(z) = \dfrac{1}{2\pi}\left(\Phi\left(\dfrac{\pi+\mu-z}{\sigma}\right) - \Phi\left(\dfrac{-\pi+\mu-z}{\sigma}\right)\right)$.

66.

| $Z$ | 0 | 1 |
|---|---|---|
| $P$ | $\dfrac{1}{4}$ | $\dfrac{3}{4}$ |

67. (1)

| $X$ | $Y$ | | |
|---|---|---|---|
| | 1 | 2 | 3 |
| 1 | $\dfrac{1}{9}$ | 0 | 0 |
| 2 | $\dfrac{2}{9}$ | $\dfrac{1}{9}$ | 0 |
| 3 | $\dfrac{2}{9}$ | $\dfrac{3}{9}$ | $\dfrac{1}{9}$ |

(2) $E(X) = \dfrac{22}{9}$.

68. B.　　　　　　　　　　　　　　69. B.

70. (1) $f_X(x) = \begin{cases} 2x, & 0 < x < 1, \\ 0, & 其他. \end{cases}$　$f_Y(y) = \begin{cases} 1 - \dfrac{y}{2}, & 0 < y < 2, \\ 0, & 其他. \end{cases}$

(2) $F_Z(z) = \begin{cases} 1 - \dfrac{z}{2}, & 0 < z < 2, \\ 0, & 其他. \end{cases}$

71. (1) $f_Y(y) = \begin{cases} \dfrac{3}{8\sqrt{y}}, & 0 < y < 1, \\ \dfrac{1}{8\sqrt{y}}, & 1 \leqslant y < 4, \\ 0, & y \geqslant 4 \text{ 或 } y \leqslant 0. \end{cases}$　(2) $\dfrac{1}{4}$.

72. A.

73. (1) $\dfrac{7}{24}$;　(2) $f_Z(z) = \begin{cases} z(2-z), & 0 < z < 1, \\ (2-z)^2, & 1 \leqslant z < 2, \\ 0, & 其他. \end{cases}$

74. C.　　　　　　　　　　　　　　75. A.

76. A.　　　　　　　　　　　　　　77. B.

78. (1) $\dfrac{4}{9}$;

(2)

| $Y$ | $X$ | | |
|---|---|---|---|
| | 0 | 1 | 2 |
| 0 | $\dfrac{1}{4}$ | $\dfrac{1}{6}$ | $\dfrac{1}{36}$ |
| 1 | $\dfrac{1}{3}$ | $\dfrac{1}{9}$ | 0 |
| 2 | $\dfrac{1}{9}$ | 0 | 0 |

79. $A=\dfrac{1}{\pi}$，　$f_{Y|X}(y|x)=\dfrac{1}{\sqrt{\pi}}\mathrm{e}^{-(x-y)^2}$，　$-\infty<x<+\infty$，$-\infty<y<+\infty$.

80. (1)

| X | Y | | |
|---|---|---|---|
| | −1 | 0 | 1 |
| 0 | 0 | $\dfrac{1}{3}$ | 0 |
| 1 | $\dfrac{1}{3}$ | 0 | $\dfrac{1}{3}$ |

(2)

| Z | −1 | 0 | 1 |
|---|---|---|---|
| P | $\dfrac{1}{3}$ | $\dfrac{1}{3}$ | $\dfrac{1}{3}$ |

(3) $\rho_{XY}=0$.

81. (1) $\dfrac{1}{4}$；　(2) $\mathrm{cov}(X-Y,Y)=-\dfrac{2}{3}$，　$\rho_{XY}=0$.

82. A.　　　　　　　　　　　　83. C.

84. (1) $F_Y(y)=\begin{cases}0,&y<1,\\[2mm]\dfrac{1}{27}(y^3+18),&1\leqslant y\leqslant 2,\\[2mm]1,&y>2.\end{cases}$　(2) $\dfrac{8}{27}$.

85. $\dfrac{1}{2}$.　　　　　　　　　　　　86. B.

87. (1) $f(x,y)=\begin{cases}3,&(x,y)\in D,\\0,&\text{其他}.\end{cases}$

(2) 不独立. 因为 $P(u=0,X\leqslant y_2)\neq P(X\leqslant y_2)P(u=0)$.

(3) $F_Z(z)=\begin{cases}0,&z<0,\\[2mm]\dfrac{3}{2}z^2-z^3,&0\leqslant z<1,\\[2mm]\dfrac{1}{2}+2(z-1)^{\frac{3}{2}}-\dfrac{3}{2}(z-1)^2,&1\leqslant z<2,\\[2mm]1,&z\geqslant 2.\end{cases}$

88. (1) $P(Y\leqslant E(Y))=\dfrac{4}{9}$；

(2) $Z=X+Y$ 的概率密度函数为 $f_Z(z)=F'_Z(z)=\begin{cases}z,&0<z<1,\\z-2,&0<z<3,\\0,&\text{其他}.\end{cases}$

89. A.　　　　　　　　　　　　90. A.

91. (1)$Z$ 的概率密度为 $f_Z(z)=\begin{cases} pe^z, & z<0, \\ (1-p)e^z, & z>0, \\ 0, & z=0. \end{cases}$

(2)$p=\dfrac{1}{2}$;

(3)$X$ 与 $Z$ 不独立.

92. (1)$F(x,y)=\dfrac{1}{2}\Phi(x)\Phi(y)+\dfrac{1}{2}\Phi(min\{x,y\})$;

(2)$Y$ 服从标准正态分布.

# 习 题 三

1. $E(X)=\dfrac{1}{3}$; $E(-X+1)=\dfrac{2}{3}$; $E(X^2)=\dfrac{35}{24}$.

2. $0.301$.

3. $P(X=-1)=0.4$; $P(X=0)=0.1$; $P(X=1)=0.5$.

4. $\dfrac{1}{3}$.

5. $E(2X)=2$; $E(e^{-2X})=\dfrac{1}{3}$.

6. $\dfrac{\pi}{24}(a+b)(a^2+b^2)$.

7. $E(X+Y)=\dfrac{3}{4}$; $E(2X-3Y^2)=\dfrac{5}{8}$.

8. $E(XY)=4$.

9. $E(X)=0$; $D(X)=\dfrac{1}{2}$.

10. $E(X)=\sigma\sqrt{\dfrac{\pi}{2}}$; $D(X)=\sigma^2\left(2-\dfrac{\pi}{2}\right)$.

11. 期望为 $42$,方差为 $35$.

12. $1$.

13. $\dfrac{l}{3}$; $\dfrac{l^2}{18}$.

14. $E(2X^2)=\dfrac{1}{6}$; $D(2X^2)=\dfrac{1}{45}$.

15. $\dfrac{2}{45}$.

16. $0.75$.

18. $E(X)=0.7$; $D(X)=0.21$; $E(Y)=0.6$; $D(Y)=0.24$; $\mathrm{cov}(X,Y)=-0.02$;

$\rho_{XY}=-0.09$; $\begin{pmatrix} 0.21 & -0.02 \\ -0.02 & 0.24 \end{pmatrix}$.

20. $E(X) = \dfrac{7}{6}$; $E(Y) = \dfrac{7}{6}$; $D(X) = \dfrac{11}{36}$; $D(Y) = \dfrac{11}{36}$; $\mathrm{cov}(X, Y) = -\dfrac{1}{36}$; $\rho_{XY} = -\dfrac{1}{11}$;

$$\begin{pmatrix} \dfrac{11}{36} & -\dfrac{1}{36} \\ -\dfrac{1}{36} & \dfrac{11}{36} \end{pmatrix}.$$

21. $f(x, y) = \dfrac{1}{32\pi} e^{-\frac{25}{82}\left(\frac{x^2}{16} - \frac{8xy}{50} + \frac{y^2}{25}\right)}$.

22. $E((X+Y)^2) = 2$.

23. $D(X+Y) = 85$; $D(X-Y) = 37$.

24. $\rho_{UV} = \dfrac{a^2 - b^2}{a^2 + b^2}$.

25. $1$; $\dfrac{1}{2}$.　　　　　　　　　26. 4.

27. $\dfrac{4}{3}$.　　　　　　　　　　28. 18.4.

29. $\sqrt{\dfrac{2}{\pi}}$.　　　　　　　　　30. D.

31. $1 - \dfrac{2}{\pi}$.　　　　　　　　32. $\dfrac{1}{p}$; $\dfrac{1-p}{p^2}$.

33. $\mu = 4$.　　　　　　　　34. (1) $\dfrac{3}{2}$; (2) $\dfrac{1}{4}$.

35. A.　　　　　　　　　　36. $\dfrac{1}{2}$.

37. (1) $E(X) = 0$, $D(X) = 2$；　(2) $X$ 与 $|X|$ 不相关；　(3) 不独立.

38. (1) $E(Z) = \dfrac{1}{3}$, $D(Z) = 3$.　(2) $\rho_{XZ} = 0$；　(3) 不能确定.

39. B.　　　　　　　　　　40. A.

41. A.　　　　　　　　　　42. D.

43. 5.　　　　　　　　　　44. $\dfrac{1}{e}$.

45. C.　　　　　　　　　　46. 2.

47. B.　　　　　　　　　　48. $\mu(\mu^2 + \sigma^2)$.

49. D.　　　　　　　　　　50. $2e^2$.

51. D.　　　　　　　　　　52. D.

53. (1) $F_Y(y) = \begin{cases} 0, & y < 0, \\ \dfrac{3}{4}y, & 0 \leqslant y < 1, \\ \dfrac{1}{4}y + \dfrac{1}{2}, & 1 \leqslant y < 2, \\ 1, & y \geqslant 2. \end{cases}$　(2) $\dfrac{3}{4}$.

54. (1) $P(Y = n) = (n-1)\left(\dfrac{1}{8}\right)^2 \left(\dfrac{7}{8}\right)^{n-2}$, $n = 2, 3, \cdots$.　(2) 16.

55. A.

56. 2.

57. (1)$\lambda$;

(2)当 $k=1,2,\cdots$时,$P\{Z=k\}=\dfrac{1}{2}\cdot\dfrac{\lambda^k}{k!}e^{-\lambda}$;当 $k=0$ 时,$P\{Z=0\}=e^{-\lambda}$;

当 $k=-1,-2,\cdots$时,$P\{Z=k\}=\dfrac{1}{2}\cdot\dfrac{\lambda^{-k}}{(-k)!}e^{-\lambda}$.

58. $\dfrac{2}{3}$.

59. $\dfrac{2}{\pi}$.

60. $\dfrac{1}{5}$.

61. (1)$f_X(x)=\begin{cases}1,0<x<1\\0,\text{其他}.\end{cases}$

(2)$f_Z(z)=\begin{cases}\dfrac{2}{(z+1)^2},&z\geqslant 1,\\0,&z<1.\end{cases}$

(3)$2ln2-1$.

62. C.

63. A.

64. D.

# 习 题 四

1. 0.1587.

2. 0.8674;0.8647;0.8375.

3. 0.47.

4. (1) 0.1802;(2) 443.

5. (1) 0.9996;(2) 400.

6. 14.

8. 0.8556.

9. 0.012;(928, 1072).

10. 0.8414.

11. B.

# 习 题 五

1. 0.8293.

2. 0.1336.

3. 0.6744.

4. 3.59;2.881.

6. 2240.44;221663.68.

8. 0.1.

9. (1) 1.646;(2) 30.578.

10. (1) 2.015;(2) 2.5706.

11. (1) 0.3311;(2) 3.14.

13. $n$;2.

14. $\lambda$;$\dfrac{\lambda}{n}$;$\lambda$.

15. $\dfrac{1}{5}$;$\dfrac{1}{10}$;2.

16. (1) 0.99; (2) $\dfrac{2\sigma^4}{n-1}$.

17. $k=-0.4383$.

18. $t(n-1)$.

19. C.

20. D.

21. (1) $\dfrac{n-1}{n}$; (2) $-\dfrac{1}{n}$.

22. B.

23. C.

# 习 题 六

1. 232.3967；0.0245.　　　　　　2. 1.2；0.407；2.4.

3. 74.002；$6 \times 10^{-6}$；$6.86 \times 10^{-6}$.

4. $\hat{\theta} = S_1 = \sqrt{\dfrac{1}{n} \sum\limits_{i=1}^{n} (x_i - \bar{x})^2}$，$\hat{a} = \bar{x} - S_1$.

5. $\hat{a} = 3\bar{x}$.　　　　　　　　6. $\hat{p} = \bar{x}$.

7. $\hat{p} = \dfrac{1}{\bar{x}}$.　　　　　　8. $\hat{a} = \min\limits_{1 \leqslant i \leqslant n} X_i$，$\hat{b} = \max\limits_{1 \leqslant i \leqslant n} X_i$.

10. $a = \dfrac{n_1}{n_1 + n_2}$，$b = \dfrac{n_2}{n_1 + n_2}$.

11. $a = \dfrac{n_1 - 1}{n_1 + n_2 - 2}$，$b = \dfrac{n_2 - 1}{n_1 + n_2 - 2}$.

12. (992.16，1007.84).

13. (1084.72，1209.28).　　　　14. 0.00664，(0.00314，0.02213).

15. (5.61，18.07).　　　　　　16. (−0.002，0.006).

17. (0.1424，4.64).　　　　　　18. (9.13，50.77).

19. (0.45，2.79).　　　　　　　20. 有显著差异.

21. 不能.　　　　　　　　　　22. 也是 64.

23. 不能认为.　　　　　　　　24. 是.

25. 显著减少.　　　　　　　　26. 无显著差异.

27. 有显著差异.　　　　　　　28. 不能认为.

29. 无显著差异.　　　　　　　30. 是.

31. 矩估计量 $\hat{\theta} = \dfrac{2\bar{X} - 1}{1 - \bar{X}}$；最大似然估计量为 $\hat{\theta} = -1 - \dfrac{n}{\sum\limits_{i=1}^{n} \ln X_i}$.

32. (1) $\hat{\theta} = 2\bar{X}$；(2) $\dfrac{\theta^2}{5n}$.

33. $\hat{\theta} = \min(x_1, x_2, \cdots, x_n)$.　　34. $2(n-1)\sigma^2$.

35. $\theta$ 的矩估计值为 $\dfrac{1}{4}$；最大似然估计值为 $\dfrac{7 - \sqrt{13}}{12}$.

36. (1) $F(x) = \begin{cases} 1 - e^{-2(x-\theta)}, & x > 0, \\ 0, & x \leqslant 0. \end{cases}$　(2) $F_{\hat{\theta}}(x) = \begin{cases} 1 - e^{-2n(x-\theta)}, & x > 0, \\ 0, & x \leqslant 0. \end{cases}$

　　(3) $\hat{\theta}$ 不具有无偏性.

37. (1) $\hat{\beta} = \dfrac{\bar{X}}{\bar{X} - 1}$；(2) $\hat{\beta} = \dfrac{n}{\sum\limits_{i=1}^{n} \ln X_i}$.

38. 35.　　　　　　　　　　　39. 可以.

40. (39.51，40.49).　　　　　　41. $\hat{\theta} = \dfrac{N}{n}$.

42. (1) $\hat{\theta} = 2\bar{X} - \dfrac{1}{2}$；(2) 不是.

43. (2) $\dfrac{2}{n(n-1)}$.

44. $-1$.

45. (1) $\hat{\lambda}=\dfrac{2}{\overline{X}}$; 　(2) $\hat{\lambda}=\dfrac{2}{\overline{X}}$.

46. $a_1=0,a_2=\dfrac{1}{n},a_3=\dfrac{1}{n},D1=\dfrac{\theta(1-\theta)}{n}$.

47. (1) $f(z,\sigma^2)=\dfrac{1}{\sqrt{10\pi}\,\sigma}e^{-\frac{z^2}{10\sigma^2}},(-\infty<z<+\infty)$ 　(2) $\hat{\sigma}^2=\dfrac{1}{5n}\sum\limits_{i=1}^{n}Z_i^2$.

48. (1) $\hat{\sigma}^2=\dfrac{1}{n}\sum\limits_{i=1}^{n}(X_i-\mu_0)^2$. 　(2) $E\hat{\sigma}^2=\sigma^2,D\hat{\sigma}_2=\dfrac{2\sigma^2}{n}$.

49. (1) $\overline{X}$. 　(2) $\hat{\theta}=\dfrac{2n}{\sum\limits_{i=1}^{n}\dfrac{1}{x_i}}$.

50. $\dfrac{2}{5n}$.

51. (1) $\dfrac{\sqrt{\pi\theta}}{2},\theta$; 　(2) $\hat{\theta}=\dfrac{1}{n}\sum\limits_{i=1}^{n}X_i^2$; 　(3) 存在 $a=\theta$.

53. $(8.2,10.8)$.

54. (1) $f_T(t)=\begin{cases}\dfrac{9t^8}{\theta^9}, & 0<t<\theta,\\ 0, & \text{其他.}\end{cases}$ 　(2) $a=\dfrac{10}{9}$.

55. (1) $f_{Z_1}(z)=\begin{cases}\sqrt{\dfrac{2}{\pi}}\cdot\dfrac{1}{\sigma}e^{-\frac{z^2}{2\sigma^2}}, & z\geqslant0\\ 0 & ,z<0;\end{cases}$

　　(2) $\hat{\sigma}=\sqrt{\dfrac{\pi}{2}}\,\overline{Z}$;

　　(3) $\hat{\sigma}=\sqrt{\dfrac{1}{n}\sum\limits_{i=1}^{n}z_i^2}$.

56. D.

57. (1) $\hat{\sigma}=\dfrac{1}{n}\sum\limits_{i=1}^{n}|x_i|$;

　　(2) $\dfrac{\sigma^2}{n}$.

58. (1) $\sqrt{\dfrac{2}{\pi}}$;

　　(2) $\hat{\sigma}^2=\dfrac{1}{n}\sum\limits_{i=1}^{n}(x_i-\mu)^2$.

59. (1) $e^{-\frac{t^m}{\theta^m}},e^{\frac{s^m-(t+s)^m}{\theta^m}}$;

　　(2) $\hat{\theta}=\sqrt[n]{\dfrac{1}{n}\sum\limits_{i=1}^{n}t_i^m}$.

60. B.

61. $\hat{\theta}=\dfrac{1}{m+n}(\sum\limits_{i=1}^{n}X_i+\dfrac{1}{2}\sum\limits_{j=1}^{m}Y_j)$, $D(\hat{\theta})=\dfrac{\theta^2}{m+n}$.

# 附 表

## 附表 1　几种常用的概率分布

| 分 布 | 参 数 | 分布律或概率密度 | 数学期望 | 方 差 |
|---|---|---|---|---|
| 0-1 分布 | $0 < p < 1$ | $P\{X=k\}=p^k(1-p)^{1-k}$ <br> $(k=0,1)$ | $p$ | $p(1-p)$ |
| 二项 分布 | $n \geqslant 1$ <br> $0 < p < 1$ | $P\{X=k\}=(C_k^n)p^k(1-p)^{n-k}$ <br> $(k=0,1,\cdots,n)$ | $np$ | $np(1-p)$ |
| 负二项 分布 | $r \geqslant 1$ <br> $0 < p < 1$ | $P\{X=k\}=(C_{r-1}^{k-1})p^r(1-p)^{k-r}$ <br> $(k=r,r+1,\cdots)$ | $\dfrac{r}{p}$ | $\dfrac{r(1-p)}{p^2}$ |
| 几何 分布 | $0 < p < 1$ | $P\{X=k\}=p(1-p)^{k-1}$ <br> $(k=1,2,\cdots)$ | $\dfrac{1}{p}$ | $\dfrac{1-p}{p^2}$ |
| 超几何 分布 | $N,M,n$ <br> $(n \leqslant M)$ | $P\{X=k\}=\dfrac{(C_k^M)(C_{n-k}^{N-M})}{(C_n^N)}$ <br> $k=0,1,\cdots,n$ | $\dfrac{nM}{N}$ | $\dfrac{nM}{N}\left(1-\dfrac{M}{N}\right)\left(\dfrac{N-n}{N-1}\right)$ |
| 泊松 分布 | $\lambda > 0$ | $P\{X=k\}=\dfrac{\lambda^k \mathrm{e}^{-\lambda}}{k!}$ <br> $(k=0,1,\cdots)$ | $\lambda$ | $\lambda$ |
| 均匀 分布 | $a < b$ | $f(x)=\begin{cases} \dfrac{1}{b-a}, & a<x<b, \\ 0, & \text{其他.} \end{cases}$ | $\dfrac{a+b}{2}$ | $\dfrac{(b-a)^2}{12}$ |
| 正态 分布 | $\mu,$ <br> $\sigma > 0$ | $f(x)=\dfrac{1}{\sqrt{2\pi}\sigma}\mathrm{e}^{-\frac{(x-\mu)^2}{2\sigma^2}}$ | $\mu$ | $\sigma^2$ |
| $\Gamma$分布 | $\alpha > 0$ <br> $\beta > 0$ | $f(x)=\begin{cases} \dfrac{1}{\beta^{\alpha}\Gamma(\alpha)}x^{\alpha-1}\mathrm{e}^{-\frac{x}{\beta}}, & x>0, \\ 0, & \text{其他.} \end{cases}$ | $\alpha\beta$ | $\alpha\beta^2$ |
| 指数 分布 | $\theta > 0$ | $f(x)=\begin{cases} \dfrac{1}{\theta}\mathrm{e}^{-\frac{x}{\theta}}, & x>0, \\ 0, & \text{其他.} \end{cases}$ | $\theta$ | $\theta^2$ |

| 分布 | 参 数 | 分布律或概率密度 | 数学期望 | 方 差 |
|---|---|---|---|---|
| $\chi^2$ 分布 | $n \geqslant 1$ | $f(x) = \begin{cases} \dfrac{1}{2^{n/2}\Gamma(n/2)} x^{n/2-1} \mathrm{e}^{-x/2}, & x > 0, \\ 0, & \text{其他.} \end{cases}$ | $n$ | $2n$ |
| 威布尔分布 | $\eta > 0$ $\beta > 0$ | $f(x) = \begin{cases} \dfrac{\beta}{\eta}\left(\dfrac{x}{\eta}\right)^{\beta-1} \mathrm{e}^{-\left(\frac{x}{\eta}\right)^{\beta}}, & x > 0, \\ 0, & \text{其他.} \end{cases}$ | $\eta\Gamma\left(\dfrac{1}{\beta}+1\right)$ | $\eta^2\left\{\Gamma\left(\dfrac{2}{\beta}+1\right)\right.$ $\left. -\left[\Gamma\left(\dfrac{1}{\beta}+1\right)\right]^2\right\}$ |
| 瑞利分布 | $\sigma > 0$ | $f(x) = \begin{cases} \dfrac{x}{\sigma^2}\mathrm{e}^{-x^2/2\sigma^2}, & x > 0, \\ 0, & \text{其他.} \end{cases}$ | $\sqrt{\dfrac{\pi}{2}}\sigma$ | $\dfrac{4-\pi}{2}\sigma^2$ |
| $\beta$ 分布 | $\alpha > 0$ $\beta > 0$ | $f(x) = \begin{cases} \dfrac{\Gamma(\alpha+\beta)}{\Gamma(\alpha)\Gamma(\beta)} x^{\alpha-1}(1-x)^{\beta-1}, & 0 < x < 1, \\ 0, & \text{其他.} \end{cases}$ | $\dfrac{\alpha}{\alpha+\beta}$ | $\dfrac{\alpha\beta}{(\alpha+\beta)^2(\alpha+\beta+1)}$ |
| 对数正态分布 | $\mu,$ $\sigma > 0$ | $f(x) = \begin{cases} \dfrac{1}{\sqrt{2\pi}\sigma x}\mathrm{e}^{-\frac{(\ln x-\mu)^2}{2\sigma^2}}, & x > 0, \\ 0, & \text{其他.} \end{cases}$ | $\mathrm{e}^{\mu+\frac{\sigma^2}{2}}$ | $\mathrm{e}^{2\mu+\sigma^2}(\mathrm{e}^{\sigma^2}-1)$ |
| 柯西分布 | $\alpha,$ $\lambda > 0$ | $f(x) = \dfrac{1}{\pi}\dfrac{1}{\lambda^2+(x-\alpha)^2}$ | 不存在 | 不存在 |
| $t$ 分布 | $n \geqslant 1$ | $f(x) = \dfrac{\Gamma\left(\dfrac{n+1}{2}\right)}{\sqrt{n\pi}\Gamma(n/2)}\left(1+\dfrac{x^2}{n}\right)^{-\frac{(n+1)}{2}}$ | $0$ | $\dfrac{n}{n-2}, n > 2$ |
| $F$ 分布 | $n_1, n_2$ | $f(x) =$ $\begin{cases} \dfrac{\Gamma[(n_1+n_2)/2]}{\Gamma(n_1/2)\Gamma(n_2/2)}\left(\dfrac{n_1}{n_2}\right)\left(\dfrac{n_1}{n_2}x\right)^{(n_1+n_2)/2} \\ \quad \cdot\left(1+\dfrac{n_1}{n_2}x\right)^{-(n_1+n_2)/2}, & x > 0, \\ 0, & \text{其他.} \end{cases}$ | $\dfrac{n_2}{n_2-2}$ $n_2 > 2$ | $\dfrac{2n_2^2(n_1+n_2-2)}{n_1(n_2-2)^2(n_2-4)}$ $n_2 > 4$ |

## 附表 2   标准正态分布表

$$P(X \leqslant x) = \Phi(x) = \int_{-\infty}^{x} \frac{1}{\sqrt{2\pi}} e^{-\frac{t^2}{2}} \, dt$$

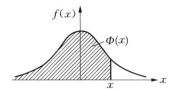

| $x$ | 0.00 | 0.01 | 0.02 | 0.03 | 0.04 | 0.05 | 0.06 | 0.07 | 0.08 | 0.09 |
|---|---|---|---|---|---|---|---|---|---|---|
| 0.0 | 0.5000 | 0.5040 | 0.5080 | 0.5120 | 0.5160 | 0.5199 | 0.5239 | 0.5279 | 0.5319 | 0.5359 |
| 0.1 | 0.5398 | 0.5438 | 0.5478 | 0.5517 | 0.5557 | 0.5596 | 0.5636 | 0.5675 | 0.5714 | 0.5753 |
| 0.2 | 0.5793 | 0.5832 | 0.5871 | 0.5910 | 0.5948 | 0.5987 | 0.6026 | 0.6064 | 0.6103 | 0.6141 |
| 0.3 | 0.6179 | 0.6217 | 0.6255 | 0.6293 | 0.6331 | 0.6368 | 0.6406 | 0.6443 | 0.6480 | 0.6517 |
| 0.4 | 0.6554 | 0.6591 | 0.6628 | 0.6664 | 0.6700 | 0.6736 | 0.6772 | 0.6808 | 0.6844 | 0.6879 |
| 0.5 | 0.6915 | 0.6950 | 0.6985 | 0.7019 | 0.7054 | 0.7088 | 0.7123 | 0.7157 | 0.7190 | 0.7224 |
| 0.6 | 0.7257 | 0.7291 | 0.7324 | 0.7357 | 0.7389 | 0.7422 | 0.7454 | 0.7486 | 0.7517 | 0.7549 |
| 0.7 | 0.7580 | 0.7611 | 0.7642 | 0.7673 | 0.7703 | 0.7734 | 0.7764 | 0.7794 | 0.7823 | 0.7852 |
| 0.8 | 0.7881 | 0.7910 | 0.7939 | 0.7967 | 0.7995 | 0.8023 | 0.8051 | 0.8078 | 0.8106 | 0.8133 |
| 0.9 | 0.8159 | 0.8186 | 0.8212 | 0.8238 | 0.8264 | 0.8289 | 0.8315 | 0.8340 | 0.8365 | 0.8389 |
| 1.0 | 0.8413 | 0.8438 | 0.8461 | 0.8485 | 0.8508 | 0.8531 | 0.8554 | 0.8577 | 0.8599 | 0.8621 |
| 1.1 | 0.8643 | 0.8665 | 0.8686 | 0.8708 | 0.8729 | 0.8749 | 0.8770 | 0.8790 | 0.8810 | 0.8830 |
| 1.2 | 0.8849 | 0.8869 | 0.8888 | 0.8907 | 0.8925 | 0.8944 | 0.8962 | 0.8980 | 0.8997 | 0.9015 |
| 1.3 | 0.9032 | 0.9049 | 0.9066 | 0.9082 | 0.9099 | 0.9115 | 0.9131 | 0.9147 | 0.9162 | 0.9177 |
| 1.4 | 0.9192 | 0.9207 | 0.9222 | 0.9236 | 0.9251 | 0.9265 | 0.9278 | 0.9292 | 0.9306 | 0.9319 |
| 1.5 | 0.9332 | 0.9345 | 0.9357 | 0.9370 | 0.9382 | 0.9394 | 0.9406 | 0.9418 | 0.9430 | 0.9441 |
| 1.6 | 0.9452 | 0.9463 | 0.9474 | 0.9484 | 0.9495 | 0.9505 | 0.9515 | 0.9525 | 0.9535 | 0.9545 |
| 1.7 | 0.9554 | 0.9564 | 0.9573 | 0.9582 | 0.9591 | 0.9599 | 0.9608 | 0.9616 | 0.9625 | 0.9633 |
| 1.8 | 0.9641 | 0.9648 | 0.9656 | 0.9664 | 0.9671 | 0.9678 | 0.9686 | 0.9693 | 0.9700 | 0.9706 |
| 1.9 | 0.9713 | 0.9719 | 0.9726 | 0.9732 | 0.9738 | 0.9744 | 0.9750 | 0.9756 | 0.9762 | 0.9767 |
| 2.0 | 0.9772 | 0.9778 | 0.9783 | 0.9788 | 0.9793 | 0.9798 | 0.9803 | 0.9808 | 0.9812 | 0.9817 |
| 2.1 | 0.9821 | 0.9826 | 0.9830 | 0.9834 | 0.9838 | 0.9842 | 0.9846 | 0.9850 | 0.9854 | 0.9857 |
| 2.2 | 0.9861 | 0.9864 | 0.9868 | 0.9871 | 0.9874 | 0.9878 | 0.9881 | 0.9884 | 0.9887 | 0.9890 |
| 2.3 | 0.9893 | 0.9896 | 0.9898 | 0.9901 | 0.9904 | 0.9906 | 0.9909 | 0.9911 | 0.9913 | 0.9916 |
| 2.4 | 0.9918 | 0.9920 | 0.9922 | 0.9925 | 0.9927 | 0.9929 | 0.9931 | 0.9932 | 0.9934 | 0.9936 |
| 2.5 | 0.9938 | 0.9940 | 0.9941 | 0.9943 | 0.9945 | 0.9946 | 0.9948 | 0.9949 | 0.9951 | 0.9952 |
| 2.6 | 0.9953 | 0.9955 | 0.9956 | 0.9957 | 0.9959 | 0.9960 | 0.9961 | 0.9962 | 0.9963 | 0.9964 |
| 2.7 | 0.9965 | 0.9966 | 0.9967 | 0.9968 | 0.9969 | 0.9970 | 0.9971 | 0.9972 | 0.9973 | 0.9974 |
| 2.8 | 0.9974 | 0.9975 | 0.9976 | 0.9977 | 0.9977 | 0.9978 | 0.9979 | 0.9979 | 0.9980 | 0.9981 |
| 2.9 | 0.9981 | 0.9982 | 0.9982 | 0.9983 | 0.9984 | 0.9984 | 0.9985 | 0.9985 | 0.9986 | 0.9986 |
| 3.0 | 0.9987 | 0.9990 | 0.9993 | 0.9995 | 0.9997 | 0.9998 | 0.9998 | 0.9999 | 0.9999 | 1.0000 |

注：表中末行系函数值 $\Phi(3.0), \Phi(3.1), \cdots, \Phi(3.9)$.

## 附表 3 泊松分布表

$$P(X > x-1) = 1 - P(X \leqslant x-1) = 1 - F(x-1) = \sum_{r=x}^{\infty} \frac{e^{-\lambda}\lambda^r}{r!}$$

| $x$ | $\lambda=0.2$ | $\lambda=0.3$ | $\lambda=0.4$ | $\lambda=0.5$ | $\lambda=0.6$ |
|---|---|---|---|---|---|
| 0 | 1.0000000 | 1.0000000 | 1.0000000 | 1.0000000 | 1.0000000 |
| 1 | 0.1812692 | 0.2591818 | 0.3296800 | 0.323469 | 0.451188 |
| 2 | 0.0175231 | 0.0369363 | 0.0615519 | 0.090204 | 0.121901 |
| 3 | 0.0011485 | 0.0035995 | 0.0079263 | 0.014388 | 0.023115 |
| 4 | 0.0000568 | 0.0002658 | 0.0007763 | 0.001752 | 0.003358 |
| 5 | 0.0000023 | 0.0000158 | 0.0000612 | 0.000170 | 0.000394 |
| 6 | 0.0000001 | 0.0000008 | 0.0000040 | 0.000014 | 0.000039 |
| 7 | | | 0.0000002 | 0.000001 | 0.000003 |

| $x$ | $\lambda=0.7$ | $\lambda=0.8$ | $\lambda=0.9$ | $\lambda=1.0$ | $\lambda=1.2$ |
|---|---|---|---|---|---|
| 0 | 1.0000000 | 1.0000000 | 1.0000000 | 1.0000000 | 1.0000000 |
| 1 | 0.503415 | 0.550671 | 0.593430 | 0.632121 | 0.698806 |
| 2 | 0.155805 | 0.191208 | 0.227518 | 0.264241 | 0.337373 |
| 3 | 0.034142 | 0.047423 | 0.062875 | 0.080301 | 0.120513 |
| 4 | 0.005753 | 0.009080 | 0.013459 | 0.018988 | 0.033769 |
| 5 | 0.000786 | 0.001411 | 0.002344 | 0.003660 | 0.007746 |
| 6 | 0.000090 | 0.000184 | 0.000343 | 0.000594 | 0.001500 |
| 7 | 0.000009 | 0.000021 | 0.000043 | 0.000083 | 0.000251 |
| 8 | 0.000001 | 0.000002 | 0.000005 | 0.000010 | 0.000037 |
| 9 | | | | 0.000001 | 0.000005 |
| 10 | | | | | 0.0000001 |

| $x$ | $\lambda=1.4$ | $\lambda=1.6$ | $\lambda=1.8$ | | |
|---|---|---|---|---|---|
| 0 | 1.000000 | 1.000000 | 1.000000 | | |
| 1 | 0.753403 | 0.789103 | 0.834701 | | |
| 2 | 0.408167 | 0.475069 | 0.537163 | | |
| 3 | 0.166502 | 0.216642 | 0.269379 | | |
| 4 | 0.053725 | 0.078813 | 0.108708 | | |
| 5 | 0.014253 | 0.023682 | 0.036407 | | |
| 6 | 0.003201 | 0.006040 | 0.010378 | | |
| 7 | 0.000622 | 0.001336 | 0.002569 | | |
| 8 | 0.000107 | 0.000260 | 0.000562 | | |
| 9 | 0.000016 | 0.000045 | 0.000110 | | |
| 10 | 0.000002 | 0.000007 | 0.000019 | | |
| 11 | | 0.000001 | 0.000003 | | |

| $x$ | $\lambda=2.5$ | $\lambda=3.0$ | $\lambda=3.5$ | $\lambda=4.0$ | $\lambda=4.5$ | $\lambda=5.0$ |
|---|---|---|---|---|---|---|
| 0 | 1.000000 | 1.000000 | 1.000000 | 1.000000 | 1.000000 | 1.000000 |
| 1 | 0.917915 | 0.950213 | 0.969803 | 0.981684 | 0.988891 | 0.993262 |
| 2 | 0.712703 | 0.800852 | 0.864112 | 0.908422 | 0.938901 | 0.959572 |
| 3 | 0.456187 | 0.576810 | 0.679153 | 0.761897 | 0.826422 | 0.875348 |
| 4 | 0.242424 | 0.352768 | 0.463367 | 0.566530 | 0.657704 | 0.734974 |
| 5 | 0.108822 | 0.184737 | 0.274555 | 0.371163 | 0.467896 | 0.559507 |
| 6 | 0.042021 | 0.083918 | 0.142386 | 0.214870 | 0.297070 | 0.384039 |
| 7 | 0.014187 | 0.033509 | 0.065288 | 0.110674 | 0.168949 | 0.237817 |
| 8 | 0.004247 | 0.011905 | 0.026739 | 0.051134 | 0.086586 | 0.133372 |
| 9 | 0.001140 | 0.003803 | 0.009874 | 0.021363 | 0.040257 | 0.068094 |
| 10 | 0.000277 | 0.001102 | 0.003315 | 0.008132 | 0.017093 | 0.031828 |
| 11 | 0.000062 | 0.000292 | 0.001019 | 0.002840 | 0.006669 | 0.013695 |
| 12 | 0.000013 | 0.000071 | 0.000289 | 0.000915 | 0.002404 | 0.005453 |
| 13 | 0.000002 | 0.000016 | 0.000076 | 0.000274 | 0.000805 | 0.002019 |
| 14 |  | 0.000003 | 0.000019 | 0.000076 | 0.000252 | 0.000698 |
| 15 |  | 0.000001 | 0.000004 | 0.000020 | 0.000074 | 0.000226 |
| 16 |  |  | 0.000001 | 0.000005 | 0.000020 | 0.000069 |
| 17 |  |  |  | 0.000001 | 0.000005 | 0.000020 |
| 18 |  |  |  |  | 0.000001 | 0.000005 |
| 19 |  |  |  |  |  | 0.000001 |

附表 4　t 分布表

$$T \sim t(n), P(T > t_a(n)) = \int_{t_a(n)}^{+\infty} f(x)\mathrm{d}x = \alpha$$

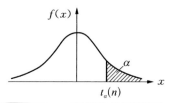

| $n$ | $\alpha$=0.25 | 0.10 | 0.05 | 0.025 | 0.01 | 0.005 |
|---|---|---|---|---|---|---|
| 1 | 1.0000 | 3.0777 | 6.3138 | 12.7062 | 31.8207 | 63.6574 |
| 2 | 0.8165 | 1.8856 | 2.9200 | 4.3027 | 6.9646 | 9.9248 |
| 3 | 0.7649 | 1.6377 | 2.3534 | 3.1824 | 4.5407 | 5.8409 |
| 4 | 0.7407 | 1.5332 | 2.1318 | 2.7764 | 3.7469 | 4.6041 |
| 5 | 0.7267 | 1.4759 | 2.0150 | 2.5706 | 3.3649 | 4.0322 |
| 6 | 0.7176 | 1.4398 | 1.9432 | 2.4469 | 3.1427 | 3.7074 |
| 7 | 0.7111 | 1.4149 | 1.8946 | 2.3646 | 2.9980 | 3.4995 |
| 8 | 0.7064 | 1.3968 | 1.8595 | 2.3060 | 2.8965 | 3.3554 |
| 9 | 0.7027 | 1.3830 | 1.8331 | 2.2622 | 2.8214 | 3.2498 |
| 10 | 0.6998 | 1.3722 | 1.8125 | 2.2281 | 2.7638 | 3.1693 |
| 11 | 0.6974 | 1.3634 | 1.7959 | 2.2010 | 2.7181 | 3.1058 |
| 12 | 0.6955 | 1.3562 | 1.7823 | 2.1788 | 2.6810 | 3.0545 |
| 13 | 0.6938 | 1.3502 | 1.7709 | 2.1604 | 2.6503 | 3.0123 |
| 14 | 0.6924 | 1.3450 | 1.7613 | 2.1448 | 2.6245 | 2.9768 |
| 15 | 0.6912 | 1.3406 | 1.7531 | 2.1315 | 2.6025 | 2.9467 |
| 16 | 0.6901 | 1.3368 | 1.7459 | 2.1199 | 2.5835 | 2.9208 |
| 17 | 0.6892 | 1.3334 | 1.7396 | 2.1098 | 2.5669 | 2.8982 |
| 18 | 0.6884 | 1.3304 | 1.7341 | 2.1009 | 2.5524 | 2.8784 |
| 19 | 0.6876 | 1.3277 | 1.7291 | 2.0930 | 2.5395 | 2.8609 |
| 20 | 0.6870 | 1.3253 | 1.7247 | 2.0860 | 2.5280 | 2.8453 |
| 21 | 0.6864 | 1.3232 | 1.7207 | 2.0796 | 2.5177 | 2.8314 |
| 22 | 0.6858 | 1.3212 | 1.7171 | 2.0739 | 2.5083 | 2.8188 |
| 23 | 0.6853 | 1.3195 | 1.7139 | 2.0687 | 2.4999 | 2.8073 |
| 24 | 0.6848 | 1.3178 | 1.7109 | 2.0639 | 2.4922 | 2.7969 |
| 25 | 0.6844 | 1.3163 | 1.7081 | 2.0595 | 2.4851 | 2.7874 |
| 26 | 0.6840 | 1.3150 | 1.7056 | 2.0555 | 2.4786 | 2.7787 |
| 27 | 0.6837 | 1.3137 | 1.7033 | 2.0518 | 2.4727 | 2.7707 |
| 28 | 0.6834 | 1.3125 | 1.7011 | 2.0484 | 2.4671 | 2.7633 |
| 29 | 0.6830 | 1.3114 | 1.6991 | 2.0452 | 2.4620 | 2.7564 |
| 30 | 0.6828 | 1.3104 | 1.6973 | 2.0423 | 2.4573 | 2.7500 |
| 31 | 0.6825 | 1.3095 | 1.6955 | 2.0395 | 2.4528 | 2.7440 |
| 32 | 0.6822 | 1.3086 | 1.6939 | 2.0369 | 2.4487 | 2.7385 |
| 33 | 0.6820 | 1.3077 | 1.6924 | 2.0345 | 2.4448 | 2.7333 |
| 34 | 0.6818 | 1.3070 | 1.6909 | 2.0322 | 2.4411 | 2.7284 |
| 35 | 0.6816 | 1.3062 | 1.6896 | 2.0301 | 2.4377 | 2.7238 |
| 36 | 0.6814 | 1.3055 | 1.6883 | 2.0281 | 2.4345 | 2.7195 |
| 37 | 0.6812 | 1.3049 | 1.6871 | 2.0262 | 2.4314 | 2.7154 |
| 38 | 0.6810 | 1.3042 | 1.6860 | 2.0244 | 2.4286 | 2.7116 |
| 39 | 0.6808 | 1.3036 | 1.6849 | 2.0227 | 2.4258 | 2.7079 |
| 40 | 0.6807 | 1.3031 | 1.6839 | 2.2011 | 2.4233 | 2.7045 |
| 41 | 0.6805 | 1.3025 | 1.6829 | 2.0195 | 2.4208 | 2.7012 |
| 42 | 0.6804 | 1.3020 | 1.6820 | 2.0181 | 2.4185 | 2.6981 |
| 43 | 0.6802 | 1.3016 | 1.6811 | 2.0167 | 2.4163 | 2.6951 |
| 44 | 0.6801 | 1.3011 | 1.6802 | 2.0154 | 2.4141 | 2.6923 |
| 45 | 0.6800 | 1.3006 | 1.6794 | 2.0141 | 2.4121 | 2.6896 |

### 附表 5　$\chi^2$ 分布表

$$\chi^2 \sim \chi^2(n), P(\chi^2 > \chi_a^2(n)) = \int_{\chi_a^2(n)}^{+\infty} f(x)\mathrm{d}x = \alpha$$

| $n$ | $\alpha=0.995$ | 0.99 | 0.975 | 0.95 | 0.90 | 0.75 |
|---|---|---|---|---|---|---|
| 1 | — | — | 0.001 | 0.004 | 0.016 | 0.102 |
| 2 | 0.010 | 0.020 | 0.051 | 0.103 | 0.211 | 0.575 |
| 3 | 0.072 | 0.115 | 0.216 | 0.352 | 0.584 | 1.213 |
| 4 | 0.207 | 0.297 | 0.484 | 0.711 | 1.064 | 1.923 |
| 5 | 0.412 | 0.554 | 0.831 | 1.145 | 1.610 | 2.675 |
| 6 | 0.676 | 0.872 | 1.237 | 1.635 | 2.204 | 3.455 |
| 7 | 0.989 | 1.239 | 1.690 | 2.167 | 2.833 | 4.255 |
| 8 | 1.344 | 1.646 | 2.180 | 2.733 | 3.490 | 5.071 |
| 9 | 1.735 | 2.088 | 2.700 | 3.325 | 4.168 | 5.899 |
| 10 | 2.156 | 2.558 | 3.247 | 3.940 | 4.865 | 6.737 |
| 11 | 2.603 | 3.053 | 3.816 | 4.575 | 5.578 | 7.584 |
| 12 | 3.074 | 3.571 | 4.404 | 5.226 | 6.304 | 8.438 |
| 13 | 3.565 | 4.107 | 5.009 | 5.892 | 7.042 | 9.299 |
| 14 | 4.075 | 4.660 | 5.629 | 6.571 | 7.790 | 10.165 |
| 15 | 4.601 | 5.229 | 6.262 | 7.261 | 8.547 | 11.037 |
| 16 | 5.142 | 5.812 | 6.908 | 7.962 | 9.312 | 11.912 |
| 17 | 5.697 | 6.408 | 7.564 | 9.672 | 10.085 | 12.792 |
| 18 | 6.265 | 7.015 | 8.231 | 9.390 | 10.865 | 13.675 |
| 19 | 6.844 | 7.633 | 8.907 | 10.117 | 11.651 | 14.562 |
| 20 | 7.434 | 8.260 | 9.591 | 10.851 | 12.443 | 15.452 |
| 21 | 8.034 | 8.897 | 10.283 | 11.591 | 13.240 | 16.344 |
| 22 | 8.643 | 9.542 | 10.982 | 12.338 | 14.042 | 17.240 |
| 23 | 9.260 | 10.196 | 11.689 | 13.091 | 14.848 | 18.137 |
| 24 | 9.886 | 10.856 | 12.401 | 13.848 | 15.659 | 19.037 |
| 25 | 10.520 | 11.524 | 13.120 | 14.611 | 16.473 | 19.939 |
| 26 | 11.160 | 12.198 | 13.844 | 15.379 | 17.292 | 20.843 |
| 27 | 11.808 | 12.879 | 14.573 | 16.151 | 18.114 | 21.749 |
| 28 | 12.461 | 13.565 | 15.308 | 16.928 | 18.939 | 22.657 |
| 29 | 13.121 | 14.257 | 16.047 | 17.708 | 19.768 | 23.567 |
| 30 | 13.787 | 14.954 | 16.791 | 18.493 | 20.599 | 24.478 |
| 31 | 14.458 | 15.655 | 17.539 | 19.281 | 21.434 | 25.390 |
| 32 | 15.134 | 16.362 | 18.291 | 20.072 | 22.271 | 26.304 |
| 33 | 15.815 | 17.074 | 19.047 | 20.867 | 23.110 | 27.219 |
| 34 | 16.501 | 17.789 | 19.806 | 21.664 | 23.952 | 28.136 |
| 35 | 17.192 | 18.509 | 20.569 | 22.465 | 24.797 | 29.054 |
| 36 | 17.887 | 19.233 | 21.336 | 23.269 | 25.643 | 29.973 |
| 37 | 18.586 | 19.960 | 22.106 | 24.075 | 16.492 | 30.893 |
| 38 | 19.289 | 20.691 | 22.878 | 24.884 | 27.343 | 31.815 |
| 39 | 19.996 | 21.426 | 23.654 | 25.695 | 28.196 | 32.737 |
| 40 | 20.707 | 22.164 | 24.433 | 26.509 | 29.051 | 33.660 |
| 41 | 21.421 | 22.906 | 25.215 | 27.326 | 29.907 | 34.585 |
| 42 | 22.138 | 23.650 | 25.999 | 28.144 | 30.765 | 35.510 |
| 43 | 22.859 | 24.398 | 26.785 | 28.965 | 31.625 | 36.436 |
| 44 | 23.584 | 25.148 | 27.575 | 29.787 | 32.487 | 37.363 |
| 45 | 24.311 | 25.901 | 28.366 | 30.612 | 33.350 | 38.291 |

续表

| $n$ | $\alpha=0.25$ | 0.10 | 0.05 | 0.025 | 0.01 | 0.005 |
|---|---|---|---|---|---|---|
| 1 | 1.323 | 2.706 | 3.841 | 5.024 | 6.635 | 7.879 |
| 2 | 2.773 | 4.605 | 5.991 | 7.378 | 9.210 | 10.597 |
| 3 | 4.108 | 6.251 | 7.815 | 9.348 | 11.345 | 12.838 |
| 4 | 5.385 | 7.779 | 9.488 | 11.143 | 13.277 | 14.860 |
| 5 | 6.626 | 9.236 | 11.071 | 12.833 | 15.086 | 16.750 |
| 6 | 7.841 | 10.645 | 12.592 | 14.449 | 16.812 | 18.548 |
| 7 | 9.037 | 12.017 | 14.067 | 16.013 | 18.475 | 20.278 |
| 8 | 10.219 | 13.362 | 15.507 | 17.535 | 20.090 | 21.955 |
| 9 | 11.389 | 14.684 | 16.919 | 19.023 | 21.666 | 23.589 |
| 10 | 12.549 | 15.987 | 18.307 | 20.403 | 23.209 | 25.188 |
| 11 | 13.701 | 17.275 | 19.675 | 21.920 | 24.725 | 26.757 |
| 12 | 14.845 | 18.549 | 21.026 | 23.337 | 26.217 | 28.299 |
| 13 | 15.984 | 19.812 | 22.362 | 24.736 | 27.688 | 29.819 |
| 14 | 17.117 | 21.064 | 23.685 | 26.119 | 29.141 | 31.319 |
| 15 | 18.245 | 22.307 | 24.996 | 27.488 | 30.578 | 32.801 |
| 16 | 19.369 | 23.542 | 26.296 | 28.845 | 32.000 | 34.267 |
| 17 | 20.489 | 24.769 | 27.587 | 30.191 | 33.409 | 35.718 |
| 18 | 21.605 | 25.989 | 28.869 | 31.526 | 34.805 | 37.156 |
| 19 | 22.718 | 27.204 | 30.144 | 32.852 | 36.191 | 38.582 |
| 20 | 23.828 | 28.412 | 31.410 | 34.170 | 37.566 | 39.997 |
| 21 | 24.935 | 39.615 | 32.671 | 35.479 | 38.932 | 41.401 |
| 22 | 26.039 | 30.813 | 33.924 | 36.781 | 40.289 | 42.796 |
| 23 | 27.141 | 32.007 | 35.172 | 38.076 | 41.638 | 44.181 |
| 24 | 28.241 | 33.196 | 36.415 | 39.364 | 42.980 | 45.559 |
| 25 | 29.339 | 34.382 | 37.652 | 40.646 | 44.314 | 46.928 |
| 26 | 30.435 | 35.563 | 38.885 | 41.923 | 45.642 | 48.290 |
| 27 | 31.528 | 36.741 | 40.113 | 43.194 | 46.963 | 49.645 |
| 28 | 32.620 | 37.916 | 41.337 | 44.461 | 48.278 | 50.993 |
| 29 | 33.711 | 39.087 | 42.557 | 45.722 | 49.588 | 52.336 |
| 30 | 34.800 | 40.256 | 43.773 | 46.979 | 50.892 | 53.672 |
| 31 | 35.887 | 41.422 | 44.985 | 48.232 | 52.191 | 55.003 |
| 32 | 36.973 | 42.585 | 46.194 | 49.480 | 53.486 | 56.328 |
| 33 | 38.058 | 43.745 | 47.400 | 50.725 | 54.776 | 57.648 |
| 34 | 39.141 | 44.903 | 48.602 | 51.966 | 56.061 | 58.964 |
| 35 | 40.223 | 46.059 | 49.802 | 53.203 | 57.342 | 60.275 |
| 36 | 41.304 | 47.212 | 50.998 | 54.437 | 58.619 | 61.581 |
| 37 | 42.383 | 48.363 | 52.192 | 55.668 | 59.892 | 62.883 |
| 38 | 43.462 | 49.513 | 53.384 | 56.896 | 61.162 | 64.181 |
| 39 | 44.539 | 50.660 | 54.572 | 58.120 | 62.428 | 65.476 |
| 40 | 45.616 | 51.805 | 55.758 | 59.342 | 63.691 | 66.766 |
| 41 | 46.692 | 52.949 | 56.942 | 60.561 | 64.950 | 68.053 |
| 42 | 47.766 | 54.090 | 58.124 | 61.777 | 66.206 | 69.336 |
| 43 | 48.840 | 55.230 | 59.304 | 62.990 | 67.459 | 70.616 |
| 44 | 49.913 | 56.369 | 60.481 | 64.201 | 68.710 | 71.893 |
| 45 | 50.985 | 57.505 | 61.656 | 65.410 | 69.957 | 73.166 |

附表 6  F 分布表

$$F \sim F(n_1, n_2),\ P(F > F_\alpha(n_1, n_2)) = \int_{F_\alpha(n_1, n_2)}^{+\infty} f(x)\mathrm{d}x = \alpha$$

$\alpha = 0.10$

| $n_2$＼$n_1$ | 1 | 2 | 3 | 4 | 5 | 6 | 7 | 8 | 9 | 10 | 12 | 15 | 20 | 24 | 30 | 40 | 60 | 120 | $\infty$ |
|---|---|---|---|---|---|---|---|---|---|---|---|---|---|---|---|---|---|---|---|
| 1 | 39.86 | 49.50 | 53.59 | 55.83 | 57.24 | 58.20 | 58.91 | 59.44 | 59.86 | 60.19 | 60.71 | 61.22 | 61.74 | 62.00 | 62.26 | 62.53 | 62.79 | 63.06 | 63.33 |
| 2 | 8.53 | 9.00 | 9.16 | 9.24 | 9.29 | 9.33 | 9.35 | 9.37 | 9.38 | 9.39 | 9.41 | 9.42 | 9.44 | 9.45 | 9.46 | 9.47 | 9.47 | 9.48 | 9.49 |
| 3 | 5.54 | 5.46 | 5.39 | 5.34 | 5.31 | 5.28 | 5.27 | 5.25 | 5.24 | 5.23 | 5.22 | 5.20 | 5.18 | 5.18 | 5.17 | 5.16 | 5.15 | 5.14 | 5.13 |
| 4 | 4.54 | 4.32 | 4.19 | 4.11 | 4.05 | 4.01 | 3.98 | 3.95 | 3.94 | 3.92 | 3.90 | 3.87 | 3.84 | 3.83 | 3.82 | 3.80 | 3.79 | 3.78 | 3.76 |
| 5 | 4.06 | 3.78 | 3.62 | 3.52 | 3.45 | 3.40 | 3.37 | 3.34 | 3.32 | 3.30 | 3.27 | 3.24 | 3.21 | 3.19 | 3.17 | 3.16 | 3.14 | 3.12 | 3.10 |
| 6 | 3.78 | 3.46 | 3.29 | 3.18 | 3.11 | 3.05 | 3.01 | 2.98 | 2.96 | 2.94 | 2.90 | 2.87 | 2.84 | 2.82 | 2.80 | 2.78 | 2.76 | 2.74 | 2.72 |
| 7 | 3.59 | 3.26 | 3.07 | 2.96 | 2.88 | 2.83 | 2.78 | 2.75 | 2.72 | 2.70 | 2.67 | 2.63 | 2.59 | 2.58 | 2.56 | 2.54 | 2.51 | 2.49 | 2.47 |
| 8 | 3.46 | 3.11 | 2.92 | 2.81 | 2.73 | 2.67 | 2.62 | 2.59 | 2.56 | 2.54 | 2.50 | 2.46 | 2.42 | 2.40 | 2.38 | 2.36 | 2.34 | 2.32 | 2.29 |
| 9 | 3.36 | 3.01 | 2.81 | 2.69 | 2.61 | 2.55 | 2.51 | 2.47 | 2.44 | 2.42 | 2.38 | 2.34 | 2.30 | 2.28 | 2.25 | 2.23 | 2.21 | 2.18 | 2.16 |
| 10 | 3.29 | 2.92 | 2.73 | 2.61 | 2.52 | 2.46 | 2.41 | 2.38 | 2.35 | 2.32 | 2.28 | 2.24 | 2.20 | 2.18 | 2.16 | 2.13 | 2.11 | 2.08 | 2.06 |
| 11 | 3.23 | 2.86 | 2.66 | 2.54 | 2.45 | 2.39 | 2.34 | 2.30 | 2.27 | 2.25 | 2.21 | 2.17 | 2.12 | 2.10 | 2.08 | 2.05 | 2.03 | 2.00 | 1.97 |
| 12 | 3.18 | 2.81 | 2.61 | 2.48 | 2.39 | 2.33 | 2.28 | 2.24 | 2.21 | 2.19 | 2.15 | 2.10 | 2.06 | 2.04 | 2.01 | 1.99 | 1.96 | 1.93 | 1.90 |
| 13 | 3.14 | 2.76 | 2.56 | 2.43 | 2.35 | 2.28 | 2.23 | 2.20 | 2.16 | 2.14 | 2.10 | 2.05 | 2.01 | 1.98 | 1.96 | 1.93 | 1.90 | 1.88 | 1.85 |
| 14 | 3.10 | 2.73 | 2.52 | 2.39 | 2.31 | 2.24 | 2.19 | 2.15 | 2.12 | 2.10 | 2.05 | 2.01 | 1.96 | 1.94 | 1.91 | 1.89 | 1.86 | 1.83 | 1.80 |
| 15 | 3.07 | 2.70 | 2.49 | 2.36 | 2.27 | 2.21 | 2.16 | 2.12 | 2.09 | 2.06 | 2.02 | 1.97 | 1.92 | 1.90 | 1.87 | 1.85 | 1.82 | 1.79 | 1.76 |
| 16 | 3.05 | 2.67 | 2.46 | 2.33 | 2.24 | 2.18 | 2.13 | 2.09 | 2.06 | 2.03 | 1.99 | 1.94 | 1.89 | 1.87 | 1.84 | 1.81 | 1.78 | 1.75 | 1.72 |
| 17 | 3.03 | 2.64 | 2.44 | 2.31 | 2.22 | 2.15 | 2.10 | 2.06 | 2.03 | 2.00 | 1.96 | 1.91 | 1.86 | 1.84 | 1.81 | 1.78 | 1.75 | 1.72 | 1.69 |
| 18 | 3.01 | 2.62 | 2.42 | 2.29 | 2.20 | 2.13 | 2.08 | 2.04 | 2.00 | 1.98 | 1.93 | 1.89 | 1.84 | 1.81 | 1.78 | 1.75 | 1.72 | 1.69 | 1.66 |
| 19 | 2.99 | 2.61 | 2.40 | 2.27 | 2.18 | 2.11 | 2.06 | 2.02 | 1.98 | 1.96 | 1.91 | 1.86 | 1.81 | 1.79 | 1.76 | 1.73 | 1.70 | 1.67 | 1.63 |
| 20 | 2.97 | 2.59 | 2.38 | 2.25 | 2.16 | 2.09 | 2.04 | 2.00 | 1.96 | 1.94 | 1.89 | 1.84 | 1.79 | 1.77 | 1.74 | 1.71 | 1.68 | 1.64 | 1.61 |
| 21 | 2.96 | 2.57 | 2.36 | 2.23 | 2.14 | 2.08 | 2.02 | 1.98 | 1.95 | 1.92 | 1.87 | 1.83 | 1.78 | 1.75 | 1.72 | 1.69 | 1.66 | 1.62 | 1.59 |
| 22 | 2.95 | 2.56 | 2.35 | 2.22 | 2.13 | 2.06 | 2.01 | 1.97 | 1.93 | 1.90 | 1.86 | 1.81 | 1.76 | 1.73 | 1.70 | 1.67 | 1.64 | 1.60 | 1.57 |
| 23 | 2.94 | 2.55 | 2.34 | 2.21 | 2.11 | 2.05 | 1.99 | 1.95 | 1.92 | 1.89 | 1.84 | 1.80 | 1.74 | 1.72 | 1.69 | 1.66 | 1.62 | 1.59 | 1.55 |
| 24 | 2.93 | 2.54 | 2.33 | 2.19 | 2.10 | 2.04 | 1.98 | 1.94 | 1.91 | 1.88 | 1.83 | 1.78 | 1.73 | 1.70 | 1.67 | 1.64 | 1.61 | 1.57 | 1.53 |
| 25 | 2.92 | 2.53 | 2.32 | 2.18 | 2.09 | 2.02 | 1.97 | 1.93 | 1.89 | 1.87 | 1.82 | 1.77 | 1.72 | 1.69 | 1.66 | 1.63 | 1.59 | 1.56 | 1.52 |
| 26 | 2.91 | 2.52 | 2.31 | 2.17 | 2.08 | 2.01 | 1.96 | 1.92 | 1.88 | 1.86 | 1.81 | 1.76 | 1.71 | 1.68 | 1.65 | 1.61 | 1.58 | 1.54 | 1.50 |
| 27 | 2.90 | 2.51 | 2.30 | 2.17 | 2.07 | 2.00 | 1.95 | 1.91 | 1.87 | 1.85 | 1.80 | 1.75 | 1.70 | 1.67 | 1.64 | 1.60 | 1.57 | 1.53 | 1.49 |
| 28 | 2.89 | 2.50 | 2.29 | 2.16 | 2.06 | 2.00 | 1.94 | 1.90 | 1.87 | 1.84 | 1.79 | 1.74 | 1.69 | 1.66 | 1.63 | 1.59 | 1.56 | 1.52 | 1.48 |
| 29 | 2.89 | 2.50 | 2.28 | 2.15 | 2.06 | 1.99 | 1.93 | 1.89 | 1.86 | 1.83 | 1.78 | 1.73 | 1.68 | 1.65 | 1.62 | 1.58 | 1.55 | 1.51 | 1.47 |
| 30 | 2.88 | 2.49 | 2.28 | 2.14 | 2.05 | 1.98 | 1.93 | 1.88 | 1.85 | 1.82 | 1.77 | 1.72 | 1.67 | 1.64 | 1.61 | 1.57 | 1.54 | 1.50 | 1.46 |
| 40 | 2.84 | 2.44 | 2.23 | 2.09 | 2.00 | 1.93 | 1.87 | 1.83 | 1.79 | 1.76 | 1.71 | 1.66 | 1.61 | 1.57 | 1.54 | 1.51 | 1.47 | 1.42 | 1.38 |
| 60 | 2.79 | 2.39 | 2.18 | 2.04 | 1.95 | 1.87 | 1.82 | 1.77 | 1.74 | 1.71 | 1.66 | 1.60 | 1.54 | 1.51 | 1.48 | 1.44 | 1.40 | 1.35 | 1.29 |
| 120 | 2.75 | 2.35 | 2.13 | 1.99 | 1.90 | 1.82 | 1.77 | 1.72 | 1.68 | 1.65 | 1.60 | 1.55 | 1.48 | 1.45 | 1.41 | 1.37 | 1.32 | 1.26 | 1.19 |
| $\infty$ | 2.71 | 2.30 | 2.08 | 1.94 | 1.85 | 1.77 | 1.72 | 1.67 | 1.63 | 1.60 | 1.55 | 1.49 | 1.42 | 1.38 | 1.34 | 1.30 | 1.24 | 1.17 | 1.00 |

续表

$\alpha=0.05$

| $n_2$ \ $n_1$ | 1 | 2 | 3 | 4 | 5 | 6 | 7 | 8 | 9 | 10 | 12 | 15 | 20 | 24 | 30 | 40 | 60 | 120 | $\infty$ |
|---|---|---|---|---|---|---|---|---|---|---|---|---|---|---|---|---|---|---|---|
| 1 | 161.4 | 199.5 | 215.7 | 224.6 | 230.2 | 234.0 | 236.8 | 238.9 | 240.5 | 241.9 | 243.9 | 245.9 | 248.0 | 249.1 | 250.1 | 251.1 | 252.2 | 253.3 | 254.3 |
| 2 | 18.51 | 19.00 | 19.16 | 19.25 | 19.30 | 19.33 | 19.35 | 19.37 | 19.38 | 19.40 | 19.41 | 19.43 | 19.45 | 19.45 | 19.46 | 19.47 | 19.48 | 19.49 | 19.50 |
| 3 | 10.13 | 9.55 | 9.28 | 9.12 | 9.01 | 8.94 | 8.89 | 8.85 | 8.81 | 8.79 | 8.74 | 8.70 | 8.66 | 8.64 | 8.62 | 8.59 | 8.57 | 8.55 | 8.53 |
| 4 | 7.71 | 6.94 | 6.59 | 6.39 | 6.26 | 6.16 | 6.09 | 6.04 | 6.00 | 5.96 | 5.91 | 5.86 | 5.80 | 5.77 | 5.75 | 5.72 | 5.69 | 5.66 | 5.63 |
| 5 | 6.61 | 5.79 | 5.41 | 5.19 | 5.05 | 4.95 | 4.88 | 4.82 | 4.77 | 4.74 | 4.68 | 4.62 | 4.56 | 4.53 | 4.50 | 4.46 | 4.43 | 4.40 | 4.36 |
| 6 | 5.99 | 5.14 | 4.76 | 4.53 | 4.39 | 4.28 | 4.21 | 4.15 | 4.10 | 4.06 | 4.00 | 3.94 | 3.87 | 3.84 | 3.81 | 3.77 | 3.74 | 3.70 | 3.67 |
| 7 | 5.59 | 4.74 | 4.35 | 4.12 | 3.97 | 3.87 | 3.79 | 3.73 | 3.68 | 3.64 | 3.57 | 3.51 | 3.44 | 3.41 | 3.38 | 3.34 | 3.30 | 3.27 | 3.23 |
| 8 | 5.32 | 4.46 | 4.07 | 3.84 | 3.69 | 3.58 | 3.50 | 3.44 | 3.39 | 3.35 | 3.28 | 3.22 | 3.15 | 3.12 | 3.08 | 3.04 | 3.01 | 2.97 | 2.93 |
| 9 | 5.12 | 4.26 | 3.86 | 3.63 | 3.48 | 3.37 | 3.29 | 3.23 | 3.18 | 3.14 | 3.07 | 3.01 | 2.94 | 2.90 | 2.86 | 2.83 | 2.79 | 2.75 | 2.71 |
| 10 | 4.96 | 4.10 | 3.71 | 3.48 | 3.33 | 3.22 | 3.14 | 3.07 | 3.02 | 2.98 | 2.91 | 2.85 | 2.77 | 2.74 | 2.70 | 2.66 | 2.62 | 2.58 | 2.54 |
| 11 | 4.84 | 3.98 | 3.59 | 3.36 | 3.20 | 3.09 | 3.01 | 2.95 | 2.90 | 2.85 | 2.79 | 2.72 | 2.65 | 2.61 | 2.57 | 2.53 | 2.49 | 2.45 | 2.40 |
| 12 | 4.75 | 3.89 | 3.49 | 3.26 | 3.11 | 3.00 | 2.91 | 2.85 | 2.80 | 2.75 | 2.69 | 2.62 | 2.54 | 2.51 | 2.47 | 2.43 | 2.38 | 2.34 | 2.30 |
| 13 | 4.67 | 3.81 | 3.41 | 3.18 | 3.03 | 2.92 | 2.83 | 2.77 | 2.71 | 2.67 | 2.60 | 2.53 | 2.46 | 2.42 | 2.38 | 2.34 | 2.30 | 2.25 | 2.21 |
| 14 | 4.60 | 3.74 | 3.34 | 3.11 | 2.96 | 2.85 | 2.76 | 2.70 | 2.65 | 2.60 | 2.53 | 2.46 | 2.39 | 2.35 | 2.31 | 2.27 | 2.22 | 2.18 | 2.13 |
| 15 | 4.54 | 3.68 | 3.29 | 3.06 | 2.90 | 2.79 | 2.71 | 2.64 | 2.59 | 2.54 | 2.48 | 2.40 | 2.33 | 2.29 | 2.25 | 2.20 | 2.16 | 2.11 | 2.07 |
| 16 | 4.49 | 3.63 | 3.24 | 3.01 | 2.85 | 2.74 | 2.66 | 2.59 | 2.54 | 2.49 | 2.42 | 2.35 | 2.28 | 2.24 | 2.19 | 2.15 | 2.11 | 2.06 | 2.01 |
| 17 | 4.45 | 3.59 | 3.20 | 2.96 | 2.81 | 2.70 | 2.61 | 2.55 | 2.49 | 2.45 | 2.38 | 2.31 | 2.23 | 2.19 | 2.15 | 2.10 | 2.06 | 2.01 | 1.96 |
| 18 | 4.41 | 3.55 | 3.16 | 2.93 | 2.77 | 2.66 | 2.58 | 2.51 | 2.46 | 2.41 | 2.34 | 2.27 | 2.19 | 2.15 | 2.11 | 2.06 | 2.02 | 1.97 | 1.92 |
| 19 | 4.38 | 3.52 | 3.13 | 2.90 | 2.74 | 2.63 | 2.54 | 2.48 | 2.42 | 2.38 | 2.31 | 2.23 | 2.16 | 2.11 | 2.07 | 2.03 | 1.98 | 1.93 | 1.88 |
| 20 | 4.35 | 3.49 | 3.10 | 2.87 | 2.71 | 2.60 | 2.51 | 2.45 | 2.39 | 2.35 | 2.28 | 2.20 | 2.12 | 2.08 | 2.04 | 1.99 | 1.95 | 1.90 | 1.84 |
| 21 | 4.32 | 3.47 | 3.07 | 2.84 | 2.68 | 2.57 | 2.49 | 2.42 | 2.37 | 2.32 | 2.25 | 2.18 | 2.10 | 2.05 | 2.01 | 1.96 | 1.92 | 1.87 | 1.81 |
| 22 | 4.30 | 3.44 | 3.05 | 2.82 | 2.66 | 2.55 | 2.46 | 2.40 | 2.34 | 2.30 | 2.23 | 2.15 | 2.07 | 2.03 | 1.98 | 1.94 | 1.89 | 1.84 | 1.78 |
| 23 | 4.28 | 3.42 | 3.03 | 2.80 | 2.64 | 2.53 | 2.44 | 2.37 | 2.32 | 2.27 | 2.20 | 2.13 | 2.05 | 2.01 | 1.96 | 1.91 | 1.86 | 1.81 | 1.76 |
| 24 | 4.26 | 3.40 | 3.01 | 2.78 | 2.62 | 2.51 | 2.42 | 2.36 | 2.30 | 2.25 | 2.18 | 2.11 | 2.03 | 1.98 | 1.94 | 1.89 | 1.84 | 1.79 | 1.73 |
| 25 | 4.24 | 3.39 | 2.99 | 2.76 | 2.60 | 2.49 | 2.40 | 2.34 | 2.28 | 2.24 | 2.16 | 2.09 | 2.01 | 1.96 | 1.92 | 1.87 | 1.82 | 1.77 | 1.71 |
| 26 | 4.23 | 3.37 | 2.98 | 2.74 | 2.59 | 2.47 | 2.39 | 2.32 | 2.27 | 2.22 | 2.15 | 2.07 | 1.99 | 1.95 | 1.90 | 1.85 | 1.80 | 1.75 | 1.69 |
| 27 | 4.21 | 3.35 | 2.96 | 2.73 | 2.57 | 2.46 | 2.37 | 2.31 | 2.25 | 2.20 | 2.13 | 2.06 | 1.97 | 1.93 | 1.88 | 1.84 | 1.79 | 1.73 | 1.67 |
| 28 | 4.20 | 3.34 | 2.95 | 2.71 | 2.56 | 2.45 | 2.36 | 2.29 | 2.24 | 2.19 | 2.12 | 2.04 | 1.96 | 1.91 | 1.87 | 1.82 | 1.77 | 1.71 | 1.65 |
| 29 | 4.18 | 3.33 | 2.93 | 2.70 | 2.55 | 2.43 | 2.35 | 2.28 | 2.22 | 2.18 | 2.10 | 2.03 | 1.94 | 1.90 | 1.85 | 1.81 | 1.75 | 1.70 | 1.64 |
| 30 | 4.17 | 3.32 | 2.92 | 2.69 | 2.53 | 2.42 | 2.33 | 2.27 | 2.21 | 2.16 | 2.09 | 2.01 | 1.93 | 1.89 | 1.84 | 1.79 | 1.74 | 1.68 | 1.62 |
| 40 | 4.08 | 3.23 | 2.84 | 2.61 | 2.45 | 2.34 | 2.25 | 2.18 | 2.12 | 2.08 | 2.00 | 1.92 | 1.84 | 1.79 | 1.74 | 1.69 | 1.64 | 1.58 | 1.51 |
| 60 | 4.00 | 3.15 | 2.76 | 2.53 | 2.37 | 2.25 | 2.17 | 2.10 | 2.04 | 1.99 | 1.92 | 1.84 | 1.75 | 1.70 | 1.65 | 1.59 | 1.53 | 1.47 | 1.39 |
| 120 | 3.92 | 3.07 | 2.68 | 2.45 | 2.29 | 2.17 | 2.09 | 2.02 | 1.96 | 1.91 | 1.83 | 1.75 | 1.66 | 1.61 | 1.55 | 1.50 | 1.43 | 1.35 | 1.25 |
| $\infty$ | 3.84 | 3.00 | 2.60 | 2.37 | 2.21 | 2.10 | 2.01 | 1.94 | 1.88 | 1.83 | 1.75 | 1.67 | 1.57 | 1.52 | 1.46 | 1.39 | 1.32 | 1.22 | 1.00 |

续表

$\alpha=0.025$

| $n_1$ / $n_2$ | 1 | 2 | 3 | 4 | 5 | 6 | 7 | 8 | 9 | 10 | 12 | 15 | 20 | 24 | 30 | 40 | 60 | 120 | ∞ |
|---|---|---|---|---|---|---|---|---|---|---|---|---|---|---|---|---|---|---|---|
| 1 | 647.8 | 799.5 | 864.2 | 899.6 | 921.8 | 937.1 | 948.2 | 956.7 | 963.3 | 968.6 | 976.7 | 984.9 | 993.1 | 997.2 | 1001 | 1006 | 1010 | 1014 | 1018 |
| 2 | 38.51 | 39.00 | 39.17 | 39.25 | 39.30 | 39.33 | 39.36 | 39.37 | 39.39 | 39.40 | 39.41 | 39.43 | 39.45 | 39.46 | 39.46 | 39.47 | 39.48 | 39.49 | 39.50 |
| 3 | 17.44 | 16.04 | 15.44 | 15.10 | 14.88 | 14.73 | 14.62 | 14.54 | 14.47 | 14.42 | 14.34 | 14.25 | 14.17 | 14.12 | 14.08 | 14.04 | 13.99 | 13.95 | 13.90 |
| 4 | 12.22 | 10.65 | 9.98 | 9.60 | 9.36 | 9.20 | 9.07 | 8.98 | 8.90 | 8.84 | 8.75 | 8.66 | 8.56 | 8.51 | 8.46 | 8.41 | 8.36 | 8.31 | 8.26 |
| 5 | 10.01 | 8.43 | 7.76 | 7.39 | 7.15 | 6.98 | 6.85 | 6.76 | 6.68 | 6.62 | 6.52 | 6.43 | 6.33 | 6.28 | 6.23 | 6.18 | 6.12 | 6.07 | 6.02 |
| 6 | 8.81 | 7.26 | 6.60 | 6.23 | 5.99 | 5.82 | 5.70 | 5.60 | 5.52 | 5.46 | 5.37 | 5.27 | 5.17 | 5.12 | 5.07 | 5.01 | 4.96 | 4.90 | 4.85 |
| 7 | 8.07 | 6.54 | 5.89 | 5.52 | 5.29 | 5.12 | 4.99 | 4.90 | 4.82 | 4.76 | 4.67 | 4.57 | 4.47 | 4.42 | 4.36 | 4.31 | 4.25 | 4.20 | 4.14 |
| 8 | 7.57 | 6.06 | 5.42 | 5.05 | 4.82 | 4.65 | 4.53 | 4.43 | 4.36 | 4.30 | 4.20 | 4.10 | 4.00 | 3.95 | 3.89 | 3.84 | 3.78 | 3.73 | 3.67 |
| 9 | 7.21 | 5.71 | 5.08 | 4.72 | 4.48 | 4.32 | 4.20 | 4.10 | 4.03 | 3.96 | 3.87 | 3.77 | 3.67 | 3.61 | 3.56 | 3.51 | 3.45 | 3.39 | 3.33 |
| 10 | 6.94 | 5.46 | 4.83 | 4.47 | 4.24 | 4.07 | 3.95 | 3.85 | 3.78 | 3.72 | 3.62 | 3.52 | 3.42 | 3.37 | 3.31 | 3.26 | 3.20 | 3.14 | 3.08 |
| 11 | 6.72 | 5.26 | 4.63 | 4.28 | 4.04 | 3.88 | 3.76 | 3.66 | 3.59 | 3.53 | 3.43 | 3.33 | 3.23 | 3.17 | 3.12 | 3.06 | 3.00 | 2.94 | 2.88 |
| 12 | 6.55 | 5.10 | 4.47 | 4.12 | 3.89 | 3.73 | 3.61 | 3.51 | 3.44 | 3.37 | 3.28 | 3.18 | 3.07 | 3.02 | 2.96 | 2.91 | 2.85 | 2.79 | 2.72 |
| 13 | 6.41 | 4.97 | 4.35 | 4.00 | 3.77 | 3.60 | 3.48 | 3.39 | 3.31 | 3.25 | 3.15 | 3.05 | 2.95 | 2.89 | 2.84 | 2.78 | 2.72 | 2.66 | 2.60 |
| 14 | 6.30 | 4.86 | 4.24 | 3.89 | 3.66 | 3.50 | 3.38 | 3.29 | 3.21 | 3.15 | 3.05 | 2.95 | 2.84 | 2.79 | 2.73 | 2.67 | 2.61 | 2.55 | 2.49 |
| 15 | 6.20 | 4.77 | 4.15 | 3.80 | 3.58 | 3.41 | 3.29 | 3.20 | 3.12 | 3.06 | 2.96 | 2.86 | 2.76 | 2.70 | 2.64 | 2.59 | 2.52 | 2.46 | 2.40 |
| 16 | 6.12 | 4.69 | 4.08 | 3.73 | 3.50 | 3.34 | 3.22 | 3.12 | 3.05 | 2.99 | 2.89 | 2.79 | 2.68 | 2.63 | 2.57 | 2.51 | 2.45 | 2.38 | 2.32 |
| 17 | 6.04 | 4.62 | 4.01 | 3.66 | 3.44 | 3.28 | 3.16 | 3.06 | 2.98 | 2.92 | 2.82 | 2.72 | 2.62 | 2.56 | 2.50 | 2.44 | 2.38 | 2.32 | 2.25 |
| 18 | 5.98 | 4.56 | 3.95 | 3.61 | 3.38 | 3.22 | 3.10 | 3.01 | 2.93 | 2.87 | 2.77 | 2.67 | 2.56 | 2.50 | 2.44 | 2.38 | 2.32 | 2.26 | 2.19 |
| 19 | 5.92 | 4.51 | 3.90 | 3.56 | 3.33 | 3.17 | 3.05 | 2.96 | 2.88 | 2.82 | 2.72 | 2.62 | 2.51 | 2.45 | 2.39 | 2.33 | 2.27 | 2.20 | 2.13 |
| 20 | 5.87 | 4.46 | 3.86 | 3.51 | 3.29 | 3.13 | 3.01 | 2.91 | 2.84 | 2.77 | 2.68 | 2.57 | 2.46 | 2.41 | 2.35 | 2.29 | 2.22 | 2.16 | 2.09 |
| 21 | 5.83 | 4.42 | 3.82 | 3.48 | 3.25 | 3.09 | 2.97 | 2.87 | 2.80 | 2.73 | 2.64 | 2.53 | 2.42 | 2.37 | 2.31 | 2.25 | 2.18 | 2.11 | 2.04 |
| 22 | 5.79 | 4.38 | 3.78 | 3.44 | 3.22 | 3.05 | 2.93 | 2.84 | 2.76 | 2.70 | 2.60 | 2.50 | 2.39 | 2.33 | 2.27 | 2.21 | 2.14 | 2.08 | 2.00 |
| 23 | 5.75 | 4.35 | 3.75 | 3.41 | 3.18 | 3.02 | 2.90 | 2.81 | 2.73 | 2.67 | 2.57 | 2.47 | 2.36 | 2.30 | 2.24 | 2.18 | 2.11 | 2.04 | 1.97 |
| 24 | 5.72 | 4.32 | 3.72 | 3.38 | 3.15 | 2.99 | 2.87 | 2.78 | 2.70 | 2.64 | 2.54 | 2.44 | 2.33 | 2.27 | 2.21 | 2.15 | 2.08 | 2.01 | 1.94 |
| 25 | 5.69 | 4.29 | 3.69 | 3.35 | 3.13 | 2.97 | 2.85 | 2.75 | 2.68 | 2.61 | 2.51 | 2.41 | 2.30 | 2.24 | 2.18 | 2.12 | 2.05 | 1.98 | 1.91 |
| 26 | 5.66 | 4.27 | 3.67 | 3.33 | 3.10 | 2.94 | 2.82 | 2.73 | 2.65 | 2.59 | 2.49 | 2.39 | 2.28 | 2.22 | 2.16 | 2.09 | 2.03 | 1.95 | 1.88 |
| 27 | 5.63 | 4.24 | 3.65 | 3.31 | 3.08 | 2.92 | 2.80 | 2.71 | 2.63 | 2.57 | 2.47 | 2.36 | 2.25 | 2.19 | 2.13 | 2.07 | 2.00 | 1.93 | 1.85 |
| 28 | 5.61 | 4.22 | 3.63 | 3.29 | 3.06 | 2.90 | 2.78 | 2.69 | 2.61 | 2.55 | 2.45 | 2.34 | 2.23 | 2.17 | 2.11 | 2.05 | 1.98 | 1.91 | 1.83 |
| 29 | 5.59 | 4.20 | 3.61 | 3.27 | 3.04 | 2.88 | 2.76 | 2.67 | 2.59 | 2.53 | 2.43 | 2.32 | 2.21 | 2.15 | 2.09 | 2.03 | 1.96 | 1.89 | 1.81 |
| 30 | 5.57 | 4.18 | 3.59 | 3.25 | 3.03 | 2.87 | 2.75 | 2.65 | 2.57 | 2.51 | 2.41 | 2.31 | 2.20 | 2.14 | 2.07 | 2.01 | 1.94 | 1.87 | 1.79 |
| 40 | 5.42 | 4.05 | 3.46 | 3.13 | 2.90 | 2.74 | 2.62 | 2.53 | 2.45 | 2.39 | 2.29 | 2.18 | 2.07 | 2.01 | 1.94 | 1.88 | 1.80 | 1.72 | 1.64 |
| 60 | 5.29 | 3.93 | 3.34 | 3.01 | 2.79 | 2.63 | 2.51 | 2.41 | 2.33 | 2.27 | 2.17 | 2.06 | 1.94 | 1.88 | 1.82 | 1.74 | 1.67 | 1.58 | 1.48 |
| 120 | 5.15 | 3.80 | 3.23 | 2.89 | 2.67 | 2.52 | 2.39 | 2.30 | 2.22 | 2.16 | 2.05 | 1.94 | 1.82 | 1.76 | 1.69 | 1.61 | 1.53 | 1.43 | 1.31 |
| ∞ | 5.02 | 3.69 | 3.12 | 2.79 | 2.57 | 2.41 | 2.29 | 2.19 | 2.11 | 2.05 | 1.94 | 1.83 | 1.71 | 1.64 | 1.57 | 1.48 | 1.39 | 1.27 | 1.00 |

续表

$\alpha=0.01$

| $n_2$ \ $n_1$ | 1 | 2 | 3 | 4 | 5 | 6 | 7 | 8 | 9 | 10 | 12 | 15 | 20 | 24 | 30 | 40 | 60 | 120 | ∞ |
|---|---|---|---|---|---|---|---|---|---|---|---|---|---|---|---|---|---|---|---|
| 1 | 4052 | 4999.5 | 5403 | 5625 | 5764 | 5859 | 5928 | 5982 | 6022 | 6056 | 6106 | 6157 | 6209 | 6235 | 6261 | 6287 | 6313 | 6339 | 6366 |
| 2 | 98.50 | 99.00 | 99.17 | 99.25 | 99.30 | 99.33 | 99.36 | 99.37 | 99.39 | 99.40 | 99.42 | 99.43 | 99.45 | 99.46 | 99.47 | 99.47 | 99.48 | 99.49 | 99.50 |
| 3 | 34.12 | 30.82 | 29.46 | 28.71 | 28.24 | 27.91 | 27.67 | 27.49 | 27.35 | 27.23 | 27.05 | 26.87 | 26.69 | 26.60 | 26.50 | 26.41 | 26.32 | 26.22 | 26.13 |
| 4 | 21.20 | 18.00 | 16.69 | 15.98 | 15.52 | 15.21 | 14.98 | 14.80 | 14.66 | 14.55 | 14.37 | 14.20 | 14.02 | 13.93 | 13.84 | 13.75 | 13.65 | 13.56 | 13.46 |
| 5 | 16.26 | 13.27 | 12.06 | 11.39 | 10.97 | 10.67 | 10.46 | 10.29 | 10.16 | 10.05 | 9.89 | 9.72 | 9.55 | 9.47 | 9.38 | 9.29 | 9.20 | 9.11 | 9.02 |
| 6 | 13.75 | 10.92 | 9.78 | 9.15 | 8.75 | 8.47 | 8.26 | 8.10 | 7.98 | 7.87 | 7.72 | 7.56 | 7.40 | 7.31 | 7.23 | 7.14 | 7.06 | 6.97 | 6.88 |
| 7 | 12.25 | 9.55 | 8.45 | 7.85 | 7.46 | 7.19 | 6.99 | 6.84 | 6.72 | 6.62 | 6.47 | 6.31 | 6.16 | 6.07 | 5.99 | 5.91 | 5.82 | 5.74 | 5.65 |
| 8 | 11.26 | 8.65 | 7.59 | 7.01 | 6.63 | 6.37 | 6.18 | 6.03 | 5.91 | 5.81 | 5.67 | 5.52 | 5.36 | 5.28 | 5.20 | 5.12 | 5.03 | 4.95 | 4.86 |
| 9 | 10.56 | 8.02 | 6.99 | 6.42 | 6.06 | 5.80 | 5.61 | 5.47 | 5.35 | 5.26 | 5.11 | 4.96 | 4.81 | 4.73 | 4.65 | 4.57 | 4.48 | 4.40 | 4.31 |
| 10 | 10.04 | 7.56 | 6.55 | 5.99 | 5.64 | 5.39 | 5.20 | 5.06 | 4.94 | 4.85 | 4.71 | 4.56 | 4.41 | 4.33 | 4.25 | 4.17 | 4.08 | 4.00 | 3.91 |
| 11 | 9.65 | 7.21 | 6.22 | 5.67 | 5.32 | 5.07 | 4.89 | 4.74 | 4.63 | 4.54 | 4.40 | 4.25 | 4.10 | 4.02 | 3.94 | 3.86 | 3.78 | 3.69 | 3.60 |
| 12 | 9.33 | 6.93 | 5.95 | 5.41 | 5.06 | 4.82 | 4.64 | 4.50 | 4.39 | 4.30 | 4.16 | 4.01 | 3.86 | 3.78 | 3.70 | 3.62 | 3.54 | 3.45 | 3.36 |
| 13 | 9.07 | 6.70 | 5.74 | 5.21 | 4.86 | 4.62 | 4.44 | 4.30 | 4.19 | 4.10 | 3.96 | 3.82 | 3.66 | 3.59 | 3.51 | 3.43 | 3.34 | 3.25 | 3.17 |
| 14 | 8.86 | 6.51 | 5.56 | 5.04 | 4.69 | 4.46 | 4.28 | 4.14 | 4.03 | 3.94 | 3.80 | 3.66 | 3.51 | 3.43 | 3.35 | 3.27 | 3.18 | 3.09 | 3.00 |
| 15 | 8.68 | 6.36 | 5.42 | 4.89 | 4.56 | 4.32 | 4.14 | 4.00 | 3.89 | 3.80 | 3.67 | 3.52 | 3.37 | 3.29 | 3.21 | 3.13 | 3.05 | 2.96 | 2.87 |
| 16 | 8.53 | 6.23 | 5.29 | 4.77 | 4.44 | 4.20 | 4.03 | 3.89 | 3.78 | 3.69 | 3.55 | 3.41 | 3.26 | 3.18 | 3.10 | 3.02 | 2.93 | 2.84 | 2.75 |
| 17 | 8.40 | 6.11 | 5.18 | 4.67 | 4.34 | 4.10 | 3.93 | 3.79 | 3.68 | 3.59 | 3.46 | 3.31 | 3.16 | 3.08 | 3.00 | 2.92 | 2.83 | 2.75 | 2.65 |
| 18 | 8.29 | 6.01 | 5.09 | 4.58 | 4.25 | 4.01 | 3.84 | 3.71 | 3.60 | 3.51 | 3.37 | 3.23 | 3.08 | 3.00 | 2.92 | 2.84 | 2.75 | 2.66 | 2.57 |
| 19 | 8.18 | 5.93 | 5.01 | 4.50 | 4.17 | 3.94 | 3.77 | 3.63 | 3.52 | 3.43 | 3.30 | 3.15 | 3.00 | 2.92 | 2.84 | 2.76 | 2.67 | 2.58 | 2.49 |
| 20 | 8.10 | 5.85 | 4.94 | 4.43 | 4.10 | 3.87 | 3.70 | 3.56 | 3.46 | 3.37 | 3.23 | 3.09 | 2.94 | 2.86 | 2.78 | 2.69 | 2.61 | 2.52 | 2.42 |
| 21 | 8.02 | 5.78 | 4.87 | 4.37 | 4.04 | 3.81 | 3.64 | 3.51 | 3.40 | 3.31 | 3.17 | 3.03 | 2.88 | 2.80 | 2.72 | 2.64 | 2.55 | 2.46 | 2.36 |
| 22 | 7.95 | 5.72 | 4.82 | 4.31 | 3.99 | 3.76 | 3.59 | 3.45 | 3.35 | 3.26 | 3.12 | 2.98 | 2.83 | 2.75 | 2.67 | 2.58 | 2.50 | 2.40 | 2.31 |
| 23 | 7.88 | 5.66 | 4.76 | 4.26 | 3.94 | 3.71 | 3.54 | 3.41 | 3.30 | 3.21 | 3.07 | 2.93 | 2.78 | 2.70 | 2.62 | 2.54 | 2.45 | 2.35 | 2.26 |
| 24 | 7.82 | 5.61 | 4.72 | 4.22 | 3.90 | 3.67 | 3.50 | 3.36 | 3.26 | 3.17 | 3.03 | 2.89 | 2.74 | 2.66 | 2.58 | 2.49 | 2.40 | 2.31 | 2.21 |
| 25 | 7.77 | 5.57 | 4.68 | 4.18 | 3.85 | 3.63 | 3.46 | 3.32 | 3.22 | 3.13 | 2.99 | 2.85 | 2.70 | 2.62 | 2.54 | 2.45 | 2.36 | 2.27 | 2.17 |
| 26 | 7.72 | 5.53 | 4.64 | 4.14 | 3.82 | 3.59 | 3.42 | 3.29 | 3.18 | 3.09 | 2.96 | 2.81 | 2.66 | 2.58 | 2.50 | 2.42 | 2.33 | 2.23 | 2.13 |
| 27 | 7.68 | 5.49 | 4.60 | 4.11 | 3.78 | 3.56 | 3.39 | 3.26 | 3.15 | 3.06 | 2.93 | 2.78 | 2.63 | 2.55 | 2.47 | 2.38 | 2.29 | 2.20 | 2.10 |
| 28 | 7.64 | 5.45 | 4.57 | 4.07 | 3.75 | 3.53 | 3.36 | 3.23 | 3.12 | 3.03 | 2.90 | 2.75 | 2.60 | 2.52 | 2.44 | 2.35 | 2.26 | 2.17 | 2.06 |
| 29 | 7.60 | 5.42 | 4.54 | 4.04 | 3.73 | 3.50 | 3.33 | 3.20 | 3.09 | 3.00 | 2.87 | 2.73 | 2.57 | 2.49 | 2.41 | 2.33 | 2.23 | 2.14 | 2.03 |
| 30 | 7.56 | 5.39 | 4.51 | 4.02 | 3.70 | 3.47 | 3.30 | 3.17 | 3.07 | 2.98 | 2.84 | 2.70 | 2.55 | 2.47 | 2.39 | 2.30 | 2.21 | 2.11 | 2.01 |
| 40 | 7.31 | 5.18 | 4.31 | 3.83 | 3.51 | 3.29 | 3.12 | 2.99 | 2.89 | 2.80 | 2.66 | 2.52 | 2.37 | 2.29 | 2.20 | 2.11 | 2.02 | 1.92 | 1.80 |
| 60 | 7.08 | 4.98 | 4.13 | 3.65 | 3.34 | 3.12 | 2.95 | 2.82 | 2.72 | 2.63 | 2.50 | 2.35 | 2.20 | 2.12 | 2.03 | 1.94 | 1.84 | 1.73 | 1.60 |
| 120 | 6.85 | 4.79 | 3.95 | 3.48 | 3.17 | 2.96 | 2.79 | 2.66 | 2.56 | 2.47 | 2.34 | 2.19 | 2.03 | 1.95 | 1.86 | 1.76 | 1.66 | 1.53 | 1.38 |
| ∞ | 6.63 | 4.61 | 3.78 | 3.32 | 3.02 | 2.80 | 2.64 | 2.51 | 2.41 | 2.32 | 2.18 | 2.04 | 1.88 | 1.79 | 1.70 | 1.59 | 1.47 | 1.32 | 1.00 |

续表

$\alpha=0.005$

| $n_2$ \ $n_1$ | 1 | 2 | 3 | 4 | 5 | 6 | 7 | 8 | 9 | 10 | 12 | 15 | 20 | 24 | 30 | 40 | 60 | 120 | ∞ |
|---|---|---|---|---|---|---|---|---|---|---|---|---|---|---|---|---|---|---|---|
| 1 | 16211 | 20000 | 21615 | 22500 | 23056 | 23437 | 23715 | 23925 | 24091 | 24224 | 22426 | 24630 | 24836 | 24940 | 25044 | 25148 | 25253 | 25359 | 25465 |
| 2 | 198.5 | 199.0 | 199.2 | 199.2 | 199.3 | 199.3 | 199.4 | 199.4 | 199.4 | 199.4 | 199.4 | 199.4 | 199.4 | 199.5 | 199.5 | 199.5 | 199.5 | 199.5 | 199.5 |
| 3 | 55.55 | 49.80 | 47.47 | 46.19 | 45.39 | 44.84 | 44.43 | 44.13 | 43.88 | 43.69 | 43.39 | 43.08 | 42.78 | 42.62 | 42.47 | 42.31 | 42.15 | 41.99 | 41.83 |
| 4 | 31.33 | 26.28 | 24.26 | 23.15 | 22.46 | 21.97 | 21.62 | 21.35 | 21.14 | 20.97 | 20.70 | 20.44 | 20.17 | 20.03 | 19.89 | 19.75 | 19.61 | 19.47 | 19.32 |
| 5 | 22.78 | 18.31 | 16.53 | 15.56 | 14.94 | 14.51 | 14.20 | 13.96 | 13.77 | 13.62 | 13.38 | 13.15 | 12.90 | 12.78 | 12.66 | 12.53 | 12.40 | 12.27 | 12.14 |
| 6 | 18.63 | 14.54 | 12.92 | 12.03 | 11.46 | 11.07 | 10.79 | 10.57 | 10.39 | 10.25 | 10.03 | 9.81 | 9.59 | 9.47 | 9.36 | 9.24 | 9.12 | 9.00 | 8.88 |
| 7 | 16.24 | 12.40 | 10.88 | 10.05 | 9.52 | 9.16 | 8.89 | 8.68 | 8.51 | 8.38 | 8.18 | 7.97 | 7.75 | 7.65 | 7.53 | 7.42 | 7.31 | 7.19 | 7.08 |
| 8 | 14.69 | 11.04 | 9.60 | 8.81 | 8.30 | 7.95 | 7.69 | 7.50 | 7.34 | 7.21 | 7.01 | 6.81 | 6.61 | 6.50 | 6.40 | 6.29 | 6.18 | 6.06 | 5.95 |
| 9 | 13.61 | 10.11 | 8.72 | 7.96 | 7.47 | 7.13 | 6.88 | 6.69 | 6.54 | 6.42 | 6.23 | 6.03 | 5.83 | 5.73 | 5.62 | 5.52 | 5.41 | 5.30 | 5.19 |
| 10 | 12.83 | 9.43 | 8.08 | 7.34 | 6.87 | 6.54 | 6.30 | 6.12 | 5.97 | 5.85 | 5.66 | 5.47 | 5.27 | 5.17 | 5.07 | 4.97 | 4.86 | 4.75 | 4.64 |
| 11 | 12.23 | 8.91 | 7.60 | 6.88 | 6.42 | 6.10 | 5.86 | 5.68 | 5.54 | 5.42 | 5.24 | 5.05 | 4.86 | 4.76 | 4.65 | 4.55 | 4.44 | 4.34 | 4.23 |
| 12 | 11.75 | 8.51 | 7.23 | 6.52 | 6.07 | 5.76 | 5.52 | 5.35 | 5.20 | 5.09 | 4.91 | 4.72 | 4.53 | 4.43 | 4.33 | 4.23 | 4.12 | 4.01 | 3.90 |
| 13 | 11.37 | 8.19 | 6.93 | 6.23 | 5.79 | 5.48 | 5.25 | 5.08 | 4.94 | 4.82 | 4.64 | 4.46 | 4.27 | 4.17 | 4.07 | 3.97 | 3.87 | 3.76 | 3.65 |
| 14 | 11.06 | 7.92 | 6.68 | 6.00 | 5.56 | 5.26 | 5.03 | 4.86 | 4.72 | 4.60 | 4.43 | 4.25 | 4.06 | 3.96 | 3.86 | 3.76 | 3.66 | 3.55 | 3.44 |
| 15 | 10.80 | 7.70 | 6.48 | 5.80 | 5.37 | 5.07 | 4.85 | 4.67 | 4.54 | 4.42 | 4.25 | 4.07 | 3.88 | 3.79 | 3.69 | 3.58 | 3.48 | 3.37 | 3.26 |
| 16 | 10.58 | 7.51 | 6.30 | 5.64 | 5.21 | 4.91 | 4.69 | 4.52 | 4.38 | 4.27 | 4.10 | 3.92 | 3.73 | 3.64 | 3.54 | 3.44 | 3.33 | 3.22 | 3.11 |
| 17 | 10.38 | 7.35 | 6.16 | 5.50 | 5.07 | 4.78 | 4.56 | 4.39 | 4.25 | 4.14 | 3.97 | 3.79 | 3.61 | 3.51 | 3.41 | 3.31 | 3.21 | 3.10 | 2.98 |
| 18 | 10.22 | 7.21 | 6.03 | 5.37 | 4.96 | 4.66 | 4.44 | 4.28 | 4.14 | 4.03 | 3.86 | 3.68 | 3.50 | 3.40 | 3.30 | 3.20 | 3.10 | 2.99 | 2.87 |
| 19 | 10.07 | 7.09 | 5.92 | 5.27 | 4.85 | 4.56 | 4.34 | 4.18 | 4.04 | 3.93 | 3.76 | 3.59 | 3.40 | 3.31 | 3.21 | 3.11 | 3.00 | 2.89 | 2.78 |
| 20 | 9.94 | 6.99 | 5.82 | 5.17 | 4.76 | 4.47 | 4.26 | 4.09 | 3.96 | 3.85 | 3.68 | 3.50 | 3.32 | 3.22 | 3.12 | 3.02 | 2.92 | 2.81 | 2.69 |
| 21 | 9.83 | 6.89 | 5.73 | 5.09 | 4.68 | 4.39 | 4.18 | 4.01 | 3.88 | 3.77 | 3.60 | 3.43 | 3.24 | 3.15 | 3.05 | 2.95 | 2.84 | 2.73 | 2.61 |
| 22 | 9.73 | 6.81 | 5.65 | 5.02 | 4.61 | 4.32 | 4.11 | 3.94 | 3.81 | 3.70 | 3.54 | 3.36 | 3.18 | 3.08 | 2.98 | 2.88 | 2.77 | 2.66 | 2.55 |
| 23 | 9.63 | 6.73 | 5.58 | 4.95 | 4.54 | 4.26 | 4.05 | 3.88 | 3.75 | 3.64 | 3.47 | 3.30 | 3.12 | 3.02 | 2.92 | 2.82 | 2.71 | 2.60 | 2.48 |
| 24 | 9.55 | 6.66 | 5.52 | 4.89 | 4.49 | 4.20 | 3.99 | 3.83 | 3.69 | 3.59 | 3.42 | 3.25 | 3.06 | 2.97 | 2.87 | 2.77 | 2.66 | 2.55 | 2.43 |
| 25 | 9.48 | 6.60 | 5.46 | 4.84 | 4.43 | 4.15 | 3.94 | 3.78 | 3.64 | 3.54 | 3.37 | 3.20 | 3.01 | 2.92 | 2.82 | 2.72 | 2.61 | 2.50 | 2.38 |
| 26 | 9.41 | 6.54 | 5.41 | 4.79 | 4.38 | 4.10 | 3.89 | 3.73 | 3.60 | 3.49 | 3.33 | 3.15 | 2.97 | 2.87 | 2.77 | 2.67 | 2.56 | 2.45 | 2.33 |
| 27 | 9.34 | 6.49 | 5.36 | 4.74 | 4.34 | 4.06 | 3.85 | 3.69 | 3.56 | 3.45 | 3.28 | 3.11 | 2.93 | 2.83 | 2.73 | 2.63 | 2.52 | 2.41 | 2.29 |
| 28 | 9.28 | 6.44 | 5.32 | 4.70 | 4.30 | 4.02 | 3.81 | 3.65 | 3.52 | 3.41 | 3.25 | 3.07 | 2.89 | 2.79 | 2.69 | 2.59 | 2.48 | 2.37 | 2.25 |
| 29 | 9.23 | 6.40 | 5.28 | 4.66 | 4.26 | 3.98 | 3.77 | 3.61 | 3.48 | 3.38 | 3.21 | 3.04 | 2.86 | 2.76 | 2.66 | 2.56 | 2.45 | 2.33 | 2.21 |
| 30 | 9.18 | 6.35 | 5.24 | 4.62 | 4.23 | 3.95 | 3.74 | 3.58 | 3.45 | 3.34 | 3.18 | 3.01 | 2.82 | 2.73 | 2.63 | 2.52 | 2.42 | 2.30 | 2.18 |
| 40 | 8.83 | 6.07 | 4.98 | 4.37 | 3.99 | 3.71 | 3.51 | 3.35 | 3.22 | 3.12 | 2.95 | 2.78 | 2.60 | 2.50 | 2.40 | 2.30 | 2.18 | 2.06 | 1.93 |
| 60 | 8.49 | 5.79 | 4.73 | 4.14 | 3.76 | 3.49 | 3.29 | 3.13 | 3.01 | 2.90 | 2.74 | 2.57 | 2.39 | 2.29 | 2.19 | 2.08 | 1.96 | 1.83 | 1.69 |
| 120 | 8.18 | 5.54 | 4.50 | 3.92 | 3.55 | 3.28 | 3.09 | 2.93 | 2.81 | 2.71 | 2.54 | 2.37 | 2.19 | 2.09 | 1.98 | 1.87 | 1.75 | 1.61 | 1.43 |
| ∞ | 7.88 | 5.30 | 4.28 | 3.72 | 3.35 | 3.09 | 2.90 | 2.74 | 2.62 | 2.52 | 2.36 | 2.19 | 2.00 | 1.90 | 1.79 | 1.67 | 1.53 | 1.36 | 1.00 |

续表

$\alpha=0.001$

| $n_1$ / $n_2$ | 1 | 2 | 3 | 4 | 5 | 6 | 7 | 8 | 9 | 10 | 12 | 15 | 20 | 24 | 30 | 40 | 60 | 120 | ∞ |
|---|---|---|---|---|---|---|---|---|---|---|---|---|---|---|---|---|---|---|---|
| 1 | 4053+ | 5000+ | 5404+ | 5625+ | 5764+ | 5859+ | 5929+ | 5981+ | 6023+ | 6056+ | 6107+ | 6158+ | 6209+ | 6235+ | 6261+ | 6287+ | 6313+ | 6340+ | 6366+ |
| 2 | 998.5 | 999.0 | 999.2 | 999.2 | 999.3 | 999.3 | 999.4 | 999.4 | 999.4 | 999.4 | 999.4 | 999.4 | 999.4 | 999.5 | 999.5 | 999.5 | 999.5 | 999.5 | 999.5 |
| 3 | 167.0 | 148.5 | 141.1 | 137.1 | 134.6 | 132.8 | 131.6 | 130.6 | 129.9 | 129.2 | 128.3 | 127.4 | 126.4 | 125.9 | 125.4 | 125.0 | 124.5 | 124.0 | 123.5 |
| 4 | 74.14 | 61.25 | 56.18 | 53.44 | 51.71 | 50.53 | 49.66 | 49.00 | 48.47 | 48.05 | 47.41 | 46.76 | 46.10 | 45.77 | 45.43 | 45.09 | 44.75 | 44.40 | 44.05 |
| 5 | 47.18 | 37.12 | 33.20 | 31.09 | 29.75 | 28.84 | 28.16 | 27.64 | 27.24 | 26.92 | 26.42 | 25.91 | 25.39 | 25.14 | 24.87 | 24.60 | 24.33 | 24.06 | 23.79 |
| 6 | 35.51 | 27.00 | 23.70 | 21.92 | 20.81 | 20.03 | 19.46 | 19.03 | 18.69 | 18.41 | 17.99 | 17.56 | 17.12 | 16.89 | 16.67 | 16.44 | 16.21 | 15.99 | 15.75 |
| 7 | 29.25 | 21.69 | 18.77 | 17.19 | 16.21 | 15.52 | 15.02 | 14.63 | 14.33 | 14.08 | 13.71 | 13.32 | 12.93 | 12.73 | 12.53 | 12.33 | 12.12 | 11.91 | 11.70 |
| 8 | 25.42 | 18.49 | 15.83 | 14.39 | 13.49 | 12.86 | 12.40 | 12.04 | 11.77 | 11.54 | 11.19 | 10.84 | 10.48 | 10.30 | 10.11 | 9.92 | 9.73 | 9.53 | 9.33 |
| 9 | 22.86 | 16.39 | 13.90 | 12.56 | 11.71 | 11.13 | 10.70 | 10.37 | 10.11 | 9.89 | 9.57 | 9.24 | 8.90 | 8.72 | 8.55 | 8.37 | 8.19 | 8.00 | 7.81 |
| 10 | 21.04 | 14.91 | 12.55 | 11.28 | 10.48 | 9.92 | 9.52 | 9.20 | 8.96 | 8.75 | 8.45 | 8.13 | 7.80 | 7.64 | 7.47 | 7.30 | 7.12 | 6.94 | 6.76 |
| 11 | 19.69 | 13.81 | 11.56 | 10.35 | 9.58 | 9.05 | 8.66 | 8.35 | 8.12 | 7.92 | 7.63 | 7.32 | 7.01 | 6.85 | 6.68 | 6.52 | 6.35 | 6.17 | 6.00 |
| 12 | 18.64 | 12.97 | 10.80 | 9.63 | 8.89 | 8.38 | 8.00 | 7.71 | 7.48 | 7.29 | 7.00 | 6.71 | 6.40 | 6.25 | 6.09 | 5.93 | 5.76 | 5.59 | 5.42 |
| 13 | 17.81 | 12.31 | 10.21 | 9.07 | 8.35 | 7.86 | 7.49 | 7.21 | 6.98 | 6.80 | 6.52 | 6.23 | 5.93 | 5.78 | 5.63 | 5.47 | 5.30 | 5.14 | 4.97 |
| 14 | 17.14 | 11.78 | 9.73 | 8.62 | 7.92 | 7.43 | 7.08 | 6.80 | 6.58 | 6.40 | 6.13 | 5.85 | 5.56 | 5.41 | 5.25 | 5.10 | 4.94 | 4.77 | 4.60 |
| 15 | 16.59 | 11.34 | 9.34 | 8.25 | 7.57 | 7.09 | 6.74 | 6.47 | 6.26 | 6.08 | 5.81 | 5.54 | 5.25 | 5.10 | 4.95 | 4.80 | 4.64 | 4.47 | 4.31 |
| 16 | 16.12 | 10.97 | 9.00 | 7.94 | 7.27 | 6.81 | 6.46 | 6.19 | 5.98 | 5.81 | 5.55 | 5.27 | 4.99 | 4.85 | 4.70 | 4.54 | 4.39 | 4.23 | 4.06 |
| 17 | 15.72 | 10.66 | 8.73 | 7.68 | 7.02 | 6.56 | 6.22 | 5.96 | 5.75 | 5.58 | 5.32 | 5.05 | 4.78 | 4.63 | 4.48 | 4.33 | 4.18 | 4.02 | 3.85 |
| 18 | 15.38 | 10.39 | 8.49 | 7.46 | 6.81 | 6.35 | 6.02 | 5.76 | 5.56 | 5.39 | 5.13 | 4.87 | 4.59 | 4.45 | 4.30 | 4.15 | 4.00 | 3.84 | 3.67 |
| 19 | 15.08 | 10.16 | 8.28 | 7.26 | 6.62 | 6.18 | 5.85 | 5.59 | 5.39 | 5.22 | 4.97 | 4.70 | 4.43 | 4.29 | 4.14 | 3.99 | 3.84 | 3.68 | 3.51 |
| 20 | 14.82 | 9.95 | 8.10 | 7.10 | 6.46 | 6.02 | 5.69 | 5.44 | 5.24 | 5.08 | 4.82 | 4.56 | 4.29 | 4.15 | 4.00 | 3.86 | 3.70 | 3.54 | 3.38 |
| 21 | 14.59 | 9.77 | 7.94 | 6.95 | 6.32 | 5.88 | 5.56 | 5.31 | 5.11 | 4.95 | 4.70 | 4.44 | 4.17 | 4.03 | 3.88 | 3.74 | 3.58 | 3.42 | 3.26 |
| 22 | 14.38 | 9.61 | 7.80 | 6.81 | 6.19 | 5.76 | 5.44 | 5.19 | 4.99 | 4.83 | 4.58 | 4.33 | 4.06 | 3.92 | 3.78 | 3.63 | 3.48 | 3.32 | 3.15 |
| 23 | 14.19 | 9.47 | 7.67 | 6.69 | 6.08 | 5.65 | 5.33 | 5.09 | 4.89 | 4.73 | 4.48 | 4.23 | 3.96 | 3.82 | 3.68 | 3.53 | 3.38 | 3.22 | 3.05 |
| 24 | 14.03 | 9.34 | 7.55 | 6.59 | 5.98 | 5.55 | 5.23 | 4.99 | 4.80 | 4.64 | 4.39 | 4.14 | 3.87 | 3.74 | 3.59 | 3.45 | 3.29 | 3.14 | 2.97 |
| 25 | 13.88 | 9.22 | 7.45 | 6.49 | 5.88 | 5.46 | 5.15 | 4.91 | 4.71 | 4.56 | 4.31 | 4.06 | 3.79 | 3.66 | 3.52 | 3.37 | 3.22 | 3.06 | 2.89 |
| 26 | 13.74 | 9.12 | 7.36 | 6.41 | 5.80 | 5.38 | 5.07 | 4.83 | 4.64 | 4.48 | 4.24 | 3.99 | 3.72 | 3.59 | 3.44 | 3.30 | 3.15 | 2.99 | 2.82 |
| 27 | 13.61 | 9.02 | 7.27 | 6.33 | 5.73 | 5.31 | 5.00 | 4.76 | 4.57 | 4.41 | 4.17 | 3.92 | 3.66 | 3.52 | 3.38 | 3.23 | 3.08 | 2.92 | 2.75 |
| 28 | 13.50 | 8.93 | 7.19 | 6.25 | 5.66 | 5.24 | 4.93 | 4.69 | 4.50 | 4.35 | 4.11 | 3.86 | 3.60 | 3.46 | 3.32 | 3.18 | 3.02 | 2.86 | 2.69 |
| 29 | 13.39 | 8.85 | 7.12 | 6.19 | 5.59 | 5.18 | 4.87 | 4.64 | 4.45 | 4.29 | 4.05 | 3.80 | 3.54 | 3.41 | 3.27 | 3.12 | 2.97 | 2.81 | 2.64 |
| 30 | 13.29 | 8.77 | 7.05 | 6.12 | 5.53 | 5.12 | 4.82 | 4.58 | 4.39 | 4.24 | 4.00 | 3.75 | 3.49 | 3.36 | 3.22 | 3.07 | 2.92 | 2.76 | 2.59 |
| 40 | 12.61 | 8.25 | 6.60 | 5.70 | 5.13 | 4.73 | 4.44 | 4.21 | 4.02 | 3.87 | 3.64 | 3.40 | 3.15 | 3.01 | 2.87 | 2.73 | 2.57 | 2.41 | 2.23 |
| 60 | 11.97 | 7.76 | 6.17 | 5.31 | 4.76 | 4.37 | 4.09 | 3.87 | 3.69 | 3.54 | 3.31 | 3.08 | 2.83 | 2.69 | 2.55 | 2.41 | 2.25 | 2.08 | 1.89 |
| 120 | 11.38 | 7.32 | 5.79 | 4.95 | 4.42 | 4.04 | 3.77 | 3.55 | 3.38 | 3.24 | 3.02 | 2.78 | 2.53 | 2.40 | 2.26 | 2.11 | 1.95 | 1.76 | 1.54 |
| ∞ | 10.83 | 6.91 | 5.42 | 4.62 | 4.10 | 3.74 | 3.47 | 3.27 | 3.10 | 2.96 | 2.74 | 2.51 | 2.27 | 2.13 | 1.99 | 1.84 | 1.66 | 1.45 | 1.00 |

+表示要将所列数乘以100。